JN417901

에너지와 기후변화

김정배 · 김해동 · 김학윤 · 배헌균

계명대학교 출판부

저자서문 FOREWORD

산업혁명 이후 인구증가, 도시화, 산업발전은 모든 세계 국가가 공통으로 직면하는 문제이다. 이에 따라 에너지의 증가는 필수적이고 기본적인 중요한 요소로서 모든 인간 활동의 원동력이며 산업발전의 척도가 된다. 특히 21세기에 들어서면서 에너지의 소비는 천문학적으로 늘어나고 있으며, 이중 화석연료의 사용량 증가는 지구환경문제를 유발시키며 지구온난화문제를 야기하고 있다. 에너지에 관한 최근의 정세를 보면 새로운 환경요인의 변화로 인해 에너지 수요의 증가와 환경오염에 대한 우려 증가, 그리고 원자력 발전에 대한 국민들의 불안 증폭 등이 심각히 나타나고 있다. 이러한 조건 변화는 에너지의 안정보장이라는 측면에서의 커다란 제약조건이 될 수 있기 때문에 확실한 대처가 필요하다. 즉, 안정적인 에너지를 확보하기 위해서는 기존 에너지의 효과적인 이용과 국가 지역의 특성에 맞는 유연한 연료 선택 그리고 환경을 정화시킬 수 있는 기술 개발, 그리고 신재생에너지의 확대가 필요하다.

1970년대에 겪었던 1, 2차 석유파동은 장기적으로 에너지공급의 불안정과 고유가에 대한 문제로 세계 각국은 에너지원에 대한 다변화 정책과 더불어 새로운 에너지원의 개발 및 에너지절약에 대한 대책을 강구하게 되었다. 또한 1972년 유엔인간환경회의(UNCHE)에서 기후변화문제가 환경적 문제로서 처음 제기 되었으며 1992년 리우환경개발회의에서 「기후변화에 관한 국제연합기본협약(UNFCCC)」이 채택되었다. 우리나라는 지구온난화방지를 위한 국제적 노력에 동참하고자 1993년 12월 기후변화협약에 가입하였고, 2002년 10월에는 교토의정서를 비준하였다.

특히 우리나라는 에너지 소비가 세계 11위이고 석유소비가 세계 10위 석유수입 4위인 에너지 다소비 국가이며 CO_2 배출이 세계 9위이다. 이와 관련하여 우리나라는 온실가스와 환경오염을 줄이고 지속 가능한 성장을 위한 녹색기술과 청정에너지를 신 성장 동력으로 발전시키는 저탄소 녹색성장 정책을 추진하고 있다. 또한 우리나라는 2009년 11월에 온실가스를 2020년까지 배출전망치(BAU) 대비 30%를 줄이겠다는 목표를 자발적으로 설정하였다.

대체 에너지 분야에는 우선 일차 에너지 자원 중 태양 에너지, 해양 에너지, 풍력, 지열, 소수력, 바이오매스 에너지 등과 같은 자연 에너지가 있으며, 이들 자연 에너지는 비고갈성 에너지로서 기존의 수력 에너지 등을 포함하여 재생 에너지(Renewable Energy)라고도 한다. 그리고 신에너지에는 취급이 곤란한 고체 연료(석탄)를 유체화하거나 가스화 또는 액화하여 활용범위를 넓힌 석탄의 새로운 이용 기술 분야 등을 포함한다.

한편, 연료전지, 고효율 전동기, 열에너지 저장, 전력 저장 등과 같은 에너지 이용의 합리화 기술과 새로운 연료로서 화석 연료의 대체 에너지로 기대되고 있는 수소 에너지 가스화 등과 같은 2차 에너지 이용기술도 넓은 의미에서 신에너지 기술에 포함하고 있다.

결론적으로, 환경 에너지는 환경 부담이 거의 없는 청정한 에너지로서, 이 환경 에너지의 활용은 지구온난화 등 지구 환경 보존 및 에너지자원 고갈 문제의 관점에서 적극적으로 검토되어야 하므로 이러한 환경 에너지에 대한 유형별 시스템 분석과 적용에 대한 연구를 이제는 에너지 절약 등 경제성 차원에서 보다는 환경 기술적 차원에서 접근하여야 할 것이다.

이 책은 이러한 면에서 환경과 에너지 그리고 기후변화와 관계되는 학자, 연구자, 산업인, 행정실무자 그리고 이에 관심 있는 학생 및 일반인 모두 에게 하나의 교양서로서 제공되어 도움이 되기를 바라며, 궁극적으로 우리 주위의 환경보전과 그린에너지의 보급저변확대를 기원하고 있다.

이 책은 아직 내용상 부족한 점이 많으나 앞으로 이 책의 내용이 보다 더 충실해 질수 있도록 독자 여러분들의 조언을 받아 보완하고 수정할 것을 약속드린다.

차 례 CONTENTS

제 1 장 위기의 지구환경

1.1 지구온난화와 기후변화

1.1.1. 지구의 에너지와 지구온난화

지구온난화의 문제는 19세기 초에 프랑스의 유명한 수학자인 퓨리에(J. Fourier)가 대기 중에 온실기체 농도가 증가하면 기온이 상승한다는 사실을 제기하면서 알려지게 되었다. 하지만, 1940년대부터 약 40년간 지구온도는 계속 하강하였기에 당시의 기후학자들은 지구온난화가 아니라 심각한 기온저하기가 올 것이라는 점을 우려하고 있었다. 브리슨을 포함한 저명한 기후학자들은 그러한 기온 하강의 원인이 산업화와 농지 개간에 따른 대기 중 먼지 량의 증가로 지상에 도달하는 태양에너지가 지속적으로 감소하여 나타나는 것으로 설명하였다.

그런데 40여 년 간 하강하던 지구의 온도는 1980년대에 접어들면서 급반전하여 빠른 속도로 상승하기 시작하였고, 그에 수반하여 폭염과 지온 화, 홍수와 가뭄이라는 극단적 기상현상이 지구촌을 자연재해의 위기로 몰아갔다. 그리고 1988년 미국 LA 폭염사태로 열린 미 상원의 청문회에서 NASA의 한센(J. Hansen)이 진술한 지구온난화의 경고가 언론과 여론 주도층의 관심을 모으면서 이것은 비로소 전 지구적 환경문제로 대두되게 되었다.

지구온난화란 인간 활동에 수반되어 배출된 이산화탄소로 대표되는 온실기체의 대기 중 농도가 높아져서 기온이 상승하는 현상을 말한다. 그런데 온실기체 농도가 높아지면 기온 상승만이 아니라 홍수와 가뭄의 강도와 발생 빈도 증가를 포함한 기상재해가 다발하게 된다. 이러한 이유로, 오늘날엔 지구온난화보다는 기후변화라는 용어를 널리 이용하고 있다.

기후변화의 원인물질인 이산화탄소는 산업혁명 이래로 인간 활동에 필요한 에너지를 화석연료에 과도하게 의존하면서 발생한 문제이다. 대량 생산과 신속한 이동 수단 그리고 폭증하는 인구를 부양하기 위한 농산물의 증산도 화석연료로 인해 가능하게 되었다. 화석연료는 인류에게 물질적 풍요와 인구팽창을 선물하였지만, 그 부작용으로 기후변화라는 위기가 주어졌다. 한편으로는 화석연료 자체가 고갈을 드러내고 있어, 이를 대체할 수 있는 에너지원을 찾아내어야 한다는 숙제도 함께 안고 있다.

지구온난화와 그에 따른 기후변화의 문제를 과학적으로 이해하기 위해서는 지구의 에너지원과 지구온난화의 주요 원인물질인 지구의 탄소순환을 이해하는 것이 중요하다. 이 문제를 생각해 보도록 하자.

태양은 지구에서 대략 1억 4880㎞정도 떨어져 있으나, 지구상에서 일어나는 날씨나 기상현상을 유발하는 가장 중요한 요소이다. 기상현상은 태양으로부터 에너지를 받아서 에너지가 변환되면서 나타나게 된다. 태양으로부터 지구가 열을 받아들이는 것은 복사에 따른 것이다. 우리들은 흔히 모닥불의 옆에 있을 때 뜨거워진 공기가 모닥불에서 우리 쪽으로 오기 때문에 따뜻하다고 느끼고 있으나 사실은 그렇지 않고 모닥불과 우리사이에 아무런 물질이 없어도 우리는 따뜻함을 느끼게 된다. 이는 열에너지가 전자파의 형태로 전달되기 때문이다. 즉 복사란 물체로부터 방출되는 모든 전자파를 칭하는 것이며, 고체 형태인 지구표면은 복사에너지를 태양으로부터 받아 따뜻해지며, 또한 이 열의 영향을 받은 지표면 부근의 공기가 따뜻해지며, 이 열은 다시 대류과정에 의해서 상층이나 주변으로 전달되는 것이다. 그럼 지구는 태양으로부터 끊임없이 에너지를 받아들이는데 왜 계속해서 더워지지 않는 걸까? 이는 간단하게 말해서 지구도 에너지를 방출하고 있기 때문이다.

태양으로부터 들어오는 복사 에너지는 단파성이며 공기층에서 구름이나 빛의 산란 등으로 인해 일부는 우주공간으로 반사가 되고, 지표면까지 도달한 복사에너지는 장파로 바뀌어 다시 우주공간으로 빠져나가기 때문이다. 이러한 과정을

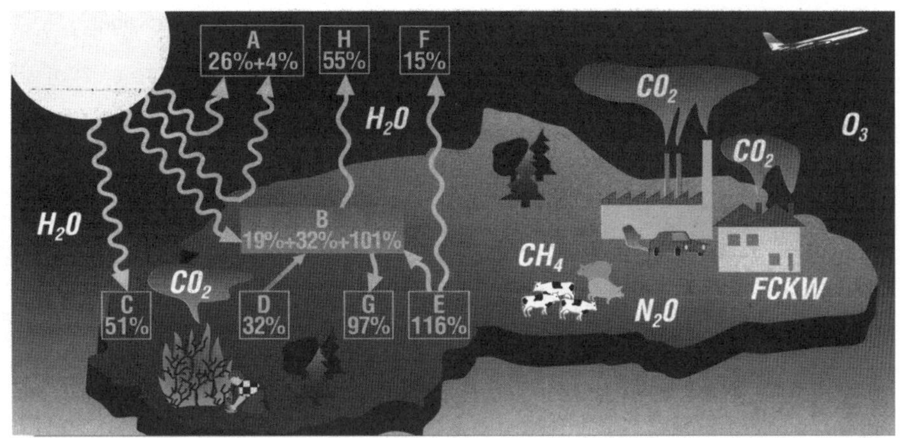

그림 1-1. 온실효과는 대기 중 파의 흡수현상에(B)의해 발생한다. 태양 단파에너지의 26%는 대기 중에서 그리고 4%는 지표면에서 반사되며(A) 19%(B)는 대기를 51%(C)는 지표면을 따뜻하게 한다. D: 지표면에 도달하는 에너지의 일부는 열전도에 의해 다시 대기로 전도된다. D: 지구온도 +15℃ 에 해당하는 에너지는 390 W/m^2 이며 이는 116% 이다. F: 지구장파복사의 1/10 가량이 우주로 반사되며 9/10 가량이 지구 대기 중에서 흡수되며(B) 다시 지표면으로 반사된다(G). H: 대기 중에서 흡수된 파의 일부는 다시 우주로 달아난다. 대기 중에서 발생하는 이러한 현상은 온실과 비교되며 이로 인해서 온실효과라고 부른다.

통하여 지구는 인간이 살기 알맞은 적정온도를 유지하고 있는 것이다(그림 1-1).

19세기이후 인류는 복지를 향상시킨다는 미명하에 산업화와 도시화를 급속하게 발달시켰다. 이러한 산업화와 도시화는 인류의 에너지 사용을 급증시켰고 화석연료의 사용이 필연적으로 증가하게 되었다. 에너지를 얻기 위한 화석에너지의 사용은 대기온실가스의 증가와 자연의 파괴를 가져왔고 이의 결과로 지구온난화와 잦은 이상기후발생으로 전 세계가 몸살을 앓고 있다.

기후변화를 이해하기에 앞서 기후에 영향을 미치는 두 가지 요인 즉 자연적 요인과 인위적 요인에 대한 지식이 필요하다. 자연적 요인에는 화산 분화에 의한 성층권의 에어로졸 증가, 태양 활동의 변화 그리고 태양과 지구의 천문학적 상대위치 관계 등을 포함하는 외적인 요인과 다른 기후시스템과 지구 대기의 상호 작용인 내적 요인으로 나뉠 수 있다. 여기서 말하는 다른 기후시스템은 대기권(Atmosphere),

수권(Hydrosphere), 빙권(Cryosphere), 생물권(Biosphere)과 지권(Lithosphere)으로 구성되어 있다. 이 지구 기후시스템의 에너지는 태양에너지(342W/m^2)에 거의 대부분을 의존한다.

현재 전 지구 지표면의 연평균 온도는 대략 15℃ 정도이나, 태양에너지인 단파복사와 지구에서 방출하는 지구복사 에너지의 평형관계를 계산해보면 지구의 평균온도는 -18℃ 정도에 지나지 않는다. 이 온도는 지구 연평균 온도와 비교해볼 때 33℃의 차이가 나는 것을 알 수 있는데 이는 대기 중에서 일어나는 장파나 단파 복사 에너지의 흡수 현상에 따른 것이다. 우리는 이를 자연적인 온실효과라고 부르며 이러한 온실효과가 어떠한 원인에 의하여 증가한다면 바로 지구온난화로 직결되며 이로 인해 지구 기후 시스템이 변화하게 된다. 온실효과는 대기 중에서 수증기, CO_2, CH_4, N_2O, O_3 등의 온실기체가 대기 중의 장파를 흡수하여 대기의 온도가 상승하는 현상이다. 이 온실기체는 화산 분화와 같은 자연적 요인으로 증가할 수도 있지만, 최근에는 인간의 산업화와 도시화에 의한 온실기체의 증가가 더 큰 부분을 차지하고 있다. 대기 CO_2의 함량을 예로 들면, 산업혁명 이전인 1750년에는 280 ppm이었던 것이 2007년 현재 379 ppm이며, 이 같은 추세가 계속된다면 2100년도에는 대기 CO_2 함량이 700～800 ppm에 달하고 이러한 증가 추세를 반영한 시나리오 실험 결과에 의하면, 2100년에는 지구의 연평균 기온이 급격히 상승하여 기후 시스템에 큰 변화가 나타날 것으로 예상 되고 있다.

과거 50년간에 관측된 지구온난화의 대부분은 인간 활동에 기인한다고, IPCC는 2001년에 발표한 제3차 보고서에서 결론지었다. <그림 1-2>에 나타난 바와 같이, 지구상의 기온은 20세기에 약 0.6℃ 상승되었는데, 특히 1970년대 이후에 기후변화가 현저하였다.

지구 역사에 대한 선행 학습이 있는 독자라면, “1억 년 전에는 지금보다 10℃ 정도 높았고, 16만 년 전에는 지금보다 10℃ 정도 낮은 적이 있지 않았나? 이 정도의 변화는 지구의 역사에 있어서는 오차정도가 아닌가?”하고 말하고 싶을지도 모르겠다. 확실히 <그림 1-3>을 보면 알 수 있듯이, 지구는 생성 이래로 서서히 냉각

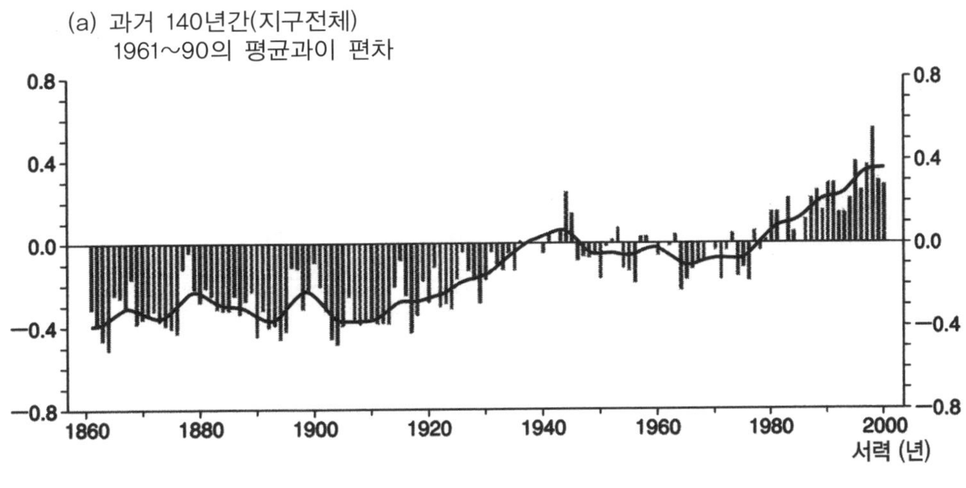

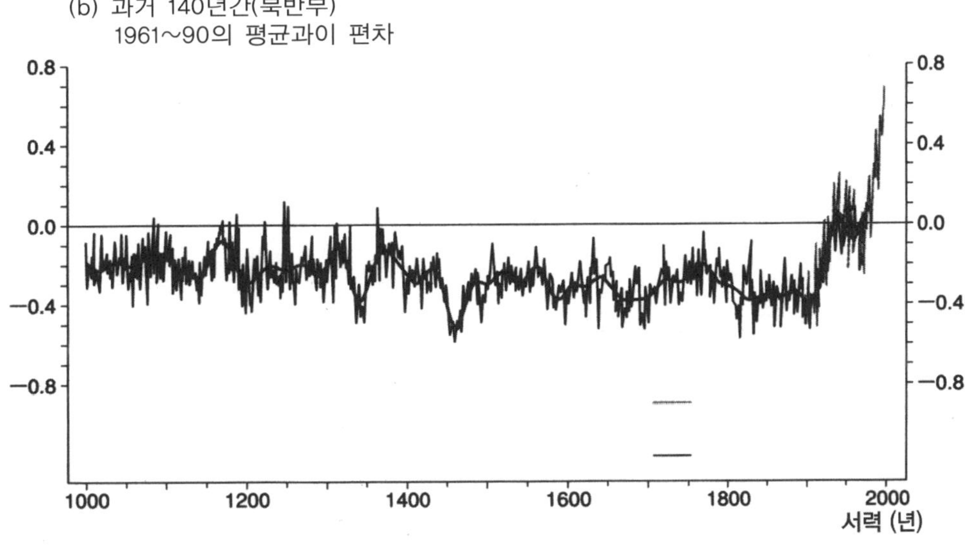

그림 1-2. 최근 140년간의 지구 평균 지상온도의 변동

되어온 후, 수차례 빙하기를 거쳐 현재의 기온에 도달해있다. 그 변천으로부터 얘기하자면, 현재의 온난화의 온도차는 미미한 것으로 보이지만, 현재 문제가 되고 있는 지구의 온난화는 100년 단위에서 유의한 변화를 나타내고 있다.

기후변화와 이산화탄소 농도의 관계, 온난화 효과에 대해서 살펴보자(그림 1-4(a), (b), (c)). 각각, 억년 단위, 만년 단위, 1년 단위의 기후변동과 대기 중 이산화

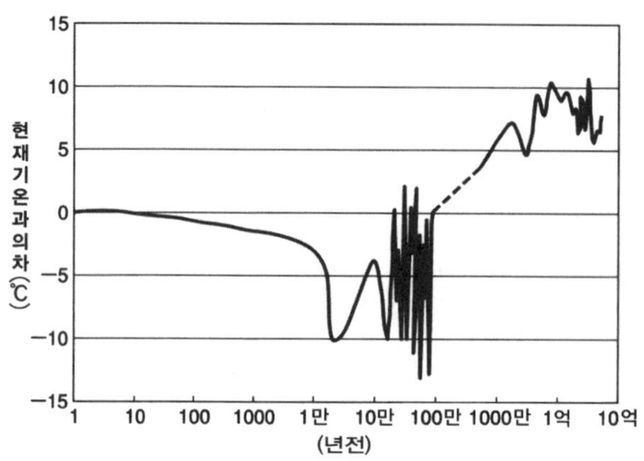

그림 1–3. 지구 탄생부터 오늘날까지의 기온 변동(IPCC 3차 보고서, 2003)

탄소 농도의 변화를 바탕으로 나타낸 것이다. 모든 그림에서, 기온과 이산화탄소 농도에 강한 상관이 있다는 것을 알 수 있다. 기온의 변화요인으로서는, 태양활동의 변화 등을 생각할 수 있지만, 기온의 변화에 수반되어 이산화탄소 농도도 변화하였다고 생각되어진다. 이산화탄소는 매년 자연계의 시스템 중에서 순환하고 있다. 그 양은 규명되지 않은 부분도 있지만, 화산분출로 1억 톤, 동물의 호흡으로 20억 톤, 식물 잔해의 분해로 1400억 톤, 해수로부터의 증발로 3600억 톤이 대기 중으로 보급되고 있다. 반면에 식물의 광합성으로 1400억 톤, 해수로의 용해로 3700억 톤의 이산화탄소가 대기에서 소멸된다. 이들 발생량과 소비량이 거의 균형을 이루면서 순환되고 있는 것으로 추정된다(H. Yamakawa, 1995). 대기 중의 이산화탄소량은 2.8조 톤이고, 매년 약 1/6의 이산화탄소가 순환하고 있는 것으로 산정된다.

여기서, <그림 1-5(a), (b), (c)>에 있어서, (a)는 태양복사와 화산분출에 의한 자연기원의 복사강제력만으로 얻어지는 온도편차이고, (b)는 인위적 기원의 온실효과가스와 황산화 에어로졸에 의한 복사강제력으로부터 얻어지는 온도편차를 모의한 결과를 관측 값과 함께 나타내고 있다. (c)는 2가지 계산결과를 합산한 것이다. 이 결과로부터, 최근 50년간의 온도상승은 대부분 인위적인 요인에 의한 이산화탄

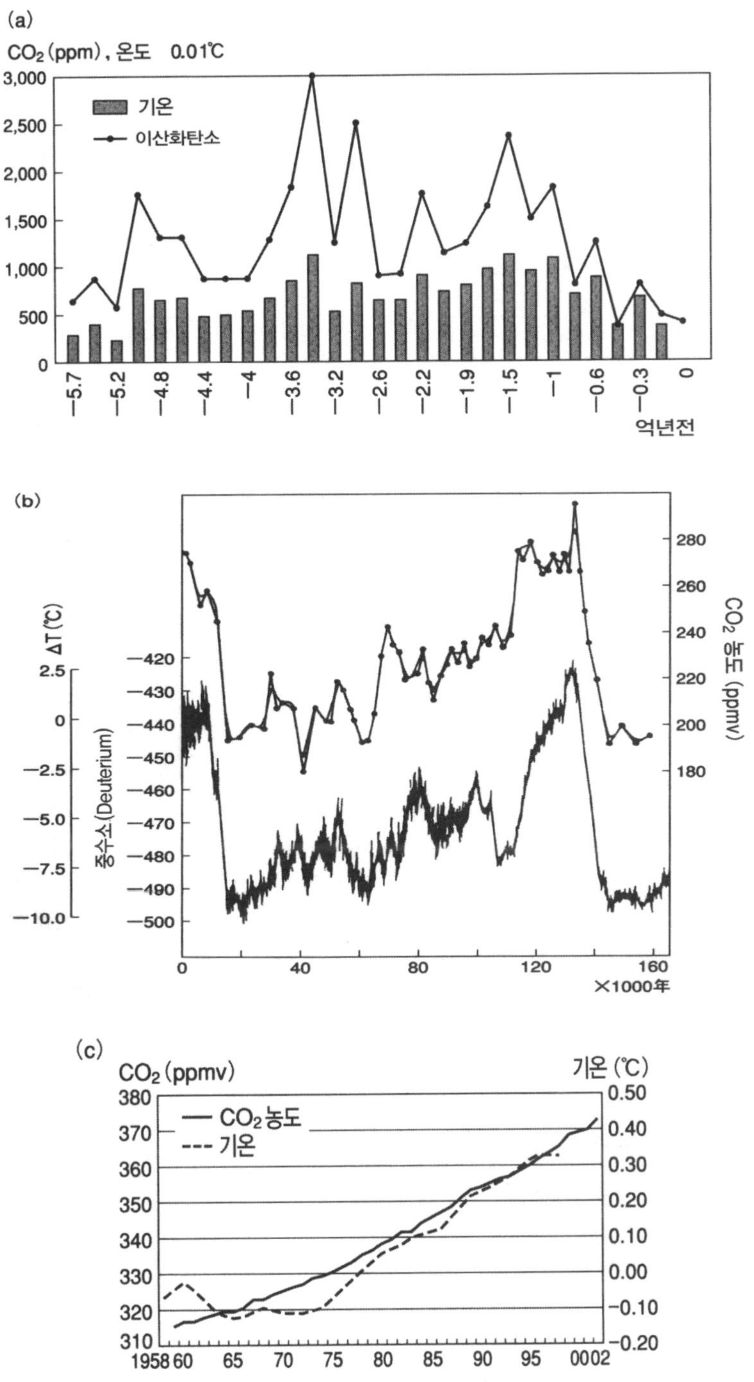

그림 1–4 (a) 억년 단위, (b) 만년 단위,
(c) 1년 단위의 기온과 대기 중 이산화탄소 농도의 변화(IPCC 3차 보고서, 2003)

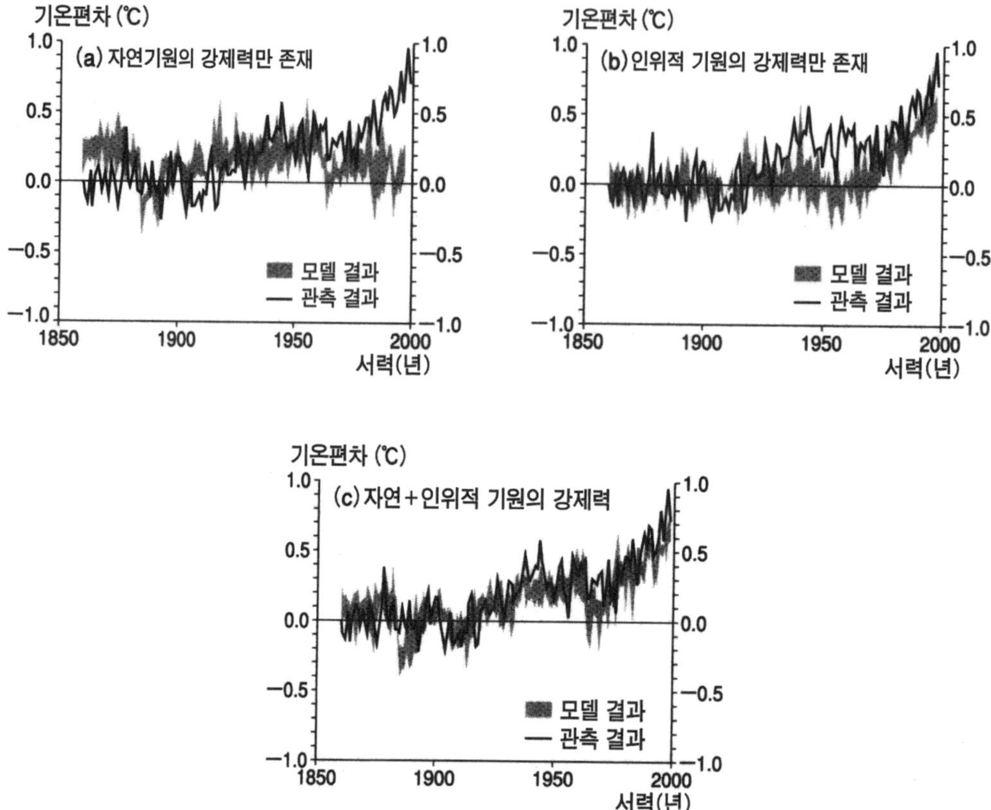

그림 1-5. 1960년 이래의 기온상승에 관한 관측 결과와 모델에 의한 결과와의 비교 (IPCC 3차 보고서, 2003)

소 농도 증가가 원인일 것이라는 것을 알 수 있다. 또, 앞에서 기술한 자연계의 시스템과 같이 고려해 보면, 대기 중에 발생하는 온실기체 양의 약 5%가 화석연료 소비 등에 기원하는데, 이것은 대기 중의 이산화탄소 양의 0.76%를 점하는 것으로 계산된다.

이러한 자료의 축적과 기후시스템의 해명으로, 앞에서 기술하였듯이 IPCC는 과거 50년간에 관측된 지구온난화가, 기후시스템이 갖는 내적인 변동 만에 의해 발생하였을 가능성은 낮고, 인위적인 요인이라고 결론지었다.

(a) 지구의 지상기온을 연평균(봉그래프)과 10년 이동평균(꺾은 선 그래프)으로 나타낸 것이다. 연평균 자료에는, 자료의 불연속, 측기에 따른 랜덤 오차와 불확실성 및 해수면 수온의 bias 보정과 육상에서의 도시화의 영향 보정에 따른 불확실성으로 생기는 불확실성이 포함된다.

(b) 관측 자료에 부가하여, 과거 1000년간의 북반구의 지상기온에 대한 연평균치와 50년 평균의 변동이 주어졌다(나무의 나이테, 산호, 빙상코어로부터 얻음). (IPCC 3차 보고서, 2003)

1.1.2 기후변화의 현황

〈전 세계 기후 변화〉

(1) 지구 평균 기온의 장기 변화

IPCC 제 4차 평가보고서(IPCC, 2007)에 의하면 전구평균표면온도는 과거 100년(1906년~2005년) 동안 0.74℃±0.18℃ 증가하였고 이는 제 3차 평가 보고서의 해당 추세인 0.6℃±0.2℃(1901년~2000년)보다 높아졌다. 1850년부터 약 1915년까지는 자연 변동성과 관련된 상승과 하강을 제외하면 지구 평균온도는 전반적으로 크게 변하지 않았다. 1910년대부터 1940년대까지 지구 평균 기온은 0.35℃ 상승하였고 그 후부터 2006년 말까지는 급속히 온난화(0.55℃)되었다(그림 1-6). 그 중 가장 기온이 높았던 해는 1998년과 2005년이었고, 최근 12년(1995년~2006년)에는 1850년 이후 가장 따뜻했던 해가 1996년을 제외한 11개해가 포함되어 있다.

육지와 해양, 해수면 온도, 야간 해양 기온 모두에서 온난화가 일어났으나, 1979년 이후 전 지구에 대해 육지의 지표온도의 증가 경향은 0.27℃/10년으로, 0.13℃/10년의 상승 경향을 보인 해양보다 약 두 배 빠르게 상승하였다. 또한 계절별로는 북반구 겨울철(12월~2월)과 봄철(3월~5월)에 온난화가 가장 컸다.

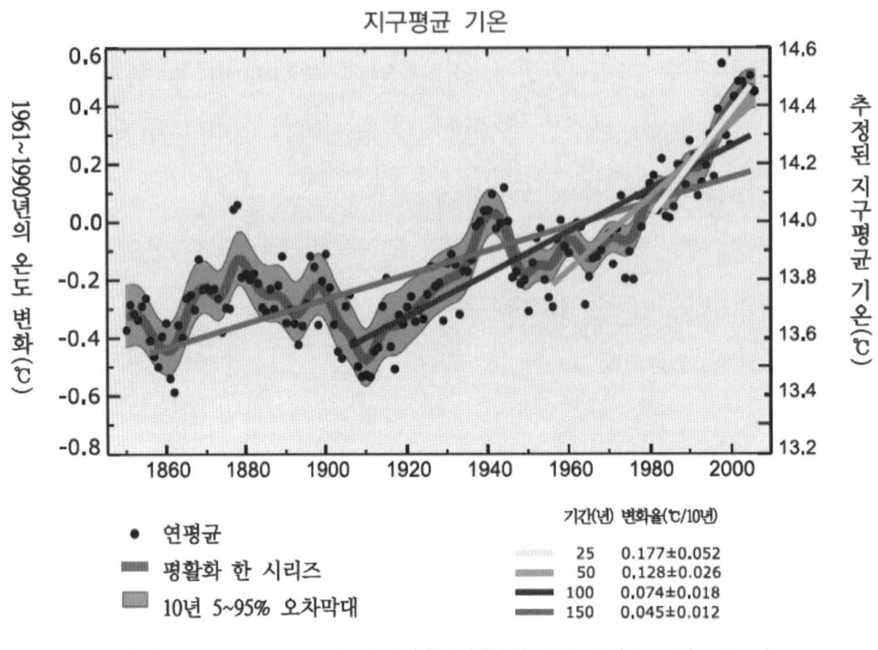

그림 1-6. 연간 지구 평균 기온 관측치(IPCC 4차보고서, 2007)

(2) 강수량의 장기 변화

기온의 변화는 대기 습도, 강수량, 대기 순환 등 전체 시스템에 영향을 준다. 복사강제력은 가열을 변화시키며 지표면에서는 현열 가열뿐만 아니라 증발에도 직접적으로 영향을 미친다. 게다가 기온이 1℃ 증가할 때 대기의 수증기는 약 7% 정도 증가한다(IPCC 4차보고서, 2007). 이러한 효과들이 모여 수문순환을 변화시키며 특히 강수특성과 극값을 변화시킨다(Trenberth et al., 2003).

대부분의 지역에서 기온의 장기 변화경향이 상승하는데 비해 강수량의 장기변화는 지역에 따라 다르게 나타난다(그림 1-7). 열대지방에서 강수량은 1970년 이후 열대에서는 감소 경향이 뚜렷하다. 사헬지역에서의 강우량의 감소경향이 가장 크고 남아프리카, 지중해, 남아시아에서도 감소경향이 보인다. 고위도인 30°N~85°N 사이의 많은 지역에서 뚜렷한 증가 경향이 보인다. 북아메리카 중부, 북아메리카 동부, 북유럽, 아시아 북부, 중앙아시아 모두 105년간 6~8%의 증가 경향을

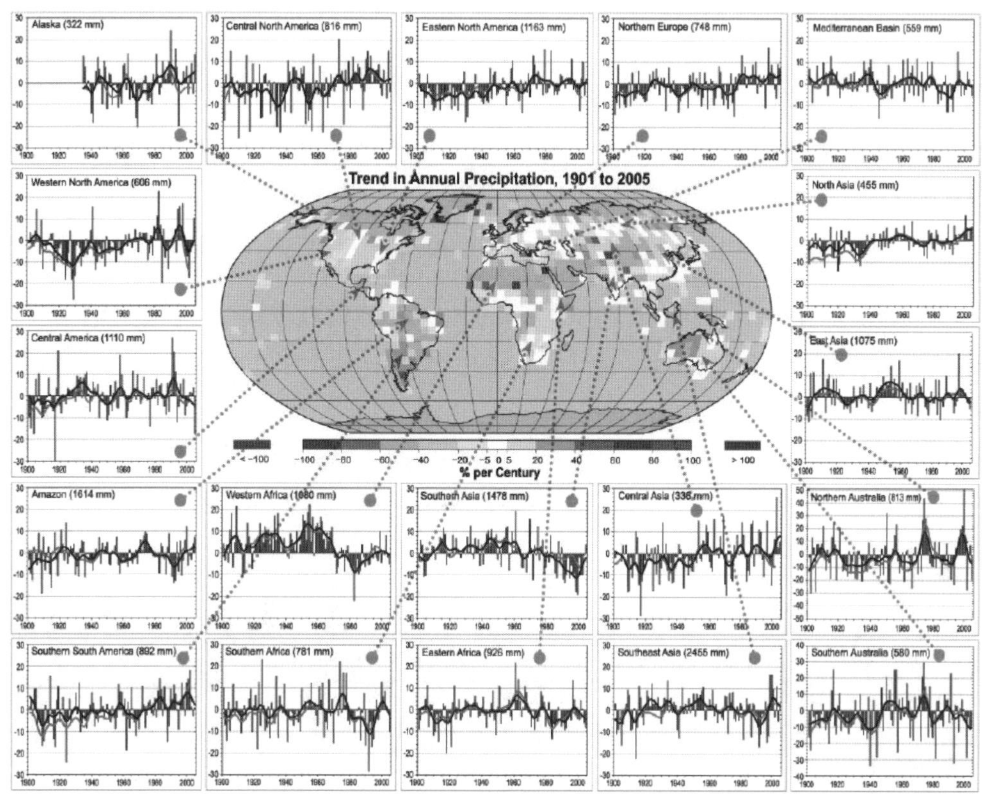

그림 1-7. 1900년대부터 2005년대까지의 강수량. 가운데 지도는 연평균 변화경향(%/100년)을 나타냄. 회색으로 나타낸 지역은 자료가 불충분하여 신뢰성 있는 변화경향을 계산할 수 없는 지역임(IPCC 4차보고서, 2007)

보였다. 총강수량이 감소한 지역에서도 집중호우 현상이 증가한 것으로 관측되었는데, 이는 저위도의 해양이 온난화되면서 대기의 수증기가 증가한 것과 관련이 있다(IPCC 4차 보고서, 2007).

(3) 엘니뇨-남방진동

엘니뇨-남방진동(El Nino-Southern Oscillation;ENSO)은 결합된 해양-대기 현상이다. 엘니뇨는 남아메리카 대륙 서쪽 해안으로부터 중앙 태평양에 이르는 동태평양 적도 지역의 넓은 범위에서 해수면 온도가 지속적으로 높아지는 현상으로 적도 태평양을 따라 해수면온도 경도가 약화되고 관련된 해양 순환의 변화가 동반된다. 엘니뇨는 약 3~7년의 주기로 불규칙하게 발생하며, 엘니뇨와 반대의 위상으로 나타나는 현상을 라니냐라고 한다. 남방진동은 엘니뇨와 연관된 대기 성분으로 서태평양 지역과 동태평양 지역의 해면 기압간의 진동을 나타낸다.

엘니뇨 감시 구역(열대태평양 Nino3.4지역: 5°S~5°N, 170°W~120°W)에서 5개월 이동평균한 해수면온도의 편차가 0.4℃이상(-0.4℃이하)인 달이 6개월 이상 지속될 때를 엘니뇨(라니냐)로 보는 기상청의 정의에 의하면, 1950년부터 2008년까지 엘니뇨는 18회 발생하였고 라니냐는 12회 발생하였다(그림 1-8).

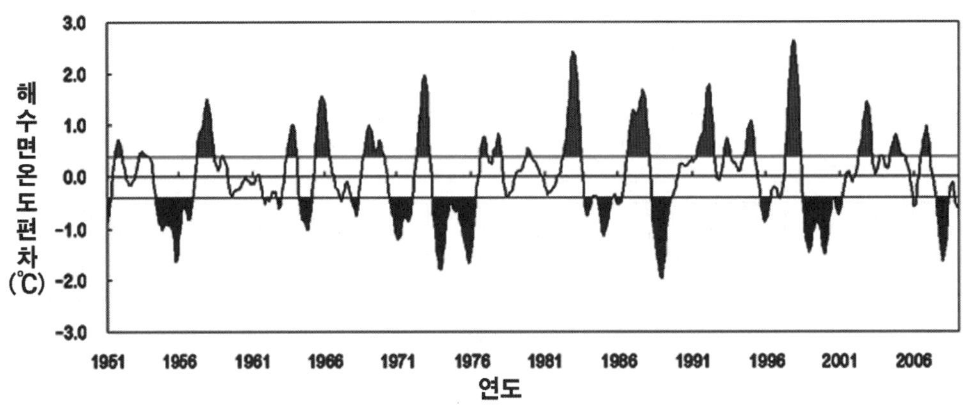

그림 1-8. 엘리뇨/라니냐 발생 연도 표(빨강 : 엘리뇨, 파랑 : 라니냐)

엘니뇨현상이 나타날 때 일반적으로 필리핀, 인도네시아, 호주 동북부 등지에서는 강수량이 평년보다 적으며, 반면에 화남 및 일본 남부 등 아열대 지역과 적도 태평양 중부, 멕시코 북부와 미국 남부, 남미대륙 중부에서는 홍수가 나는 등 예년보다 많은 강수량을 보이는 경향이 있다. 또한 알래스카와 캐나다 서부에 걸려 고온이 나타나는 경향이 있으며, 미국 남동부는 저온이 되기 쉽다. 엘니뇨현상이 발생하면 태평양상의 에너지 분포가 바뀌고 대기의 흐름을 변화시켜 대류 활동의 강도 및 중심이 변하기 때문이다. 이는 대기에 에너지를 제공하는 열원의 이동 및 공급 에너지의 증감을 의미하고 이것에 의해 지구 전체의 대기 흐름도 변하며 세계의 기상이 영향을 받는다. 해수면온도 관점에서 역사상 가장 큰 엘니뇨로 기록되는 1997년~1998년 엘니뇨에 기인하여 1998년 3월의 전구평균 지상기온은 0.17℃ 더 높았고(Trenberth et al, 2002), 1998년은 2005년과 함께 전구평균 지상기온이 가장 높았던 해이다.

엘니뇨의 전개는 1976년~1977년 기후변화를 전후로 분명한 변화를 보여준다(Trenberth and Stepaniak, 2001). 일반적으로 적도 동태평양과 중태평양에서 높아지는 해수면온도는 더 지속적이고 강한 엘니뇨를 만드는 경향이 있고 그에 따른 대기해양변화는 적도보다는 북태평양과 북아메리카를 따라 더 뚜렷하게 나타난다(IPCC, 2007).

(4) 몬순의 변화

몬순(monsoon)은 대륙과 인접한 해양간의 열용량 차가 원인이 되어 발생하는 현상으로 일반적으로 적도와 아열대지역에서 지상 바람과 그와 관련된 강수량의 계절적인 반전으로 알려져 있다. 가장 강한 몬순은 남아시아 및 동아시아, 북부 호주의 열대지역에서 나타나고 일부 북부 및 중앙아프리카에서도 나타난다(그림 1-9).

강수량은 몬순 변수 중 가장 중요한 변수로, 관련된 잠열 배출은 대기의 순환을 유도할 뿐만 아니라 전구수문순환과 막대한 사회경제적 영향에 있어 매우 중요한 역할을 한다(IPCC, 2007).

몬순변동성은 대기-해양 상호작용과 지면과정과 같은 지역적인 요인에서 원격 상관에 의한 영향 등 많은 요소들에 의해 변한다. Wang et al(2006)에 의하면 1948년부터 2003년까지 56년 동안의 전 지구 몬순시스템의 강도는 약화 되었는데, 이는 주로 북반구에서의 여름 몬순의 약화가 원인이었다.

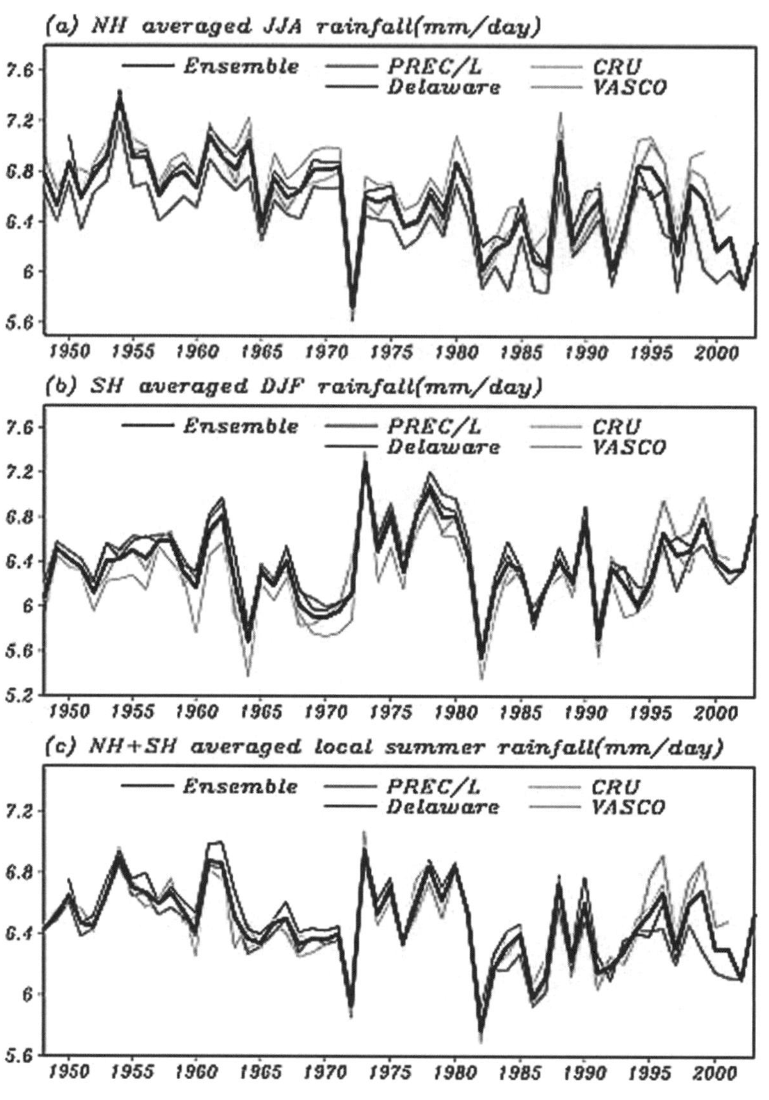

그림 1-9. (a) 6월~8월의 북반구 강수량, (b) 12월~2월의 남반구의 강수량, (c) 전구 몬순 지수 시계열(Wang et al, 2006)

아시아 몬순은 동아시아몬순, 남아시아몬순(인도몬순)시스템으로 나뉜다. 아시아 몬순의 뚜렷한 변화는 ENSO의 변화와 관련이 있고(Huang et al, 2003; Qian et al., 2003) 그에 따라 1976년~1977년에 변화가 나타난다(Wang, 2001). Gong and Ho(2002)는 양쯔 강 지역의 여름철 강수량의 변호가 남쪽으로의 강수량 이동에 기인한다고 제안하였고, Ho et al(2003)은 특히 한반도 지역에서의 갑작스런 변화를 논의하였다. 적도 중태평양과 적도 동태평양이 십년 정도의 따뜻한 기간에서 여름철 몬순 강수량은 양쯔 강 부근에서 더 강화되고 북부 중국에서는 약화된다. 또한 강한 대류권 냉각경향이 동아시아 여름철에서 발견되는데 이는 동아시아지역의 상층 제트 류가 남쪽으로 이동하여 동아시아 여름 몬순을 약화시킨다(IPCC 4차 보고서, 2007, 그림 1-10). 인도몬순 강수량은 십년변동성을 가지고 엘니뇨와는

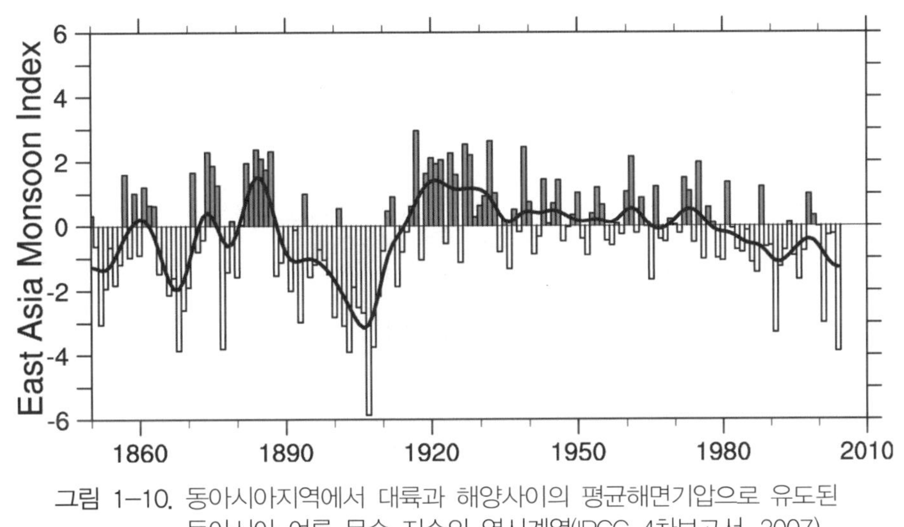

그림 1-10. 동아시아지역에서 대륙과 해양사이의 평균해면기압으로 유도된 동아시아 여름 몬순 지수의 연시계열(IPCC 4차보고서, 2007)

반대의 상관을 가진다(Kripalani and Kulkarni, 1997, Kripalani et al., 2003) 엘니뇨와 몬순사이의 연관성은 1890년~1930년 사이에는 약화되었고, 1930년~1970년 사이에는 강화되었다. 또한 엘니뇨와 인도몬순 강수량의 강한 음의 상관성은 1976년 이전이 더 강하고 이후에는 상당히 약화된 것을 보인다(Kumar et al., 1999; Krishnamurthy and Goswami, 2000; Sarkar et al., 2004)

호주몬순은 북반구에 위치한 호주 대륙에서 나타나고 강한 경년변동성 및 계절내 변동성을 보인다. IPCC 제 4차 보고서에 따르면 북부 호주의 습한 계절 강수량

은 양의 경향을 보이고 1970년대 중반과 2000년대 부근에 상대적으로 습한 기간이 나타나고 증가하는 강수 경향은 대륙의 남부에서의 지상 기온의 변화와 일치한다. 한편, 북아메리카 몬순은 6월에 남서 멕시코에서 빠른 몬순 강우대를 시작으로 7월과 8월에 미국 남서쪽으로 북진하여 9월과 10월에 점차적으로 쇠퇴하는 특징을 갖는다. Higgins and Shi(2000)는 북아메리카몬순은 태평양십년진동(Pacific Decadal Oscillation, PDO)에 의해서 영향을 받을 수 있다고 하였고 그곳의 겨울철 강수편차는 이후 나타나는 여름철 북미 몬순 조건과 높은 상관성을 갖는다. 또한 아프리카의 대부분 지역에서는 통계적으로 유의하게 몬순순화의 약화가 나타난다.

(5) 열대성저기압

북서태평양에서 발생하는 태풍은 더 강화되어 왔고 강한 태풍인 카테고리 4와 5의 태풍 발생 수가 1975년~1989년에 비해 1990년~2004년 기간 동안에 약 30% 증가하였다(Webster et al, 2005, 2006). 북서 태평양지역에서 열대성저기압 활동에 영향을 미치는 주요인은 지역적인 해수면온도가 아니라 ENSO와 관련한 대기순환의 변환이다(Liu and Chan, 2003; Chan and Liu, 2004). 엘니뇨 해에 열대성저기압은 더 강화되고 라니냐해보다 더 오래 지속되는 특징을 보이고 서로 다른 위치에서 생성되는 특징을 갖는다.

Webster et al(2005, 2006)에 의하면 북서태평양에서뿐만 아니라 다른 대양에서도 폭풍의 발생 수는 증가하는 것으로 나타난다(표 1.1). 북대서양에서의 열대성저기압도 ENSO의 영향을 받으나 북서태평양과는 반대로 엘니뇨 해 때에는 활동이 감소되고 라니냐 때에는 증가하는 경향이 나타나고 남인도양과 호주에서도 같은 경향이 나타난다. 그러나 남태평양에서는 북서태평양과가 같이 ENSO와 같은 상관을 보인다.

표 1.1 1975년~1989년과 1990년~2004년의 카테고리 4와 5 폭풍의 수와 비율의 변화(Webster et al, 2005)

지역	기간			
	1975년~1989년		1990년~2004년	
	발생수	비율(%)	발생수	비율(%)
동태평양	36	25	49	35
서태평양	85	25	116	41
북대서양	16	20	25	25
남서태평양	10	12	22	28
북인도	1	8	7	25
남인도	23	18	50	34

〈우리나라 기후의 변화〉

(1) 기온의 변화

우리나라에서 100년 이상의 관측 역사를 가진 관측소는 서울과 인천, 강릉, 대구, 목포, 부산이고, 60여 개의 관측 시점에서 장기 기후자료가 축적되기 시작한 것은 1973년부터이다(표 1.2). 지난 100년간(1912년~2008년) 한반도 기온 상승률은 1.7℃로 100년간 전 지구 평균기온 상승률의 약 2배에 달한다. 이러한 기온 상승 값에는 도시화 효과가 포함되어 있다.

표 1.2 전국 기후분석에 사용된 60개 기상관측 지점

	지점 번호	지점명	위도	경도	해발고도 (m)	관측개시
1	90	속초	38.25	128.57	17.79	1968.01.01
2	100	대관령	37.68	128.76	842.52	1971.07.11
3	101	춘천	37.90	127.74	76.82	1966.01.01
4	105	강릉	37.75	128.89	25.91	1911.10.01
5	108	서울	37.57	126.97	46.02	1907.10.01
6	112	인천	37.48	126.63	68.85	1904.04.10
7	114	원주	37.33	127.95	149.81	1971.09.01
8	119	수원	37.27	126.99	33.58	1964.01.01
9	127	충주	36.97	127.95	114.06	1971.01.01
10	129	서산	36.77	126.50	25.93	1968.01.01
11	130	울진	36.99	129.41	49.42	1971.01.01
12	131	청주	36.64	127.44	57.36	1967.01.01
13	133	대전	36.37	127.37	68.28	1969.01.01
14	135	추풍령	36.22	128.00	242.54	1935.09.01
15	138	포항	36.03	129.38	1.88	1943.01.01
16	140	군산	36.00	126.76	25.57	1968.01.01
17	143	대구	35.88	128.62	57.64	1907.01.07
18	146	전주	35.82	127.16	53.48	1918.05.15
19	152	울산	35.56	129.32	34.69	1931.07.01
20	156	광주	35.17	126.89	70.53	1938.10.01
21	159	부산	35.10	129.03	69.23	1904.04.09
22	162	통영	34.84	128.44	31.70	1967.01.01
23	165	목포	34.81	126.38	37.88	1904.04.01
24	168	여수	34.74	127.74	66.05	1942.04.01
25	170	완도	34.40	126.70	34.87	1971.05.01
26	184	제주	33.51	126.53	19.97	1923.05.01
27	188	성산	33.38	126.88	18.62	1971.01.01
28	189	서귀포	33.25	126.57	50.47	1961.01.01
29	192	진주	35.21	128.12	21.32	1969.03.01
30	201	강화	37.71	126.45	45.65	1971.01.01
31	202	양평	37.49	127.50	47.01	1971.02.01
32	203	이천	37.26	127.48	77.79	1971.01.01
33	211	인제	38.06	128.17	198.60	1971.09.01
34	212	홍천	37.68	127.88	140.59	1971.07.01
35	221	제천	37.16	128.19	263.21	1971.01.01
36	226	보은	36.49	127.74	174.10	1971.06.16
37	232	천안	36.78	127.12	24.89	1971.01.01

	지점 번호	지점명	위도	경도	해발고도 (m)	관측개시
38	235	보령	36.32	126.56	15.29	1971.12.10
39	236	부여	36.27	126.92	11.35	1971.01.01
40	238	금산	36.10	127.48	171.26	1971.07.01
41	243	부안	35.73	126.72	10.68	1969.05.11
42	244	임실	35.61	127.29	246.85	1969.05.11
43	245	정읍	35.56	126.87	44.11	1969.05.11
44	247	남원	35.40	127.33	89.70	1971.01.01
45	256	순천	35.08	127.24	74.38	1971.06.01
46	260	장흥	34.69	126.92	45.22	1971.01.01
47	261	해남	34.55	126.57	13.74	1971.02.01
48	262	고흥	34.62	127.28	53.27	1971.01.01
49	272	영주	36.87	128.52	210.21	1971.01.01
50	273	문경	36.62	128.15	170.36	1971.01.01
51	277	영덕	36.53	129.41	41.23	1971.01.01
52	278	의성	36.35	128.69	81.09	1971.01.01
53	279	구미	36.13	128.32	47.86	1971.01.01
54	281	영천	35.97	128.95	94.10	1971.01.01
55	284	거창	35.67	127.91	220.88	1971.01.01
56	285	합천	35.56	128.17	32.66	1971.01.01
57	288	밀양	35.49	128.75	12.60	1971.01.01
58	289	산청	35.41	127.88	138.57	1971.01.01
59	294	거제	34.88	128.61	45.27	1971.01.01
60	295	남해	34.81	127.93	44.41	1971.01.01

100년 이상의 장기 관측 자료를 보유한 우리나라 6개 지역에서는 1960년대 후반 이후 산업화와 도시화가 빠르게 진행되었다. 따라서 1960년대 후반 이후 우리나라의 도시화 효과를 추정한 연구에 따르면 기온 상승률의 약 30~40%를 차지하며 국지적인 도시화는 연 평균 기온뿐만 아니라 연 평균 최고 및 최저기온의 변화율도 증폭시켰다(Choi et al, 2003; 구교숙 외, 2007).

연평균 기온의 변화 경향을 보면, 한국 전쟁 이후 최근 50년(1954년~현재)의 상승폭이 20세기 전체 100년의 상승률에 비하여 약 1.5배 이상 증가하였고, 1980년대 중반 이후에 기온 상승이 두드러져 최근 20년의 기온상승률은 0.23℃/10년으로

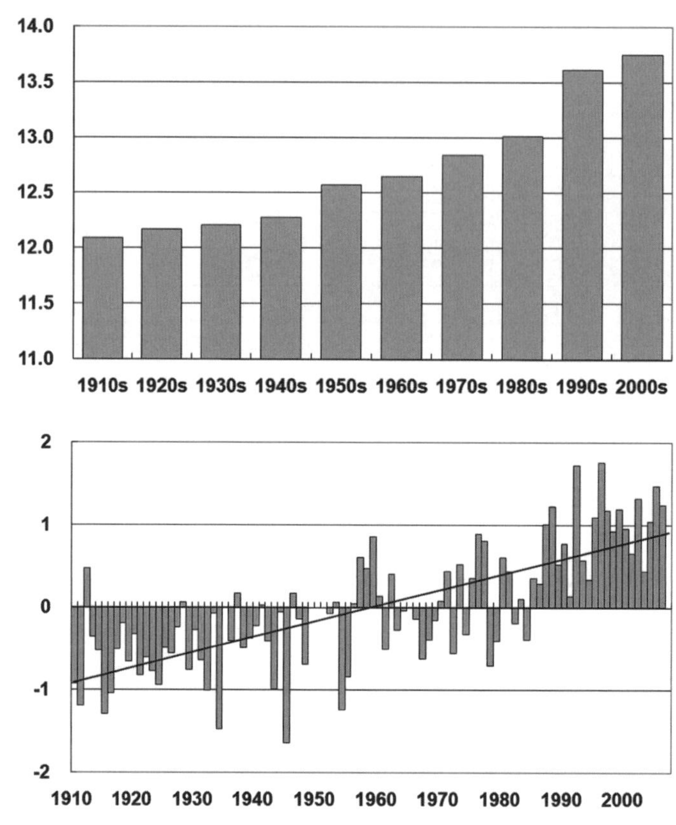

그림 1-11. 우리나라의 100년 이상 장기 관측된 6개 지점을 평균한 10년 평균기온(위)과 연평균기온 편차(아래) (기상연구소, 2009).

높게 나타나고 있다(Jung et al., 2002). 따라서 우리나라의 기온 변화 경향은 일차 추세가 아닌 20세기 후반에 상승률이 증가하는 하키스틱 모양의 곡선 형태를 나타낸다(기상연구소, 2009, 그림 1-11).

일 최고 기온과 일 최저 기온의 계절적 변화를 살펴보면, 12개 관측지점의 자료의 분석 결과, 한반도 평균 기온 증가는 겨울철(12월~2월)과 봄철(3월~5월)에 높게 나타나고, 여름철과 가을철에는 약하게 나타났다(Jung et al., 2002). 큰 일교차가 특징인 가을에는 그 차가 점차 줄어들고 있으며 이는 최저 기온이 상승하고 있기 때문인 것으로 추정된다. 주요 도시의 가을철 일교차 변화는 2007년을 예로 들면,

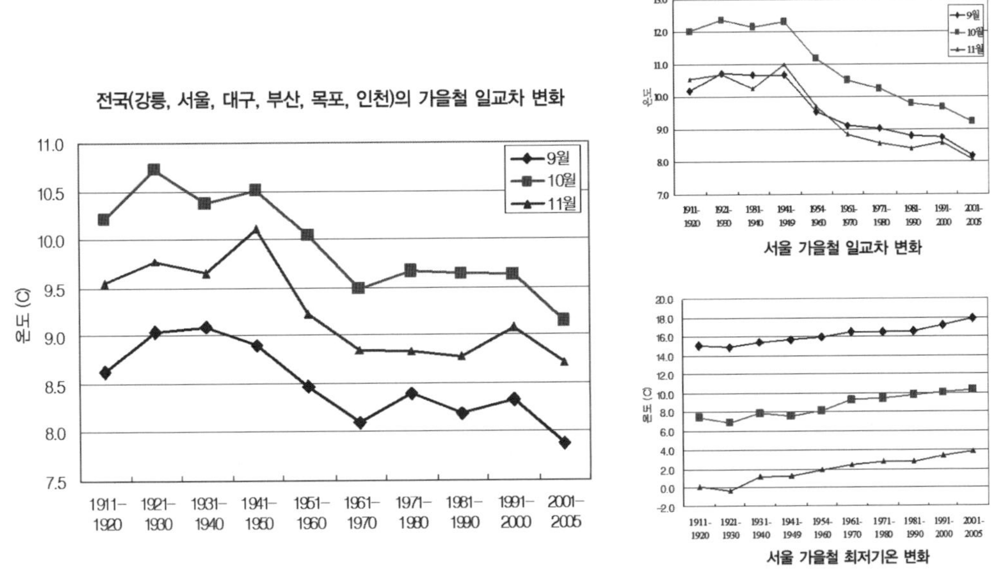

그림 1-12. 가을철 일교차 변화(6대 도시) 및 서울 가을철 최저기온 변화 경향 (기상연구소, 2009)

평균기온의 편차는 1.2℃로 관측되었는데 이는 최고기온 편차는 0.3℃이었으나 최저기온 편차가 2.6℃로, 최저기온이 월평균기온을 높이는데 기여한 것으로 보인다(그림 1-12). 겨울철 역시 최저기온의 상승으로 인해 극단적인 추위 일수가 급속하

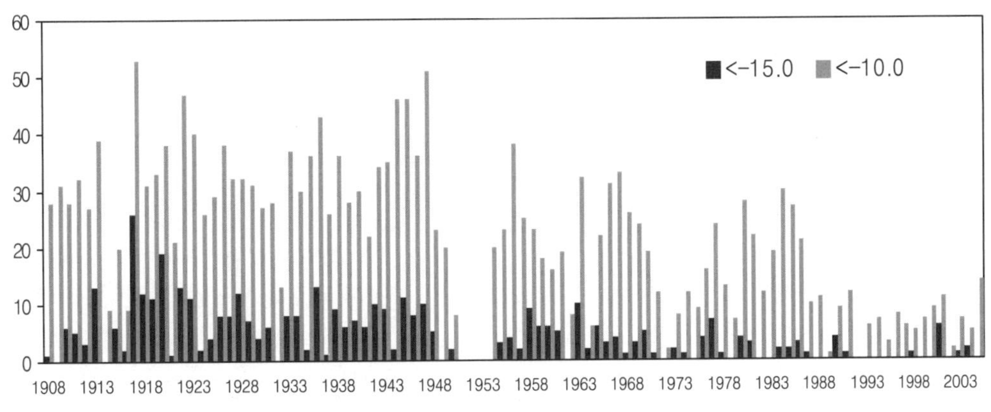

그림 1-13. 서울의 최저기온 -10℃ 이하 일수(기상연구소, 2009)

게 감소하고 있다. 우리나라에서 연중 -10℃이하로 내려가는 일수가 1950년대까지는 30일 가량이었으나 최근에는 10일 이하로 기록되고 있어 극단적인 추위가 줄어들고 있다(그림 1-13).

<읽을 거리>

<우리나라 기후구의 변화에 관하여>

• RCP4.5 시나리오에 의해 산출된 21세기말(2070~2099년)에는 아열대기후지역이 서해안으로는 보령까지 확대되며 대도시 해안지역인 인천도 아열대 기후구에 포함된다. 내륙으로는 아열대 기후지역이 전주, 광주, 순천, 산청, 합천, 대구까지 확대되며 동해안으로는 속초까지 확대된다.

• RCP8.5 시나리오에 의해 산출된 21세기말에는 관측지점 중 해발고도가 가장 높은 대관령을 중심으로 한 인제, 홍천, 원주, 제천 등을 제외한 전 지역이 아열대 기후지역에 포함될 것으로 전망된다.

: RCP(Representative Concentration Pathway)

RCP4.5와 RCP8.5는 금세기 말까지 대기 중 이산화탄소 농도가 540ppm과 940ppm까지 상승하는 것에 상응한다.

최근 우리나라는 기온 상승으로 작물과 수어류 산림 등의 이동이 나타나면서 기후가 아열대화 될 가능성이 제기되고 있다. 이에 따라 현재 육상 및 해양생태계 분포 특성과 비교적 유사한 분포를 보이는 트레와다의 기준을 이용하여 아열대 기후지역의 변화를 전망하였다(권영아등 2007).

현재의 아열대 기후지역을 파악하기 위하여 평년값(1971~2000년)에 트레와다의 기준을 적용하면 제주도와 부산, 거제, 통영, 목포, 완도, 여수 관측 지점을 중심으로 한 남해안 지역이 아열대 기후지역에 포함된다(그림12). 이중서귀포는10℃ 이상인 달이 3~11월로9개월이며 그 외 지역은 4~11월의 8개월이다.

RCP4.5 시나리오에 의해 산출된 기온 값으로 미래(2070~2099년) 아열대기후지역을 전망한 결과 제주도와 남해안 일부지역에 해당되었던 아열대 기후지역이 서해안으로는 보령까지 확대되며 대도시해안지역인인천도아열대기후구에포함된다. 내륙으로는 아열대 기후지역이 전주, 광주, 순천, 산청, 합천, 대구까지 확대되며 동해안으로는 속초까지 확대된다. 이중10℃ 이상인 달이 9개월 이상인 지역이 크게 증가하여 포항, 대구, 울산, 부산, 통영, 여수, 완도, 제주, 성산, 서귀포, 거제, 남해 등 제주도 및 남해안 지역 대부분이 포함된다.

RCP8.5 시나리오에 의하면 관측 지점 중 해발 고도가 가장 높은 대관령을 중심으로 한 인제, 홍천, 원주, 제천 등을 제외한 전 지역이 아열대 기후지역에 포함될 것으로 전망된다.

아열대 기후구에 포함되는 지역 중 임실, 양평, 서산, 춘천을 제외한 전 지역에서 10℃ 이상인 달이 9개월 이상이며 특히 제주도 지역은 1~12월의 모든 월평균 기온이10℃ 이상으로 전망된다.

<참고 사항>

트레와다는 최한월 평균기온이 18℃ 이하이면서 월평균기온이 10℃ 이상인 달이 8~12개월인 것으로 아열대를 정의하였다 (Trewartha and Horn, 1980).

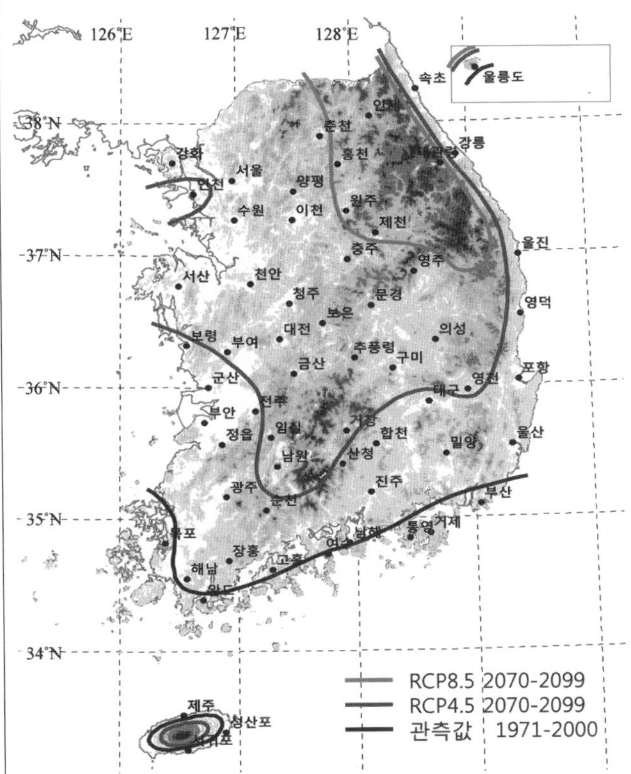

<그림> 아열대 지역 변화 전망. 실선은 각각 관측 자료에서 구한 현재(1971~2000)의 아열대 지역 경계 (검정색)와 RCP 시나리오에서전망한 2070~2099년의 아열대 지역 경계 (RCP4.5: 보라색, RCP8.5: 붉은색)를 의미한다.

(2) 강수량의 변화

지난 100년(1912년~2008년)간 106개 관측 지점을 평균한 연강수량의 변화 경향을 보면 증가하는 추세를 나타내고 있다. 10년 평균 연 강수량을 보면 1940년대와 1970년대가 전후 10년 기간의 강수량보다 적은 편이지만 대체적으로 증가하는 경향을 보인다(그림 1-14).

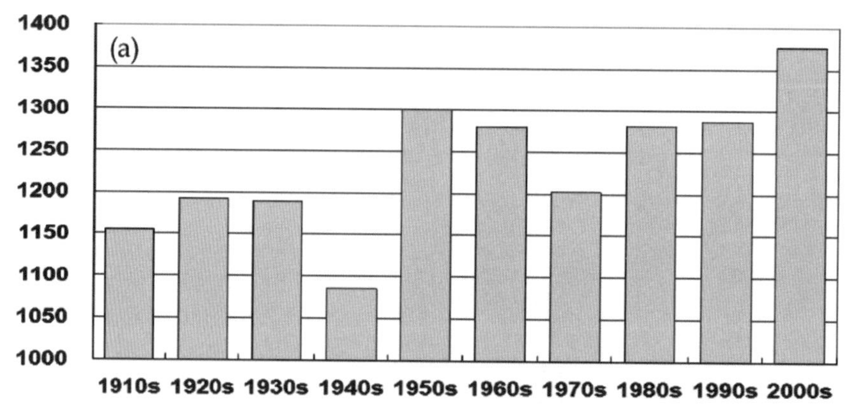

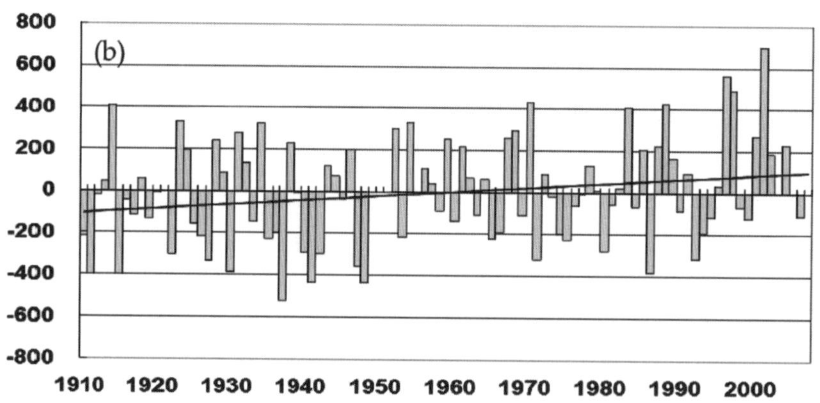

그림 1-14. 우리나라의 100년 이상 장기 관측된 6개 지점을 평균한 10년 연강수량(위)과 연강수량 편차(아래) (기상연구소, 2009).

1950년대 후반 이후 전국 14개 관측 지점(강릉, 서울, 인천, 울릉도, 추풍령, 전주, 대구, 울산, 포항, 광주, 부산, 목포, 여수, 제주) 평균 강수패턴의 분석에 따르면, 연강수량은 증가하고 있으나 강수일수는 줄어들고 있어서 강수일의 강수강도가 증가하고 있음을 알 수 있다(기상연구소, 2004, 그림 1-15).

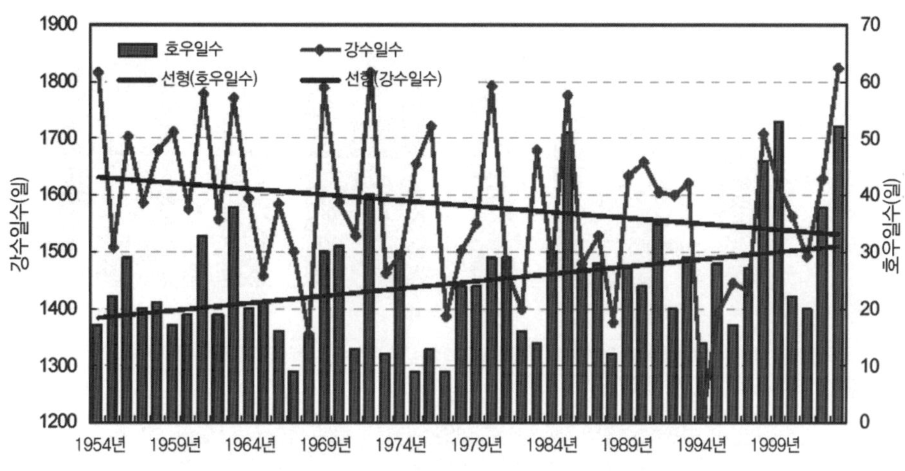

그림 1-15. 1954년~2004년 우리나라 14개 지점에 대한 강수일수와 호우일수의 변화(기상연구소, 2004)

여름철 강수량만을 보았을 때, 역시 증가 추세에 있으며 장마후인 8월의 강수량이 장마시기를 포함하는 7월보다 많아지는 경향을 보이고 있다. 우리나라는 기후 특성상 여름철 강수량이 연강수량의 약 40~60%를 차지하고 있다. 그러나 여름철 강수량은 장마시기의 강수량과 태풍에 의한 강수가 많은 부분을 차지하고 있으므로 사실 우리나나의 연강수량은 그 해 장마가 얼마나 제대로 시작되고 끝나는가, 그리고 그 해 태풍이 얼마나 우리나라에 영향을 주는가에 달려 있다고도 할 수 있다. 이렇게 우리나라의 여름철 강수량은 주로 장마기간에 집중되어 있는 것으로 인식되어 왔으나, 최근 들어 장마 전선의 활동이 불규칙적으로 나타나면서 오히려 장마 이후 강수량이 집중호우나 태풍 등의 영향으로 증가하고 있는 것이다. 2006년 장마 기간 중 총강수량 758.0㎜로서 평년 346.2㎜보다 2배 이상의 많은 강수량을 보여 역대 장마 기간 중 가장 많은 비가 내렸다(그림 1-16).

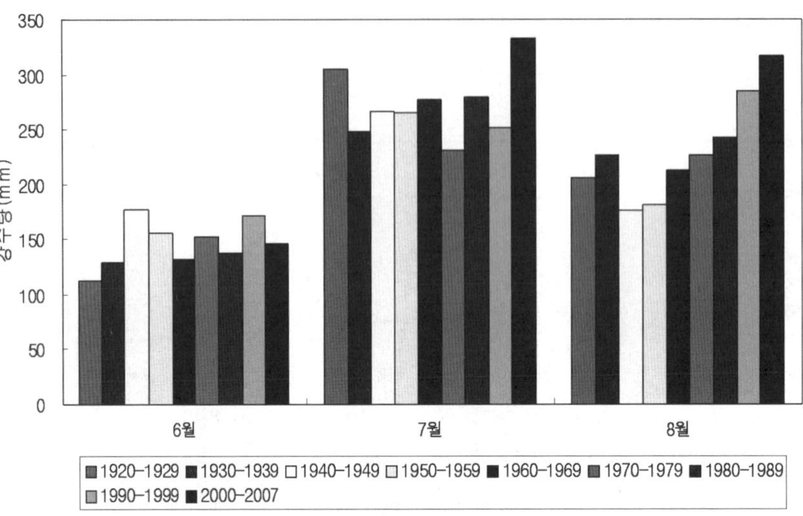

그림 1-16. 우리나라의 여름철(6~8월) 월별 평균 강수량 변화.
특히 8월 달의 강수량이 증가하는 경향을 보이고 있다.
(7대 도시자료: 서울, 강릉, 인천, 대구, 부산, 전주, 목포)

〈읽을거리〉 슈퍼 태풍의 한반도 도래 가능성과 대응

2010년 9월1일에서 2일에 걸쳐 우리나라 서해를 따라 북상한 후에 강화도와 서울을 지나 동해로 빠져 나간 태풍 곤파스로 인해 농작물, 교통 그리고 인명에 적지 않은 피해를 입었다. 곤파스가 우리나라를 지나갈 때 관측된 풍속은 서해안에서 40~50m/s였고, 수도권을 지나갈 때는 세력이 약화되어 20~30m/s에 지나지 않았다. 그럼에도 수도권의 지하철이 멈추고, 바람에 날린 건축자재에 사상자가 발생하였으며, 서해안에서는 과수단지의 낙과 율이 심한 곳에서는 40%에 이르는 곳도 있었다. 다행히 곤파스는 바람만 다소 강하고 강수량은 적은 풍 태풍이었기 때문에 태풍의 북상 시에 우려하였던 것에 비하면 피해 정도가 적었다.

만약에 곤파스의 풍속이 2배 정도 더 강하고, 강우량도 10배 정도 더 많았다면 어떠하였을까? 그리고 곤파스의 이동속도마저 느려서 태풍이 한반도에 머문 시간이 반나절 정도가 아니라 허리케인 카트리나처럼 수일 정도로 길었다면 어떠하였을까? 이에 대한 답은 언급하지 않는 것이 오히려 속 편할 것이다. 이런 가정을 해보는 이유는, 오늘날 이런 무시무시한 태풍(슈퍼 태풍)의 도래가 멀지않은 장래에 우리나라에 현실로 닥칠 것이라는 경고를 기상학자들이 내어 놓고 있기 때문이다.

지구온난화로 지난 100년 동안에 지구의 평균기온이 약 0.74℃ 상승하였고, 태풍이 발생하여 북상해 오는 해역인 저위도 서태평양의 수온도 약 0.5℃ 상승하였다. 그런데 IPCC 4차 보고서(2007)에 의하면, 기온과 해수온의 상승속도는 최근에 올수록 훨씬 가파르게 빨라지고 있다. 최근 25년 동안에 발생한 온도상승이 그 이전의 100년 동안에 나타난 것과 비슷한 정도이다. 이러한 가속도는 앞으로 더욱 가파르게 진행될 것이라는 점에 전문가들의 견해가 일치하고 있다. 우리나라 기상연구소가 1904년~2100년까지의 한반도 기후변화를 분석한 '한반도 기후 100년의 변화와 미래전망' 보고서에 따르면, 지난 100년간 한반도의 평균기온은 지구평균보다 2배 이상 올랐고 금세기 말까지는 더욱 빠르게 기온이 상승하여 현재보다 6.5℃ 정도 더 올라갈 것으로 예상하였다. 또 일본기상연구소의 기토(鬼頭) 박사도 기후예측 모델을 이용하여 작성된 기후변화시나리오를 근거로, 동아시아 지역의 온도는 금세기 말까지 현재보다 20% 정도 추가로 상승할 가능성이 높다는 사실과, 해수온도의 상승으로 태풍의 에너지원인 수증기량이 증가해 태풍의 강도가 더욱 거세질 것으로 예측하였다. 이 외에도, 전 세계에서 나온 대부분의 기후변화 예측에 관한 보고서는 태풍의 발생빈도에는 큰 변화가 없든가 오히려 감소할 가능성이 높지만 태풍의 강도는 강해질 것이라는 점에 동의하고 있다.

기후변화는 해수온도를 상승시키는 것에 머물지 않고, 전 세계에 이상기상을 가져오는 엘니뇨와 라니냐의 발생빈도와 강도를 강화시킬 것이라고도 한다. 특히 라니냐의 발생은 태풍의 활동에 큰 영향을 미친다. 엘니뇨 발생 시에는 태풍이 발생하는 적도 부근 서태평양의 수온이 평상시보다 낮아지지만, 라니냐 시에는 오히려 해수온도가 높아진다. 즉, 라니냐는 태풍의 발생빈도와 강도를 강화시킨다. 또 지구온난화로 북태평양 고기압은 2010년과 같이 9월~10월이 되어도 약해지지 않아, 마치 7월~8월의 한 여름과 같은 기상패턴을 유지하게 되는 경우가 자주 나타날 수 있을 것이다. 그래서 과거엔 가을 태풍은 대부분 일본 열도 이남으로 지나갔지만 이제부터는 가을 태풍이 한반도로 상륙하기 적합한 기상조건이 유지될 것이다. 태풍이 이번의 곤파스처럼 한반도의 보다 북쪽으로 상륙해 가게 되어 피해 영역도 한반도 전역에 미치게 될 것이다. 이런 조건이 갖추어지면 마치 2005년 9월에 미국 동부 뉴올리언스 일대를 초토화시켰던 허리케인 카트리나 급의 슈퍼태풍이 한반도를 강타하게 될 것이다. 슈퍼태풍이란 초속 67m 이상의 풍속과 하루 1,000㎜ 이상의 비를 쏟아내는 초대형 태풍을 말한다.

가을에 이런 파괴적인 슈퍼태풍이 찾아오게 된다면 농작물 생산은 극심한 불안정 상태를 보일 것이다. 도로, 댐, 철로, 교량과 같은 사회 인프라와 건축물들은 견뎌내지 못하게 된다. 예로서, 슈퍼 태풍으로 하루 1,000~1,200㎜의 강우가 발생하면, 국내 최대 규모를 자랑하는 소양강댐이 붕괴될 것으로 우려된다. 소양강댐은 최대 632㎜ 이상의 강우량에 대비하도록 설계되어 있다. 지난 2005년 일부 언론을 통해 공개된 '한강권역 댐 비상대처계획(Emergency Action Plan, 이하 EPA)' 시뮬레이션에 따르면 소양강댐이 붕괴될 경우 넘쳐나는 물은 5시간이 채 되지 않아 서울에 도착하게 된다. 이후 9시간 동안 한강 수위가 계속 불어나 결국 강원도를 비롯하여 서울 경기 인천지역의 47개 시군구가 전부 '물바다'가 된다. 정부는 이를 대비하기 위해 2004년 8월부터 소양강댐 보조 여수로 공사를 진행하고 있지만, 공사가 완료되어도 하루 810㎜ 정도의 강우량을 지탱할 수 있는 수준이라고 한다. 아직까지 우리나라는 하루에 1,000㎜급의 강우량에 대비할 대책은 사실상 없는 셈이다.

오늘날 기후변화의 문제는 금세기 내에 인류가 해결해 내어야만 하는 숙제로 대두되어 있다. 전 세계가 기후변화에 대처하고자 하는 방법은 크게 3가지로 나누어 볼 수 있다. 첫째는 기후변화를 가져온 원인을 제거하자는 것이다. 즉 온실가스 배출량을 금세기 중반 이내에 1990년 대비 50~60% 감축하여, 대기 중의 온실가스 농도를 450ppm 이내로 안정화 시키는 것이다. 이를 위해서는 화석연료 사용을 줄여야 하는데, 신·재생에너지의 개발과 에너지 효율의 향상 그리고 에너지를 적게 사용하면서 살아가는 생활의 혁신을 달성해야 한다. 두 번째는 온실가스 배출량 감축에 최선의 성과를 달성한다고 하더라도 온실가스가 대기 중에서 사라지지 않고 머무는 시간이 100년 이상으로 길기 때문에 적어도 금세기 말까지 대기 중의 온실가스 농도는 지속적으로 증가해 갈 것이기에 기후변화의 진행은 막을 수가 없다. 따라서 각 지역별로 기후변화의 시대에 적응해서 살아갈 수 있는 대응책을 찾는 일이다. 세 번째는 기후변화 시대에 대응할 기술과 자금을 갖지 못한 개도국에 대한 선진국의 지원이다. 선진국은 기후변화로 인한 자연재해에 무방비로 노출되어 고통을 받고, 에너지 저효율 발전시설에 의존하고 있는 개도국을 도와야 한다는 점이다.

우리나라는 여전히 온실가스 감축의 문제에만 매달려 있는 것으로 보이는데, 두 번째와 세 번째 문제를 간과해서는 안 된다. 기후변화로 인한 피해는 사전에 적응 노력을 얼마나 하였는가에 따라서 많이 달라진다. 그 예로서, 2003년 태풍 매미가 일본과 한국을 번갈아가며 상륙했을 때 한국은 사망 131명, 이재민 1만 1천여 명, 재산피해 4조 7천억 원의 엄청난 손실을 불러왔다. 하지만 일본은 더 센 강도의 태풍 매미를 맞으면서도 사망 1명, 중상 1명, 재산 피해 500억 원에 그쳤다. 기후변화로 인한 자연재해가 격심해질 것으로 예상되는 장래에 정부의 가장 중요한 역할은 경제적 경쟁력 확보 보다 자연재해에 흔들림이 없는 사회의 안전망 구축이 우선되어져야할 것이다.

출전: 신재생에너지 저널 2010년 10월호, 김해동(계명대학교 환경대학 교수)

1.2 지구시스템과 기후환경의 변화

1.2.1 지구의 탄생과 진화

우리 우주는 약 137억 년 전 빅뱅(Big Bang)에 의해서 탄생했다. 대폭발은 상상을 초월하는 고온, 고밀도를 갖는 한 점에서 일어났다. 탄생 후 약 3분이 지났을 때 우주의 온도는 1,000만℃ 정도였다. 이때부터 비로소 시간과 공간이 존재하게 되었으며, 물질과 함께 가벼운 원소인 수소와 헬륨이 형성되었다. 이후 우주는 빛과 물질이 수프처럼 섞여 불투명했으나 수 십 만년이 지난 후에야 이 둘은 분리되고 빛은 자유로이 우주공간을 전파할 수 있게 되었다. 약 100억 년 전에는 물질이 모여서 은하계를 형성하였고, 약 50억 년 전에는 우주에 퍼져있는 물질이 모여 태양이 형성되었으며, 태양계내의 지구를 포함한 행성들은 성간물질이 응축하고 충돌하여 형성되었다. 원시지구는 생명체의 생존에 필요한 산소를 포함하고 있지 않았으며, 산소는 나중에 식물의 광합성에 의해 형성되었다. 지구의 표면은 점차 수증기가 응결할 수 있을 정도까지 식기 시작하여 비가 내리기 시작하였으며, 육지의 물이 만들어지고 빗물은 암석과 광물을 녹여 약 37억 년 전부터 짠 바닷물을 만들었다. 약 40억 년 전에는 태양계 내에 거대한 운석들이 떨어지기 시작했으며 단세포 동물들이 나타났다. 우리인간은 10만 년 전에 이 지구상에 출현했다. 지구

생성 이후 수많은 생물체들이 변화에 적응해야 했으며 적응하지 못한 생물체들은 도태되었다. 인류의 문명도 마찬가지였다. 예를 들어 마야문명은 3,000년 전 경에 발달해서 750~900AD 경에 멸망하였는데 그 원인은 기후변화 (장기간 지속된 가뭄)였다고 한다(그림 1-17).

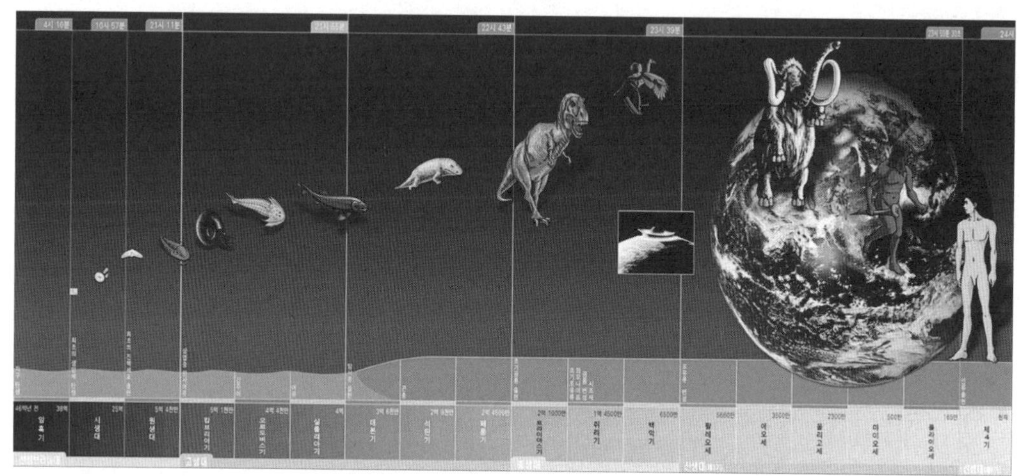

그림 1-17. 지구상에 생명체가 등장한 것은 약 38억 년 전으로 최초의 생명체는 수십 억 년의 진화를 거쳐 오늘날의 인간에 이르렀고, 지구 또한 변화를 거듭하면서 현재의 모양을 갖추게 되었다.

1.2.2 기후와 기후변화의 예측

기후란 장기적인 (보통 30년) 대기 현상을 시간과 공간에 대해 일반화하여 종합한 것을 뜻하며, 날씨란 상대적으로 짧은 시간의 대기변화를 말한다. 인류문명의 발달이나 역사는 기후변화와 밀접한 관계가 있으며 기후에 직·간접적인 영향을 받으면서 이루어져 왔다. 먼 옛날 우리의 선조들은 기후의 변화에 따라 대이동을 하였으며, 변화하는 기후에 적응하기 위하여 과학과 기술을 발달시켜 왔다. 따라서 세계문명의 발상지가 사람이 생활하기 좋은 기후대에 위치하고 있는 것은 결코 우연이 아닌 것이다. 오늘날 세계의 경제활동 중 80% 이상이 날씨의 영향을 받는다는 것은 잘 알려진 사실이다. 실질적으로 지구촌 어느 한 곳에서의 이상기상 발생은 곧바로 그 지역의 농수산업에 타격을 줄뿐만 아니라 나아가서는 각국의 수출입에 영향을 주게 된다. 또한 정부의 정책입안이나 에너지, 건설, 의류, 물류, 보험 등 어느 것 하나 날씨에 관련되지 않은 분야가 없으며 엘니뇨나 라니냐와 같은 전 세계에 영향을 미치는 이상기상 현상이 발생하게 되면 세계경제가 휘청거리기도 한다.

호기심은 인간의 원초적인 본능이며, 이는 과학의 발달을 촉진시키는 매개체 역할을 수행한다. 특히 미래의 날씨를 예측하는 능력은 인류 선망의 대상이었으며 예전에는 오직 신만이 행할 수 있는 경이로운 영역이라 생각하였다. 과학적으로 가장 예측하기 어려운 것이 생물의 진화방향과 일기예측이라고 한다. 돌연변이 등 비선형적인 요소들 때문이다. 과학의 정의는 지식의 축적에 의한 진리의 발견이며 과학에서의 진리란 법칙이다. 따라서 과학은 실체의 발견을 통한 법칙의 정립이라고 할 수 있다. 실체란 존재하는 상태나 물질을 말한다. 과학에서 예측이 어려운 것은 실체의 성질이나 특성을 파악하지 못하고 있기 때문이다. 지구대기의 상태는 혼돈의 상태에 있으며, 많은 불확실성과 파악되지 못한 실체들이 내재되어있다. 그래도 불완전한 지식을 가진 인간이 불완전한 방법으로나마 예측을 할 수 있다는 것은 인간의 끊임없는 노력의 결과라고 할 수 있겠다.

〈기후변화 예측 기술〉

21세기에 있어서 전 세계적으로 제일 시급한 문제는 지구의 환경보존이다. 그리고 자연재해로부터 피해를 최소화 할 수 있는 이상기후 예측 기술의 개발이 우선되어야 할 것이다. 왜냐하면 예측정보는 바로 사회, 경제, 문화 등 우리의 실생활과 직결되어있기 때문이다. 그러나 현재 인간의 산업과 경제활동에 기인하는 기후변화와 이상기상현상 등을 제어할 수 있는 과학기술은 개발되어있지 않으며, 이를 사전에 예측하여 기후변화에 의한 피해를 최소화할 수 있는 유일한 방법은 슈퍼컴퓨터를 이용한 예측기술이다. 예측정보는 국가 재해방지 차원에서의 정책수립이나 기업의 제품 생산전략, 판매 마케팅 등에서 없어서는 안 될 중요한 정보이다. 실제로 올여름 덥다 혹은 올 겨울 춥다는 표현만으로도 에어컨의 주문 쇄도나 난방제품의 판매증가가 있는 점에서 예측정보의 중요성이 잘 나타나고 있다.

수치예보는 바람, 기온 등과 같은 기상요소의 시간변화를 나타내는 물리방정식을 컴퓨터로 푸는 것에 의해 미래의 대기상태를 예상하는 과학적인 방법이다. 이 방법에서는 컴퓨터로 다루기 쉽도록 지구를 상세한 격자망으로 덮어 그 격자점에서의 값으로 대기상태를 나타내야 한다. 이를 위해서는 먼저 전 지구의 각종 관측자료들을 기초로 격자점 상에서의 현재 값을 구하는 과정인 객관 분석을 하여야 한다. 객관 분석된 결과를 초기 값으로 하여 장래의 대기상태를 수치예보 모델에 의해 계산한다. 이 수치모델은 대기 중에서의 물리과정인 태양에서의 복사, 강수, 대기와 지표면 사이에서의 열과 운동량의 교환 등과 연관된 대기운동법칙, 열역학 법칙, 대기복사법칙 등 대기의 물리학적 법칙을 고려하여 만든 컴퓨터 프로그램을 말한다.

격자망을 이용하는 경우 나타낼 수 있는 대기상태나 지형 등은 그 격자의 간격에 따라 크게 변한다. 예를 들어 기상에 큰 영향을 주는 복잡한 지형은 격자 간격의 크고 작음에 따라 달라진다. 더욱이 수치예보모델에서는 기압, 바람, 온도도 격자점의 값으로 나타내기 때문에 표현되는 대기상태는 격자 간격에 의해 크게 바뀌게 된다. 사용하는 격자가 상세하면 할수록 정확하게 기압, 바람, 온도의 상태를 나타낼 수 있으므로 정확도는 좋아지나 그만큼 계산 량이 많아지므로 보다 고속의 컴퓨터가 필요해 진다(그림 1-18).

예측정보를 생산하기위해서는 현재의 대기, 해양상태나 토지이용도 등의 정보를 컴퓨터모델에 입력하고 슈퍼컴퓨터는 이 모델을 일정기간동안 수치로 계산하고, 이렇게 하여 계산된 수치예측정보는 종합적으로 분석되어 예측정보가 생산되는 것이다. 그러나 우리가 흔히 나비효과라고 표현하듯이 예측기간이 길어질수록 초기의 조그마한 오차는 컴퓨터 계산상의 심각한 오류를 초래하고, 기후변화에 의해 비정상적으로 빈번하게 발생하는 이상기상은 장기예측을 어렵게 만드는 요소들이다. 이러한 문제점들은 지속적인 과학, 기술의 개발과 연구로 극복되어질

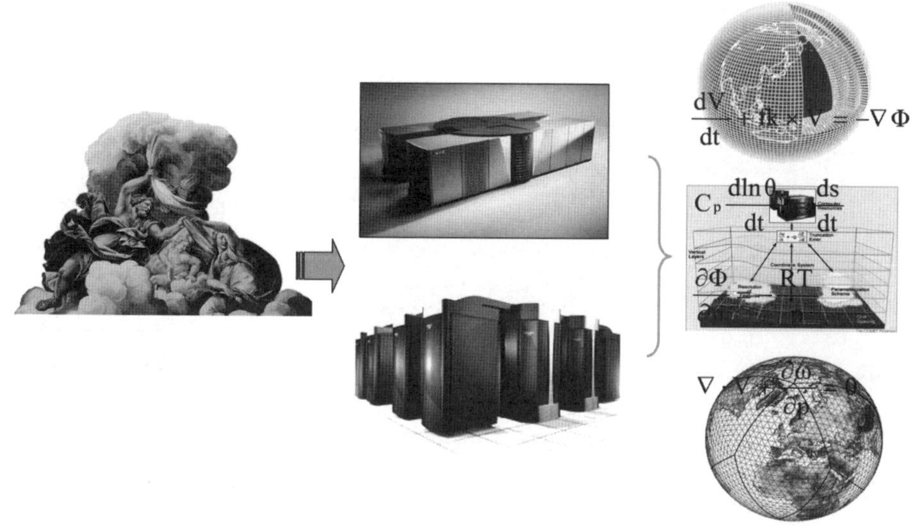

그림 1-18. 미래에 대한 예측은 과학의 발달과 함께
신의 영역에서 점점 인간의 영역이 되어가고 있다.

것이다.

〈전 세계의 장래 기후 변화 예측〉

미래 기후의 추세는 매우 불확실하지만, 지구 온난화에 따른 기후변화 대응을 위하여 객관적 자료 생산 및 평가가 필수적이다(기상연구소, 2009). 미래 기후변화를 전망하기 위해서는 여러 가지 온실가스 배출 시나리오가 사용되며 온실가스 배출량의 변화에 따라 대기 중 온실가스 농도가 결정된다. 따라서 사용하는 온실가스 배출 시나리오 종류에 따라서 사용하는 온실가스 배출 시나리오 종류에 따라 미래의 기온과 강수량이 다른 변동 폭을 보인다(구교숙, 2005) 이 온실가스 배출 시나리오는 기후변화에 잠재적인 영향을 끼칠 수 있는 사회경제적 요소를 종합적으로 고려한 미래 온실 가스 배출량 추정이며, 대기 조성변화에 관한 가정에 따라 미래 기후변화 전망이 달라진다. <그림 1-19>는 IPCC의 배출시나리오에 관한 특별보고서(SRES)에 따른 배출 시나리오이다.

A1: 고성장 사회 시나리오

- 고도 경제성장이 계속되어 세계 인구가 21세기 중반에 정점에 달한 후에 감소하고 신기술이나 고효율화 기술이 급속히 도입되는 미래 사회
- 사회를 지배하는 에너지 핵심기술에 따라 나눔
  - A1F1 : 화석 에너지원 중시 (970ppm)*
  - A1T : 비화석 에너지원 중시 (540ppm)
  - A1B : 각 에너지원의 밸런스를 중시 (720ppm)

A2: 다원화 사회 시나리오

- 독립적 행동과 지역의 독자성을 보관·유지하는 시나리오
  - 세계 인구는 계속 증가
  - 세계 경제나 정치는 블록화되어 무역이나 사람·기술의 이동이 제한
  - 경제성장은 낮고, 환경문제에 대한 관심도 낮음

(830ppm)

시나리오군

B1: 지속발전형 사회 시나리오

- 지역간 격차가 적은 세계
- 21세기 중반에 세계인구가 정점에 달한 후 감소하지만, 경제구조는 서비스 및 정보 경제로 물질 지향성이 감소해지고 청정자원 절약의 기술이 도입(환경 보전과 경제외 발전이 양립)

(550ppm)

B2: 지역공존형 사회 시나리오

- 경제·사회 및 환경의 지속 가능성을 확보하기 위한 지역적 대책에 중점이 놓여지는 세계
- 세계인구는 A2보다 완만한 속도로 증가를 계속하지만, 경제발전은 중간단계에 머물러, B1과 A1의 줄거리보다 완만하지만 보다 광범위한 기술 변화가 일어남
- 환경문제 등은 각 지역에서 자체적 해결을 도모 (600ppm)

* 괄호 안의 수치는 2100년 이산화탄소의 농도임

그림 1-19. IPCC의 배출시나리오에 관한 특별보고서(SRES)에서의 시나리오군

여러 온실가스 배출 시나리오에 근거한 전구적인 미래 기후 변화를 보기 위하여 IPCC(2007)에서는 여러 전구 기후 모델들에 의한 결과를 종합화하였고 본 장에서는 그 결과에 대해서 소개하고자 한다.

(1) 전구적인 변화

<그림 1-20>은 각 모델에서 나온 전 지구 평균 지표 기온 변화와 강수량 변화를 나타낸다. 각 값은 1980년~1999년 기간 대비 편차를 나타내고 검은 선은 모델들을 평균한 값이다. 2100년까지의 온난화는 높은 온실가스 성장 시나리오 A2에서 가장 크며, 적당한 성장 시나리오 A1B에서 중간 정도이고, 낮은 성장인 B1에서 가장 낮다. 시나리오에 따른 2011년부터 2030년까지의 기온 증가폭은 0.64℃~0.69℃이고 2046년부터 2065년까지의 기온 증가폭은 1.29℃~1.65℃로 증가로 온실가

스 배출량이 많을수록 온도의 증가 추세가 큰 것으로 나타난다(그림 1-20).

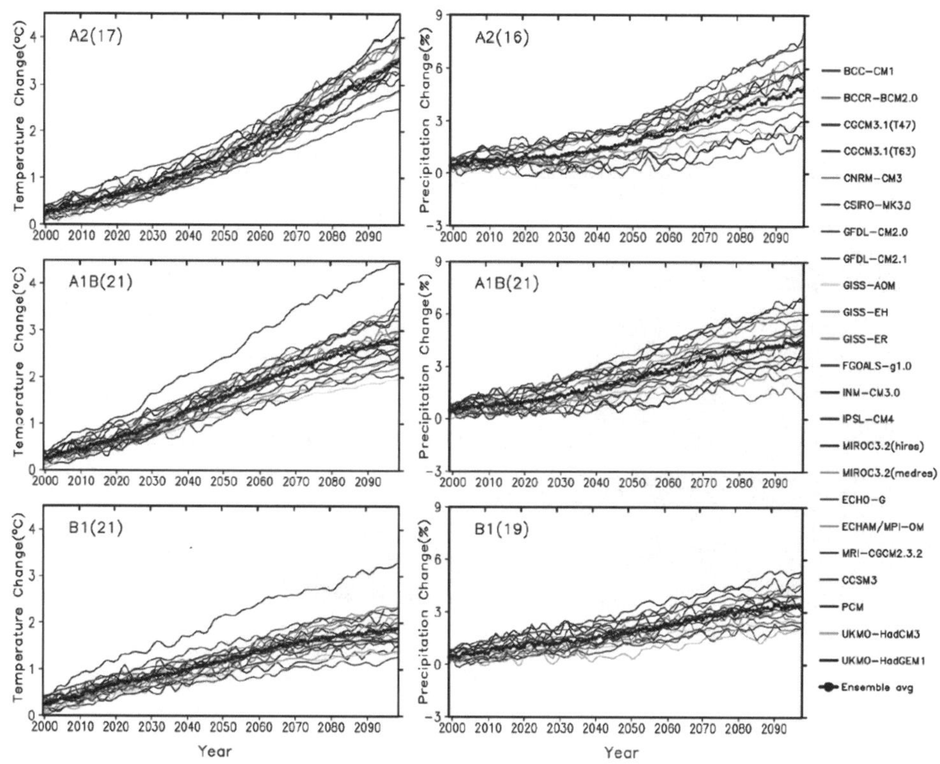

그림 1-20. A2(위)와 A1B(중간), B1(아래)시나리오에 대한 여러 전구 결합모델로부터 산출된 전구 평균지표 기온변화(℃ : 좌측)와 강수량 변화(% : 우측)의 시계열. 값들은 각 20세기 모의로부터 산출된 1980-1999년 평균 대기온도의 연 평균값.

(2) 몬순

온실가스 배출 시나리오 및 CO_2 배증 실험에 의한 미래 동아시아 몬순 예측 연구에 관한 연구들(차유미 등, 2007: Kripalani et al, 2007:, Min et al, 2006: Bueh, 2003)을 보면, 지구 온난화로 인해서 동아시아에서의 육지-해양의 열적 차이가 강화되어서 여름철 몬순은 강화되는 반면, 겨울철에는 육지-해양의 열적 차이가 약화되어 겨울철 몬순은 약화되는 것으로 나타났다. 여름철에는 동아시아에 위치한 저기압은 더 깊어지고 남쪽으로부터 수증기가 더 많이 유입되어서 여름철 강수량이 증가한 것으로 나타나고, 겨울철에는 동아시아 육지에서의 경압성이 강화함으로써 강수량이 증가하는 것으로 나타났다(차유미 등, 2007). 특히, 여름철의 강수량의 증가는 한반도와 일본, 중국 북부에서 뚜렷한 증가 추세가 나타났다(그림 1-21).

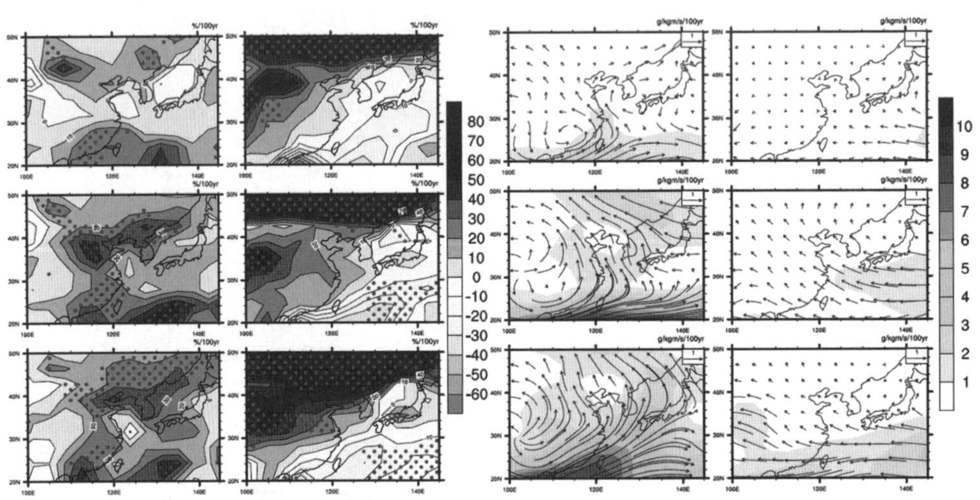

그림 1-21. 2001년부터 2100년까지 예측된 온실 가스 배출 시나리오(SRES)에 따른 동아시아 여름철/겨울철 강수량과 850hPa 수분속(벡터) 및 그 크기(차유미 등, 2007)

그러나 Ueda et al.(2006)은 열대에 걸친 현저한 온난화가 아시아 대륙과 인접한 해양 사이의 열적 남북 경도 감소와 관계되어 아시아 여름 몬순 순환을 약화시킴을 입증하였다. 역학적 몬순 순화의 약화에도 불구하고, 인디안 몬순의 강수는 증가하는 것으로 나타났다(Douville et al, 2000: May, 2004, Ashrit et al. 2005). 따라서 이는 지구 온난화에 따라 대기 수분의 강화로 인한 비역학적인 반응인 것이다(Ashrit e al. 2003).

대부분의 모델 결과는 아시아 몬순 강수의 장기간에 대해 증가한다고 전망하였다(IPCC, 2009). 증가된 몬순 강수의 변동성은 열대 태평양의 해수면온도와 관련이 큰 것으로 보인다(Hu et al. 2000: Meehl and Arblaster, 2003). 열대 태평양의 해수면온도의 증가로 인하여 태평양의 증발량과 강수의 변동성이 증가되었다는 것이다.

〈우리나라의 장래 기후 변화 예측〉

국립기상연구소는 복잡한 지형을 가지는 한반도 지역의 기후변화를 전망하기 위해 역학적 규모 축소 법을 이용하여 미래 기후 전망을 예측하고자 하였다. 사용된 지역기후모델은 MM5로, 입력 자료는 A2 시나리오와 A1B시나리오에 따른 전구모델인 ECHO-G 적분 결과와 고해상도 결합 기후모델 ECHAM4를 이용한 A1B 시나리오의 Time-slice 적분결과를 각각 사용하였다(기상연구소, 2009).

(1) 기온의 변화

국립기상연구소(2009)가 산출한 우리나라 기온 변화는 온실가스의 농도가 증가함에 따라 상승하는 경향을 보인다. 20세기말(1971년~2000년)대비 21세기말(2071년~2100년) 기온 변화는 전지역(34.5-42°N, 125-130°E)에 대하여 4℃상승하고, 남한내륙지역에서는 3.8℃ 상승할 것으로 전망하였다(그림 1-22).

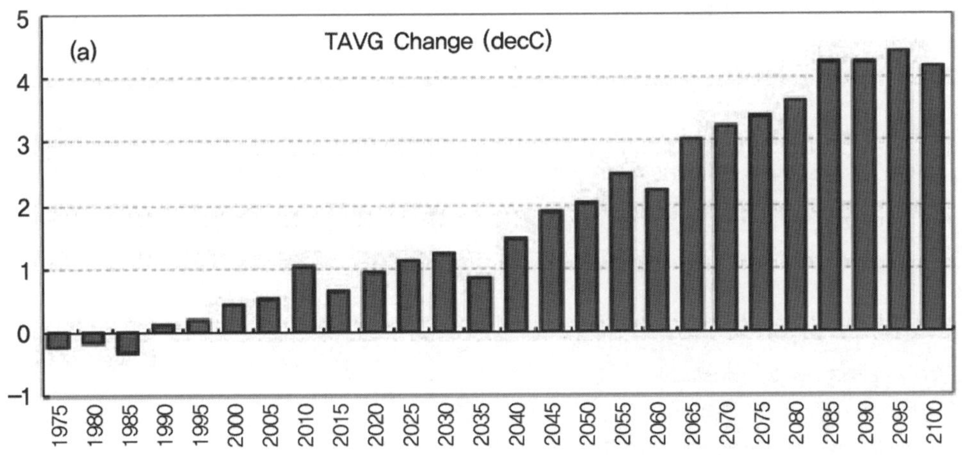

그림 1-22. 1971년~2000년 대비 1971년~2100년 동안의 5년 평균된 우리나라 (34.5-42°N, 125-130°E) 평균 기온 상승 경향(기상연구소, 2009).

(2) 강수의 변화

기상연구소(2008)에서 산출한 우리나라 미래 강수 전망을 보면, 20세기(1971년~2000년) 대비 21세기말(2071년~2100년) 강수량변화는 한반도 전지역(34.5-42°N, 125-130°E)에 대하여 17% 증가하였고, 남한 지역에 대해서는 13% 증가할 것으로 전망되어 대체로 기온 상승이 큰 지역에서 강수량이 많아진 경향을 보였다(그림 1-23).

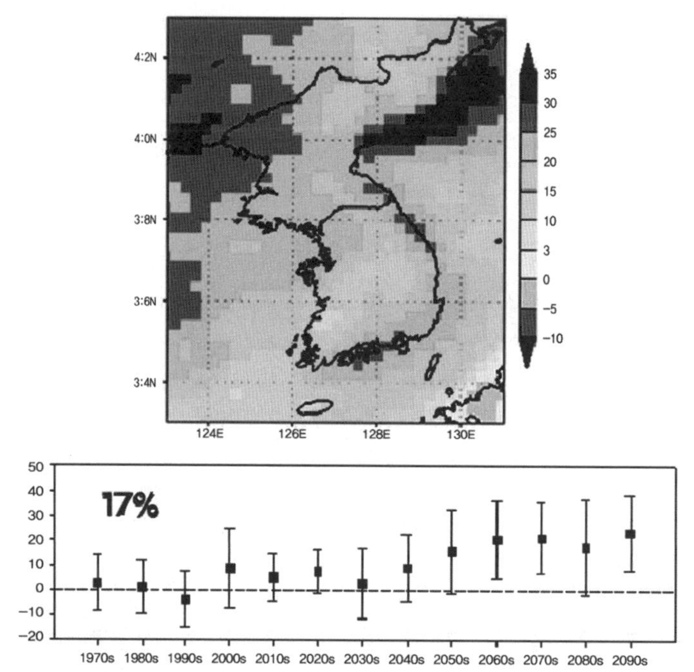

그림 1-23. 1971년~2000년 대비 2071년~2100년 동안 평균된 우리나라 (34.5-42°N, 125-130°E) 강수량 변화(국립기상연구소, 2008).

(3) 극한 기후의 변화

국립기상연구소(2008)는 일최고기온 및 일최저기온의 출현빈도 및 특정임계값을 기준으로 극한기온현상을 대표할 수 있는 지수를 정의하고 미래 변화를 전망하였다. <그림 1-24>은 국지모형을 통한 20세기말(1971년~2000년) 이상고온일(일최고기온 상위 5%)과 이상저온일(일최저기온 하위 5%)에 해당하는 기온과 21세기

말(2071년~2100년) 이상기온일의 변화를 그린 것이다. 20세기말 이상고온일의 전국평균 기온은 27.5℃이며, 서부내륙지역을 비롯하여 대구와 같은 분지에서 기온이 높아 지면피복상태의 영향이 컸다. A1B시나리오에 따른 21세기 말에는 지구온난화로 이상고온일 기온이 강원산지와 남해안을 제외하고 2.3℃이상 상승할 것으로 전망된다. 한편, 20세기말 이상저온일의 전국평균 기온은 -16.5℃이며, 위도와 고도가 높을수록 낮은 것이 특징으로 지형의 영향이 컸다(그림 1-24).

지구온난화과 진행됨에 따라 우리나라에 발생하는 호우현상은 빈번해질 것으로 전망하고 있다. 20세기말(1971년~2000년) 대비 21세기말(2071년~2100년)의 연중 강수일수, 강수강도(강수량/강수일), 95% 강수량 비중, 5일 누적 최대 강수량의

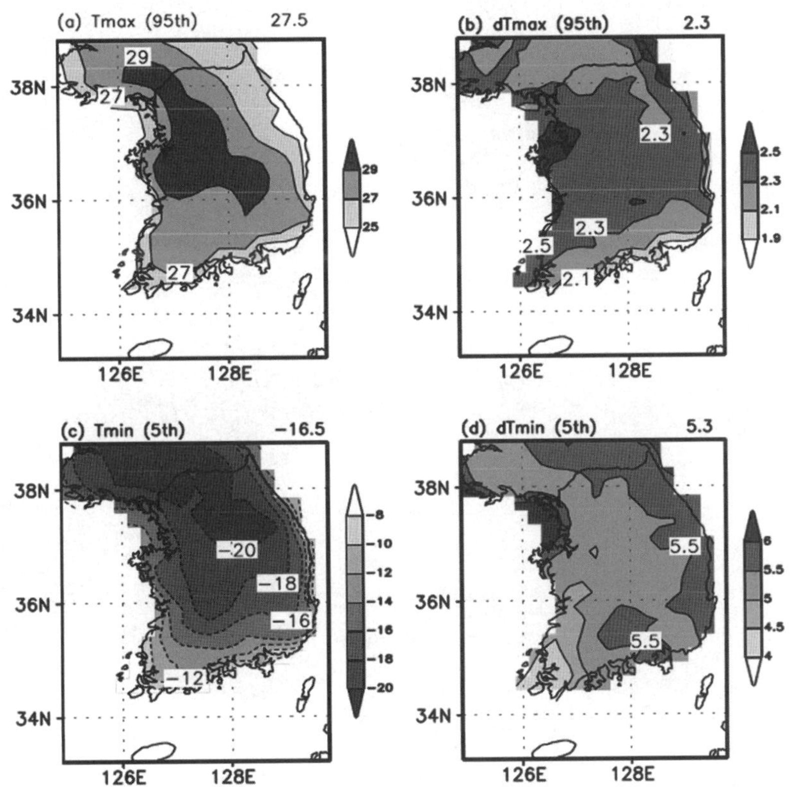

그림 1-24. 20세기말(1971년~2000년) 여름철 이상고온일(일최고기온 상위 5%)과 겨울철 이상저온일(일최저기온 하위 5%)(c)에 해당하는 기온과 21세기말(2071년~2100년) 여름철 이상고온일(b)과 겨울철 이상저온일(d)

공간적인 변화를 볼 때, 전국적으로 강수일은 빈번해 지고, 강수는 현재보다 강화될 전망이다. 특히, 95% 이상의 강한 강수비중이 우리나라 남해안지역, 경기지역, 강원북부에서 증가하며, 호우 발생 가능성이 높은 것으로 나타났다. 그러나 호남지역 및 충청도 내륙지역을 포함하는 남서부 지역은 강수빈도 증가와 강수강도 강화가 미미하며 미래에 더욱 건조해질 가능성이 높고, 특히 소우지역에 속하는 충청도 내륙지역과 경상북도는 95% 이상의 강한 강수비중과 5일 누적 최대 강수량은 다른 지역과 반대로 감소하는 것으로 나타났다(기상연구소, 2009, 그림 1-25).

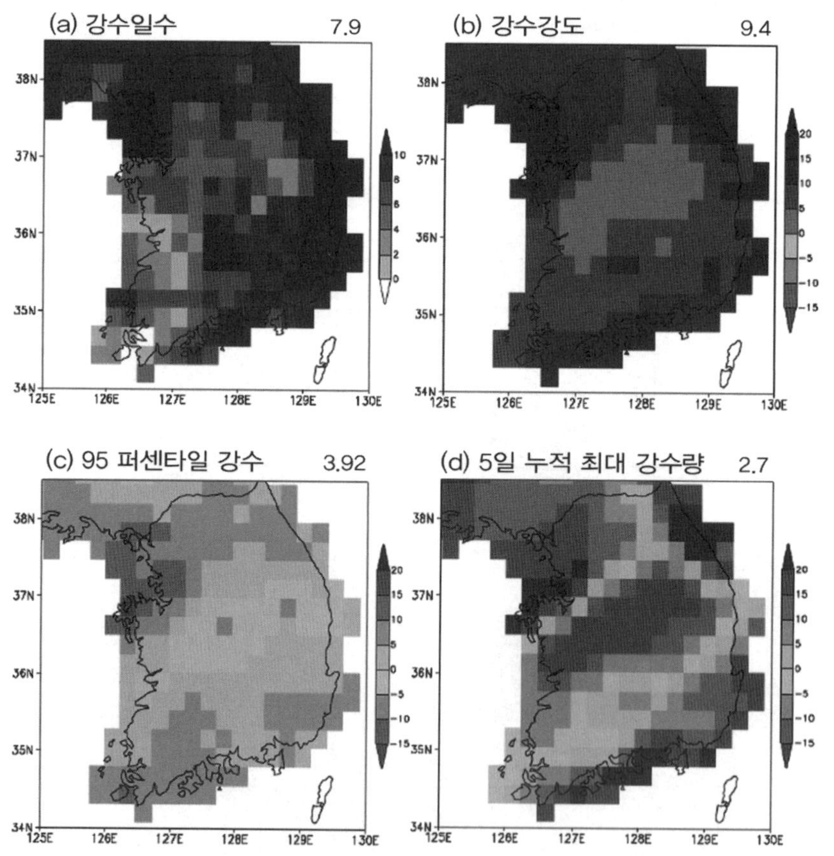

그림 1-25. 20세기말(1971년~2000년) 대비 21세기말(2071년~2100년)의 강수일수(a), 강수강도(b), 95%강수(c), 5일 누적 최대 강수량(기상연구소, 2009).

1.3 지구환경의 보전을 위한 국제협력

1.3.1 지구환경보전을 위한 국제사회의 노력

1970년경부터 지구규모의 환경문제가 제기되었는데, 그로부터 30년이 지난 오늘 날 전 세계의 많은 사람들이 주요과제로 인식하고 있다. 여기서는 이 논의가 어떻게 시작되었고, 전개되어 왔는지를 순차적으로 살펴보고자 한다.

선진국에서는 공업화에 수반되는 공해 문제가 나타나기 시작하였는데, 1960년대에 일본에서도 대기오염과 수질오염이 지역규모의 공해문제로 심각하게 대두되었다. 그 후, 공해는 환경기술의 발전으로 해결로 향하여, 오염 유발자 부담의 원칙 등의 체제도 정비되었다.

그러나 이어서 1970년대부터 서서히 인류는 지역에서 발생한 공해와 마찬가지로 그들의 장래에 지구규모로 나타날 가능성이 있는 위기상황에 대해서 생각하기 시작하였다. 그 때까지만 하여도 몇 명의 과학자와 경제학자 등이 경고의 목소리를 내고 있었지만, 세계적으로 지구환경문제가 큰 과제라고 인식한 것은 1972년일 것이다. 이 해에는 스톡홀름에서 유엔인간환경회의(UN Conference on the human environment)가 개최되어, 유엔 인간환경회의 선언이 채택되었다. 또 로마클럽에 의한 “성장의 한계(The limits of growth)”가 출판되었다. 성장의 한계의 추계에 따르자면, 현재의 사회시스템이 변하지 않으면 인류는 자원의 고갈로 파국을 맞을 것이라고 한다. 기술의 발전으로 자원생산성이 상승한다고 하더라도 오염과 식량부족으로 파국을 맞을 수 있다고 한다(Meadows, et al., 1972). 이처럼 인류의 개체수 증가와 산업혁명 이래의 문명의 발전에 의해 인류가 필요로 하는 자원의 고갈, 나아가서 산업 활동에 수반되어 배출되는 물질이 지구의 환경 용량을 넘어버릴 것으로 예측되고 있다. 그래서 그들은 이런 문제를 해결하기 위해 향후 인류가 어떤 행동을 하여야 하는지를 생각하여야 한다고 지적하였다. 이런 배경에서 1985년에 오스트리아의 프라하에서 지구환경 문제에 관한 첫 세계회의가 유엔환경계획(United Nations Environment Program: UNEP)의 주최로 열렸다. 통칭 프라하 회의라고 불리는 이 회의는, 지구온난화를 주제로 하여 미국과 유럽으로부터 수십 명의 과학자가 모여 다음과 같은 선언을 채택하였다.

● 프라하 회의에서 채택된 선언의 내용

① 21세기 전반에는 나타날 세계의 기온상승은 지금까지 인류가 경험해 본 적이 없는 대폭적인 것이 될 것이다.
② 과학자와 정치가 및 관료를 포함하는 정책결정자들은, 협력해서 지구온난화 방지를 위한 대책을 시작하여야 한다.

또 1987년에 유엔환경특별회의(World Commission on Environment and Development: WCED)는 지속가능한 개발(Sustainable Development)을 제창하였다. 제창된 내용은 다음과 같다.

● 지속가능한 발전

Development that meets the needs of the present **without compromising** the ability of future generations to meet their own needs.
미래 세대의 요구를 만족시킬 수 있는 능력(가능성)을 손상시키는 일이 없이, 현재 세대의 요구를 만족시킬 수 있는 발전

1987년에는 오존층을 파괴하는 물질에 관한 몬트리올 의정서(Montreal Protocol on Substances that Deplete the Ozone Layer)가 채택되었다. 1985년에 채택된 오존층 보호에 관한 비엔나협약(Vienna Convention for the Protection of the Ozone layer)에 기초한 것으로, 오존층을 파괴하는 프레온 가스 등의 물질 사용을 규제하는 스케줄의 설정(제2조)과 비체약국과의 무역 규제(규제물질의 수출입 금지 등) (제4조), 최신의 과학, 환경, 기술 및 경제에 관한 정보에 기초하는 규제조치의 평가 및

재검토(제6조) 등이 포함되어 있다.

1988년에는, 토론토에서 개최된 선진국 정상회의(G7)의 폐막 후에 캐나다 정부 등의 주최로 40여 개 국에서 300인 이상의 기후연구자, 법률가, 정부관계자, 기업가 등이 참가한 회의가 개최되었다. "변모하는 대기-지역안전보장과의 관계"로 이름 붙여졌지만, 보통 토론토회의라고 부른다. 이 회의에서는, "2005년까지 이산화탄소 배출량을 1988년 수준에서 20% 삭감"이라는 성명이 채택되었다. 이것은 강제력을 갖지는 않았지만 구체적인 수치목표를 제시한 최초의 합의였다.

1.3.2 기후변화에 관한 정부 간 패널과 기후변화협약

선진국 간에는, 지속가능한 개발이 제기되어, 미래의 문명이 나아가야 할 방향이 논의되어 왔다. 한편, 기후변화문제에 관해서는 토론토회의에서 수치목표를 넣은 성명이 나왔지만, 이 수치는 과학적으로는 많은 불확실성을 안고 있기도 하여, 조약과 의정서 등의 체결에까지 나아가지는 못했다. 그렇다면, 현재의 개발을 어느 정도 선에서 억제하면 차세대에 기후변화로 인한 치명적인 부채를 남기지 않으면서 발전을 이어갈 수 있을까? 그래서 현재의 과학적 지식을 집결하여 인류가 자연환경에 배출하여 온 물질이 지구환경에 어느 정도 영향을 주고 있는지를 정량화하기 위하여, 기후변화에 관한 정부간 패널(Inter-Government Panel on Clumate Change: IPCC)가 1988년에 설립되었다. IPCC는 1990년 8월에 제1차 보고서를 정리하였다. 제1차 보고서는 "2100년에는 지구의 평균기온이 약 3℃ 상승한다. 대기 중의 농도를 현재 수준으로 지키기 위해서는 곧바로 인간 활동에 의한 이산화탄소 배출량을 60% 삭감하여야 한다." 는 내용을 담았다.

그로부터 3개월 후인 같은 해 11월에 스위스 주네브에서 제2회 세계기후회의가 137개국과 1지역(EU)의 참가하여 개최되었다. 이 회의에서는, 기후변화에 관한 교섭 및 각료급회의가 이루어져, 중요한 원칙이 포함된 각료선언이 채택되었다. 주요한 원칙은, 지구온난화의 원인을 만든 선진국과 그렇지 않은 개도국을 구별하는 공통적이되 차이가 있는 책임, 또 과학적인 불확실성이 있다는 것을 이유로 대책을 취하지 않는 것은 허락되지 않는다고 하는 예방원칙 등이다.

이것을 받아서, 같은 해 12월에 개최된 유엔총회에서, 기후변화협약 교섭회의(Intergovernmental Negotiating Commitee for a Framework Convention on Climate Change: INC)를 설치하는 것이 의결되어, 1992년에 개최예정인 지구정상회의까지 조약에 합의하는 것을 목표로 조약체결을 향한 교섭이 시작되었다.

1992년 6월, 브라질의 리루데자네이로에서 172개국의 정부대표와 국제기관, 102명의 국가 정상, 약 2400개의 NGO가 참가하여 환경과 개발에 관한 국제회의(United Nations Conference on Environment and Development: UNCED) (보통: 지구서미트(The Earth Summit)라고 부름)가 개최되었다. 환경과 지속가능한 개발이 주요 의제이었던 이 회의는, 많은 성과를 남겼다. 먼저, 회의에 앞서 5월에 뉴욕에서 개최된 INC5의 재개회합에서 채택된 기후변화협약(The United nations Framework Convention on Climate Change: UNFCCC)의 서명이 시작된 것을 들 수 있다. 그 외에도, 이 회의에서는 생물다양성조약(The United Nations Convention on Biological Diversity)의 서명이 개시되어, 삼림원칙선언(The statement of Forest Principles)가 채택되었다.

기후변화협약에는 1990년 11월의 제2차 세계기후회의에서 채택된 각료선언에 포함되었던 원칙이 포함되었다. 이 조약의 조문을 발췌해서 다음에 제시한다. 그리고 지면의 사정상, 큰 의미를 바꾸지 않는 범위에서 생략과 말 바꿈을 한 곳도 있으므로, 가급적 원문에 맞추어 보기를 바란다.

1.3.3 COP(Conference of the Parties)와 교토의정서(Kyoto Protocol)

예정대로 1992년의 지구서미트에서 서명이 시작된 기후변화협약은, 50개국 이상의 체결로 규약으로 되어 1994년에 발효되었다. 동 조약의 제7조에 있듯이, 체결조약국 회의가 매년 개최되었는데, 발효된 다음 해(1995년)에 베를린에서 첫 회의가 개최되었다. 체결조약국에 부가하여 조약에 참가하지 않은 나라들도 옵서버로서 참가하여, 170개국의 정부대표와 NGO, 매스컴 관계자 등 총 3000명이 참가하였다. 이 회합에서는, 조약 중에서 추후 검토로 남겨져있던 내용을 논의하였다. 조약에서는 선진국의 의무로, "이산화탄소와 그 외의 온실가스(몬트리올 의정서로 규제되고 있던 것은 제외)의 인위적인 배출량을 1990년대가 끝나기 전까지 종전 수준으로 돌려놓는 것을 목표로 하여 정책과 조치를 강구한다." (제4조 2항의 (a))는 것도 있고, 조약체결국은 2000년 이후에 대해서도 새로운 약속을 할 필요가 있다는 점에 합의하여, 베를린 위임(Berlin Mandate)을 채택하였다.

● Berlin Mandate의 주요 내용

① 2000년 이후의 선진국의 수량화된 온실효과가스의 배출억제·삭감목표 및 정책과 조치를 정한 의정서를 COP3에서 채택할 것.
② 공통이지만 차이가 있는 책임의 원칙에 따라서 개도국에 대해서는 새로운 약속을 부과하지 않을 것. 조약상의 기존 약속을 재확인하고, 그것의 이행을 촉진할 것

이것을 받아서, 2000년 이후의 약속에 대한 논의를 위해 "베를린 명령 - Ad Hoc Group(Ad Hoc Group on the Berlin mandate: AGBM)"이 설치되어, 제3회 조약체결국회의(COP3)까지 의정서를 정리할 새로운 과정이 시작되었다.

AGBM은, 1995년 8월에 있었던 제1차 모임을 시작으로 IPCC의 2차 평가보고서 발표와 COP2의 개최까지의 사이에 8회의 모임을 가졌다. IPCC는, 1992년 6월에 있었던 WMO의 집행이사회의 결의에 따라서, 조약 제2조의 approach 조사를 IPCC의 활동계획에 포함시키기로 하였다. 그에 따라서 1996년 4월에 발표된 IPCC의 제2차 평가보고서는, ①온난화의 관측사실과 예측, ②온난화의 영향·적응책·대응책, ③온난화의 사회경제적 측면에 관한 각 작업 부회(working group)의 보고서에 부가하여, 이것들을 감안한 "기후변화협약 조약 제2조의 해석에 관한 과학적·기술

적 정보의 IPCC 제2차 평가보고서"라고 이름을 붙인 보고서로 구성되어 있다. 보고서는 온실효과가스의 다양한 배출시나리오를 검토한 위에, 대기 중의 온실가스 농도를 안정화시키고 지구온난화의 진행을 멈추기 위해서는, 장래에 이산화탄소 배출량을 1990년보다 낮은 수준까지 삭감할 필요가 있다는 것을 강조하였다. 불확실성이 남아있기는 하지만, 기후변화로 인한 손해의 위험회피 및 예방적 approach를 고려하고, 현재의 지견을 바탕으로 볼 때, 일련의 "non-regret policy(후회 없는 대책)"를 넘어서서 대책을 개시할 근거가 있다고 하였다.

전 세계에서 약 2000명의 과학자와 전문가가 참가해서 정리한 IPCC의 제2차 평가보고서는, 충격적인 내용을 포함한 것으로 받아들여지고 있는데, 과학적인 측면에서 추가적인 대책의 필요성을 압박하는 결과가 되었다.

제2차 평가보고서가 나오고 3개월이 지난 1996년 7월에 스위스의 주네브에서 개최된 제2차 조약체결국회의(COP2)에서, 각국 각료들은 "지구온난화의 과학, 그 영향 및 현재 이용 가능한 대응책에 대해서, 현 시점에서 가장 포괄적이면서도 권위 있는 평가"라고 IPCC 2차 평가보고서를 지지하였다. 동시에 각국 각료들은 "의정서가 법적 구속력이 있는 수치목표를 갖도록 한다."는 각료선언을 정리하였다.

AGBM에서 논의가 축적되어지고, 더욱이 선진국 내에서는 1997년에 G8 환경장관회의와 G8 덴버 정상회의에서 논의되었다. 선진국과 개발도상국간 주장의 차이와, AGBM5(1996년)과 AGBM6(1997년)에서는 일본, EU, 미국이 각각 다른 제안을 하는 등, 각국의 생각이 달라서 조정하다가, 결론을 얻지 못한 채로 제3차 당사국회의(COP3)의 개최를 맞게 되었다. COP3까지 넘어온 과제는, ① 삭감 목표, ② 대상 가스, ③ 도상국의 삭감 의무화, ④ EU 15개국을 하나의 큰 덩어리 국가로 간주하는 "EU Bubble", ⑤ 배출권 거래·공동실시, ⑥ 삼림 등의 흡수원 등을 들 수 있다. 이러한 가운데, 1997년 12월에 COP3이 일본을 의장국으로 하여, 교토에서 개최되었다. COP2의 각료선언에 있듯이, 법적 구속력이 있는 수치목표를 갖는 의정서에 주목이 모아진 본 회의는, 참가자도 많고, 조약체결국과 observer 국을 포함한 161개국 정부대표단과 NGO, 언론관계자 등 1만인 이상이 참가하였다. 주목된 의정서는, 법적인 구속력이 있는 수치목표가 포함된 만큼, 각국의 주장이 대립되어 전반이 종료된 시점에서는, <표1.3>에 나타난 바와 같은 상황이었다. 또 개도국의 삭감의무화에 대한 타협책으로, 개도국에 대한 자금원조 체제를 정비하는 문제를 미국, 브라질을 중심으로 검토하였다.

조약과 의정서

"조약"이란, 명칭에 관계없이 국가 간에 있어서 문장의 형식으로 체결되며, 국제법으로 규율되는 국제적인 합의를 말한다. (조약 법에 관한 비인 조약 제2조 1항(a)) 조약에는, 조약 · 협약 · 규약(treaty/agreement/arrangement) · 헌장(charter) · 의정서(protocol) · 선언(declaration) · 교환공문(exchange of note) 등이 있는데, 법적 효력에 차이는 없다.

표 1.3 각국의 주장과 협의 상황

	대상가스	감축율 (1990년 대비)	개도국의 감축 의무화	EU bubble	배출권 거래	공동실시	삼림 흡수효과 반영
일본	CO_2, CH_4, N_2O, CFCs 대체물질 6종	원칙적으로 5%('08–'12년)	장래 의무화	조건부 찬성	찬성	찬성	도입에 전향적
미국		0% ('08–'12년)	장래 의무화	조건부 찬성	찬성	찬성	도입에 전향적
EU		15% (2010년)	장래 의무화	찬성	찬성	찬성	도입에 전향적
G77+ 중국		15% (2010년)	반대	반대	반대	반대	도입에 전향적

〈참고〉 EU bubble: 온실가스 감축 협상에서 EU국가는 개별적 할당이 아니라, EU 전체로서의 감축량을 할당 받고자 하는 EU의 주장

결국, 예정되어 있던 개최기간 동안에는 합의에 이르지 못하고, 최종일의 다음 날 오후가 되어서야 겨우 합의가 성립되고, 교토의정서(Kyoto Protocol)이 채택되었다. 최종적으로는, 대상 기체는 이산화탄소, 메탄, 일산화이질소, HFCs, PFCs, SF_6의 6종류로 되었고, 이것을 의정서 부속서A에 기입하였다.

개도국의 삭감의무화는 도상국의 주장이 이겨, 조문에 포함되었다. 그렇지만, 의정서에서는 기후변화협약 조약 4조에 있는 조약체결국, 특히, 부속서I에 포함되지 않은 국가들이 수행하여야할 일의 범위를 조금 확대하는 것에 합의하였다.

삼림흡수분의 산입(算入)에 관한 문제는, 토지이용활동에 의한 배출량과 흡수량의 approach에 관한 논의로 확대하였는데, 그 결과 농업 이외의 토지이용변화에 따른 흡수·배출과 함께, 토지이용변화 및 임업(Land-use change and forestry: LUCF)에 관한 다른 조항에서 취급하기로 하였다. 교토회의에서는, 이 구별만이 성과로 남았고, 그것 이상으로 상세한 논의는 이루어지지 못했다.

배출권 거래, 공동이행에 부가하여, 청정개발체제가 목표달성을 위한 새로운 제도(교토 메커니즘이라고 불림)로 결정되었다. 그러나 의정서에는, 이들 새로운 제도가 어떠한 것이며, 어떻게 운용되는지에 대해서는 구체적으로 기술되지 못하였고, 그 후 조약체결국회의에서 논의하는 것으로 하였었다.

일본과 EU등은, 교토 메커니즘의 상세한 결정 없이는 교토의정서의 체결은 불가능하다고 하면서 서명을 하는 정도에 머물렀다. 한편, 교토 메커니즘의 상세를 결정하는 연한은 설정되지 않았었다. 그 때문에 다음 해인 1998년에 부에노스아이레스에서 개최된 제4회 당사국회의(COP4)에서, 2000년에 개최되는 제6회 당사국회의에서 교토 메커니즘, 삼림흡수원, 준수절차 등의 운용 규칙을 합의하기로 하는 부에노스아이레스 행동계획이 체결되었다. 또, 이 행동계획에는 개도국의 강한 요망으로 개도국에의 자금, 기술이전 등 조약에 정해진 다른 의무를 추진해 가는 것도 COP6까지 합의하는 것이 포함되어졌다.

1999년에 본에서 개최된 제5회 당사국회의(COP5)에서는, 독일의 슈레드 총리를 시작으로 많은 정상들이 리우에서 개최된 지구정상회의(Earth Summit)로부터 꼭

10년째가 되는 2002년 8월말에 개최되는 요하네스버그 서미트(지속가능한 개발에 관한 세계 정상회의: WSSD)에서 교토의정서를 발효시키자고 호소하였다.

2000년에 헤이그에서 개최된 제6회 당사국회의(COP6)에서는 교토 메커니즘에 관한 합의가 이루어질 것으로 기대되었지만, 우산(雨傘)국 그룹, EU, G77+중국 등의 대립으로, 교섭이 중단되어, 다음해(2001)에 회의 재개를 기다리는 것으로 되었다. 그런데 2001년 3월에, 2001년 1월에 취임한 미국의 부시대통령은 교토의정서 교섭으로부터 이탈한다고 선언하였다. 온실가스 배출량이 가장 많은 미국의 이탈을 맞아 7월에 본에서 재개된 COP6의 회의에서 의정서의 운용규칙에 관한 합의는 위험을 맞이하였다. 그럼에도, 2001년 3월에는 IPCC의 3차 보고서의 정책결정자용의 요약집이 공표되었는데, 교토의정서 발효의 중요성은 과학적 견지에서 보았을 때 오히려 증가하고 있었다. 이러한 배경에서, COP6의 재개된 회의는 당초 예정하고 있었던 일정을 연장해 가면서 노력한 결과, 본 합의에 이르렀다. 이 합의는, 개도국 문제, 교토 메커니즘, 흡수원, 준수제도의 운용규칙 등에 걸쳐서

표 1.4 제7차 당사국회의(COP 7)에서 확정한 교토의정서의 운영규칙 최종안

개도국의 문제	새로이 3개의 기금(특별 기후변화기금, 개도국기금, 교도의정서 적응기금), 기술이전을 위한 전문가 그룹의 설치 등
교토메커니즘	감축목표를 달성하기 위해 각 국가 내에서 실시할 대책에 대해서 보완적으로만 이용할 수 있다(정량적인 제한은 설정되지 않았다.)
삼림흡수원	– 삼림관리, 경작지관리, 목초지관리, 식생회복의 4개 활동을 수행하여 얻어지는 흡수량도 감축목표 달성에 사용할 수 있는 것으로 결정되었다. – 삼림관리에 대해서는 대량으로 흡수량을 얻을 수 있는 국가가 발생할 수 있기에, 감축목표 달성에 사용할 수 있는 양에 상한을 두기로 하였다(그 상한은, 나라별 사정을 감안하여 나라별로 설정).
준수 제도	– 준수위원회를 설립하고 그 기구의 구성, 감축의무 비 준수에 대한 구체적인 조치를 정하는 등 준수제도의 기본적인 체제가 합의되었다. – 비 준수에 대한 조치에 법적인 구속력을 가할지 여부의 결정은 의정서 발효 후에 개최될 의정서의 제1회 조약 체결국 회의(COP/MOP1)에서 다루기로 한다.

합의를 끌어내기 어려웠던 각 논점에 대한 합의가 포함되었다. 본 합의를 받아 11월에 모로코의 마라케쉬에서 개최된 제7회 당사국회의(COP7)에서, 각종 운용규칙의 최종안이 채택되었다(마라케쉬 합의). 이 합의의 상세한 내용은 표 1.4에 정리해 두었다. 한편, 교토 메커니즘의 내용에 관해서는, 제2장에서 상세히 기술해 두었으므로, 그쪽을 참고하기 바란다. 마라케쉬 합의를 받아 EU는 2000년 5월, 일본은 같은 해 6월에 교토의정서를 체결하였다.

제 2 장 기후변화와 사회

2.1 환경보전 수단

2.1.1 3종류의 조치

자연환경을 보전하기 위해서는, 작은 외부적 충격에도 균형 상태를 벗어날 수 있는 조건에 있는 지구의 복원력과 물질 순환을 손상시키지 않도록 환경용량(Environmental Capacity) 이내로 인간 활동 규모를 억제시켜야 한다. 이를 위해서 오늘날 국제사회는 환경보전의 문제를 지구에 살고 있는 모든 사람들이 함께 책임져야 할 공동의 과제(Global Issue)로 설정하고, 이에 기초하여 실효성 있는 대응책을 수립해야 한다.

이런 배경에서, 이 단원에서는 환경보전을 위해 동원할 수 있는 수단에 대해 기술하도록 하고, 시장 매커니즘에 의한 환경보전 대책은 다음 절에서 다루도록 한다.

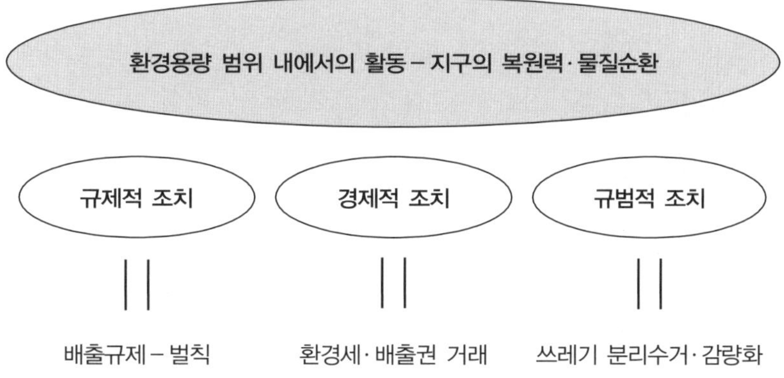

그림 2–1. 환경보전을 위한 3가지 접근

<그림 2-1>에 나타나 있듯이, 환경보전을 위해 동원할 수 있는 대표적인 수단은, (1) 규제적 조치, (2) 경제적 조치, (3) 규범적 조치로 크게 나누어 볼 수 있다. 이들 각각에 해당하는 구체적인 예를 살펴보면 다음과 같다.

(1) 규제적 조치

벌칙규정을 수반하는 배출기준 설정이 있다(기준 이상의 오염물질 배출로 단속되었을 시에 부과하는 각종 범칙금 제도가 이에 속함, 경제적 조치와 보완적 관계에 있음).

(2) 경제적 조치

환경세(이산화탄소 배출 등의 환경부하 행위에 대해 부과하는 과징금 제도)와 배출권 거래제도가 이에 속한다.

(3) 규범적 조치

시민들의 자발적인 쓰레기 분리수거, 에너지절약에 동참을 촉진하기 위한 시민환경교육 등을 말한다.

2.1.2 환경기준과 배출기준

규제적 조치에서 언급한, 배출기준 등의 규제를 설정하면 이것은 경제적 조치와 서로 연계하여 외부 경제의 내부화를 촉진하게 된다(자신의 생산 행위로 인해 발생하는 환경오염이라는 영향이, 이 행위와 이해관계에 놓여있지 않은 일반 시민들에게 미치고 있던 것(이를, 외부 경제(혹은 경제의 외부 성)라고 함.)에 규제 조치가 도입됨으로써 그 영향이 원인 유발자에게 주어진다는 점에서 외부 경제가 내부화된다고 볼 수 있음.). 여기서, 환경기준과 배출기준이라는 환경정책을 이해하는 데에 중요한 2개의 용어를 설명해 가면서 이를 살펴보도록 하겠다.

환경기준이란 환경기본법에 기초하여 정해진다. 구체적으로는 대기오염, 수질

오염, 토양오염과 소음에 관해서 바람직한 기준을 정부가 정한다. 환경기준의 특징은 행정상의 정책목표라는 사실에 있다. 환경기준을 달성하지 못하였다고 해서 누군가 벌을 받는 것은 아니지만, 환경기준의 달성 또는 유지를 위해서 사업자에 대해 배출기준을 설정하고 입지를 규제한다. 나아가서 환경세 등의 경제적 조치를 도입하는 등 다양한 대책을 강구한다. 또, 환경기준은 항상 과학적인 판단을 바탕으로 개정이 이루어져 간다(예로서, 대기환경 기준치를 기술과 경제 수준의 향상과 함께 점차 강화시켜 가는 것을 생각할 수 있다.).

환경기준과 배출기준을 대기환경을 대상으로 살펴보자. 대기환경기준은, 사람들의 건강을 보호하기 위해 필요하다고 인정되는 기준으로, 이산화질소, 미세먼지, 이산화황, 일산화탄소, 광화학옥시던트(오존) 등 7개 물질에 대해서 <표 2.1>과 같이 정해져 있다.

표 2.1 우리나라의 대기환경기준(2007년부터 적용)

항 목	기 준	
아황산가스 (SO_2)	◦ 연간평균치 0.02ppm 이하 ◦ 1시간평균치 0.15ppm 이하	◦ 24시간평균치 0.05ppm 이하
일산화탄소 (CO)	◦ 8시간평균치 9ppm 이하	◦ 1시간평균치 25ppm 이하
이산화질소 (NO_2)	◦ 연간평균치 0.03ppm 이하 ◦ 1시간평균치 0.1ppm 이하	◦ 24시간평균치 0.06ppm 이하
미세먼지 (PM10)	◦ 연간평균치 50㎍/m3 이하	◦ 24시간평균치 100㎍/m3 이하
오존 (O_3)	◦ 8시간평균치 0.06ppm 이하	◦ 1시간평균치 0.1ppm 이하
납(Pb)	◦ 연간평균치 0.5㎍/m3 이하	
벤젠	◦ 연간평균치 5㎍/m3 이하 (2010년부터 적용)	

〈주〉 1. 1시간 평균치는 전체 측정수를 1000개로 환산하여 그 999번째의 수의 값이 그 기준을 초과하여서는 아니 되고, 8시간 및 24시간 평균치는 전체 측정수를 100개로 환산하여 그 99번째의 수의 값이 그 기준을 초과하여서는 아니 된다.

2. 미세먼지는 입자의 크기가 10㎛ 이하인 먼지를 말한다.

정책목표로서의 환경기준을 달성하기 위한 수단으로는 개별 오염원에 대하여 법적 환경기준이 적용되는 배출허용기준이 있다. 환경기준과 배출허용기준은 목적과 수단이라는 관계에 있는데, 배출허용기준은 목표가 되는 환경기준의 설정 정도에 의존한다. 모든 오염물질에 대한 환경기준은 오염물질의 배출을 규제하는 방법들 중의 하나이다. 이 방법들은 다음과 같으며 여기에는 오염문제에 대한 명확한 평가가 필요하다.

첫째는 환경의 구성요소나 상태에 어떤 변화를 주고 있는가를 질적 및 양적으로 평가하여야 한다. 이것은 대기 등 생물권에 어떠한 물리적, 화학적 및 생물학적인 변화를 평가하는 것이다.

둘째는 이러한 변화가 어떠한 인위적인 행위, 즉 인간 또는 기업 활동에 의하여 발생하는 것인가 하는 오염발생원에 대한 평가이다.

셋째는 사람의 건강, 생활환경 및 보전해야 하는 자연환경에 대한 영향, 피해, 손해 또는 그렇게 될 가능성에 대한 평가이다.

이 세 가지 평가방법 중에서 환경기준은 영향의 정도에 따른 규제 방법이다. 대기오염이 사람에게 미치는 영향을 판단하기 위해서는 오염인자의 농도나 강도 및 사람의 건강에 따른 영향의 정도에 대해서 과학적으로 입증된 판정기준(criteria)이 중요하며, 이것을 기준으로 환경기준(standard)이 정해진다.

세계보건기구(WHO)는 환경기준이 다음의 세 가지 수준을 갖는 것으로 설명하고 있다. (1) 최대 허용 수준(maximum permissible level 또는 tolerable level), (2) 수용수준(acceptable level), (3) 바람직한 수준(desirable level)이다. 환경기준이라는 것은 행정 용어로 그것의 정의와 내용은 각 국가의 행정 목적에 따라서 다르기 때문에 전 세계적으로 통일된 것은 존재하지 않는다. 하지만 각 국가에서 사용하고 있는 환경기준의 개념에는 다음의 네 가지가 포함된다는 점은 공통점이다.

① 행정적인 행위를 위하여 법적규제를 갖는 기준치(standard),

② 지역 환경의 행정적인 대책수립을 위한 지침 값(guide 또는 guide line),

③ 지역 환경의 행정적 또는 기술적인 대책 수립을 위한 목표치 또는 바람직한

목표치(goal),

④ 환경의 질(환경오염의 상태)을 판정하기 위한 판정기준(criteria)

위의 네 가지 개념이 각각 지역 주민의 건강과 지역 환경을 보전하기 위한 목적은 같지만, 그 내용과 운영방법은 상이하다. 그리고 이 네 가지 개념 가운데 가장 중요한 것은 판정기준과 기준치라고 할 수 있다. 판정기준은 기준치를 설정하기 위한 기본 조건으로 과학적인 검토가 필요하기 때문에 과학적 정보의 집합체라고 할 수 있다. 판정기준은 사람의 건강에 대한 오염물질의 영향, 동식물, 물질 및 재산에 대한 영향, 사회적인 영향 등에 관해서 어느 정도 -효과 및 크기 - 반응 관계를 각각 또는 종합적으로 설명하는 것이다. 사람의 건강에 대한 영향은 연소자, 노인, 순환기나 호흡기 질환자 및 임산부와 같이 오염물에 대한 감수성이 높은 사람에게 더욱 심각한 영향을 미친다. 한편 식물이 사람보다 감수성이 높은 경우에, 판정기준은 식물에 미치는 영향에 의해서 결정되기도 한다.

기준치는 법적, 행정적인 규제력을 갖는다. 기준치는 판정기준에서 도출되지만, 일반적으로는 비용-편익(cost-benefit)관계, 기술적 형편 및 경제적 실행가능성 등을 고려하여 결정한다. 하지만 오염물질이 사람의 건강에 영향을 주는 정도에 대해서 비용-편익관계를 검토할 수 있을 정도로 과학적 지식이 충분히 축적되어 있지 못한 것이 현실이다. 그래서 국내외 연구기관에서 대기오염이 건강에 미치는 영향을 포함한 사회적 비용을 추정한 연구보고서를 제시하고 있지만, 다수의 사람들을 충분히 납득시키고 있다고는 말할 수 없는 실정이다.

지침 값과 목표치를 명백하게 구분하기는 어렵다. 지침 값은 참고자료(reference)로서의 의미가 강하다. 목표치는 이것이 없으면 행정이나 공학적인 방지기술계획을 수립할 수 없다는 입장에서 설정된 것이다. 그런데 어떤 방지대책으로 목표가 달성되었을 때의 "목표치는 기준치로서 법적 규제력을 갖는다."는 주장도 제기되고 있다.

기준치, 지침 값 및 목표치는 어느 나라나 행정당국이 자국의 사정을 고려하여 결정한다. 이것은 대기오염을 포함한 환경오염에 관한 자연과학 및 사회과학적인 연구 성과와 현상을 감안할 때 불가피한 일이라고 볼 수 있다.

환경기준은 인간 생화의 질적인 향상이라는 관점에서 출발한 것으로 건강하고 쾌적한 생활, 생태계의 보전 및 역사적·문화적인 유산의 보전을 위한 규제 방법의 하나이기 때문에 사전 예측과 평가가 필요하다. 따라서 해당 국가의 환경기준은 자연과학 분야만이 아니라 다른 학문 영역 간의 학제적인 대응과 다방면의 이해를 바탕으로 정책적 관점에서 결정되어지는 것이라고 할 수 있다.

2.2 시장 메커니즘에 의한 환경보전

2.2.1 시장의 실패와 환경문제

오늘날의 사회경제시스템에서는 재화와 서비스 등 대부분의 자원은 시장 기구(market mechanism)에 의해 생산과 소비가 조정되면서 균형을 이룬다. 후생경제학(厚生經濟學)의 기본정리에 의하면, 완전한 경쟁 상태에 있는 시장은 사회에 효율적인 자원배분을 가져온다. 그런데 완전경쟁적인 시장이 가져오는 자원의 배분이 효율적이지 않을 경우가 발생하는데, 이를 시장의 실패(market failures)라고 한다.

예를 들자면 환경의 일부인 토지가 생산수단으로 사유화되면, 그 토지에 속한 지하자원이나 지상에 있는 삼림과 공간(대기)까지도 토지 소유자(개인이나 기업)가 사적인 이익을 위해 자유롭게 이용할 수 있게 된다. 또 사유화되지 않는 여러 환경이라는 재화에는 시장이 없기 때문에 시장 가격이 존재하지 않아서 마음껏 무상으로 사용되어진다. 그 결과, 자연이 아무리 오염되더라도 그에 대해서 보상할 필요가 없다. 이처럼 시장제도라는 경제시스템 하에서 환경오염이 발생한다. 이것이 시장의 실패결과로 생기는 환경문제이며, 환경과 관련해서 이러한 문제가 발생하는 중요한 이유는, 경제에 외부성이 존재한다는 것에서 찾을 수 있다. 이 문제를 해결하기 위해서는 이 외부성에 대한 **거래시장**을 만들어 내든가, 또는 외부성을 유상으로 만드는 조치를 강구함으로써 외부성을 내부화 시켜갈 수 있다. 이를 위한 구체적인 방법으로는 배출권 거래제도와 환경세가 있다. 배출권 거래제도에 대해서는 다음 절에서 상세히 기술하도록 하고, 여기서는 환경세에 대해서 기술하기로 한다. 어떤 방법이든 간에, 지금까지 아무런 대가를 지불하지 않은 채로 환경에 부하를 주고 있던 생산자에게 외부 비용을 부담시키는 체제로 이루어져 있다.

경제의 외부성(externality)과 내부화(internalization)

어떤 재화나 서비스가 자신 이외, 또는 이윤이 생산자 이외의 주체에 영향을 줄때 **외부성**이 존재한다고 한다. 경제활동의 결과로 다른 사람의 효용성이나 이윤을 높이는 경우, 이를 외부 경제(external economy)라고 한다. 반면에 다른 사람의 효용성과 이윤을 효용과 이윤을 저하시키는 경우에, 이를 **외부 불경제**(external diseconomy)라고 한다.

2.2.2 환경세

환경세는 1920년에 피구(A.C. Pigou)에 의해 오염 세라는 이름으로 제안된 것이다. 피구는 환경오염에 책임이 있는 오염 유발자가 오염에 수반된 피해에 대해 오염 세를 지불해야 한다고 주장하였다. 그래서 환경부하에 부과하는 과징금인 환경세를 피구 세라고 부르기도 한다.

환경세의 외부불경제가 내부화된 결과, 생산이 사회적 최적수준으로 되는 이론적 체제에 대해서 <그림 2-2>를 이용해서 알아보자. 어떤 제품을 Q_0만큼 생산하고 있는 사업자 A를 상정해 보자. 또 Q_0의 생산량에 대해 사업자가 배출하는 오염량을 P_0라고하고, 생산량 1단위에 수반하여 배출되는 오염 량을, 오염 량에 있어서의 1단위라고 정의한다.

지금, 오염 량과 한계 외부비용과의 관계가 <그림 2-2>의 직선 MEC로 추정된다고 하자. 한편, 생산량에 대한 한계 순 사적 이익의 관계가 직선 MNPB와 같이 정해졌다고 하자. 여기서, 정부는 오염 량을 최적수준인 MEC와 MNPB의 교점인 P1까지 억제하고자 하여, 오염물질 1단위 배출 당 T_1의 오염 세를 과세하고자 한다. 사업자는 1단위의 오염 량, 즉 1단위의 생산에 대해서 T_1의 오염 세를 지불하여야 하기 때문에, Q_0의 생산에서 Q_1까지 생산을 억제하게 된다. 생산량의 억제에 수반되어 오염물질의 배출량도 P_1까지 억제되는 것을 알 수 있다.

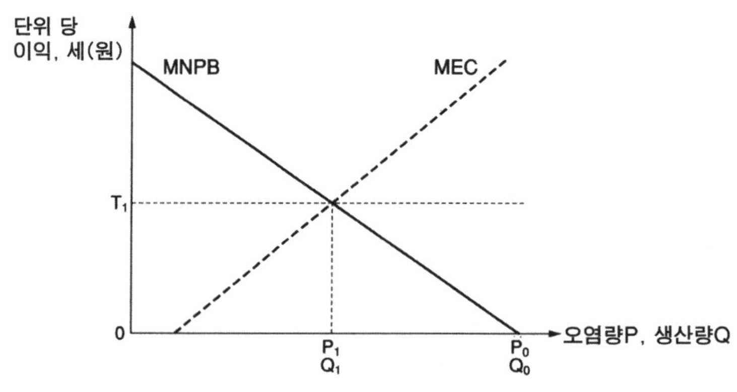

그림 2-2. 환경세에 의한 사회적 최적의 체제

환경의 화폐가치

- 가격을 갖지 않는 환경의 역할에 화폐가치를 주는 것은, 자연환경의 가치가 마치 제로인 것처럼 취급되어 과잉 사용되는 경제적 결정을 시정하는 데에 중요한 역할을 한다.
- 화폐 환산의 기법은 가상 평가법, 헤드닉 가격법 등이 있다.

다음으로 환경세(오염세)를 과세하는 경우와, 일률적으로 배출규제를 수행한 경우에 대해 사회 전체에 주어지는 비용을 비교해 보자. 지금, 오염물질의 배출량은 같지만 오염물질을 삭감하는 데에 소모되는 비용이 다른 3개의 사업자 B_0, B_1, B_2가 있다고 하자. 그리고 각각의 한계 삭감비용은 <그림 2-3>에 직선 MAC0, 1, 2로 각각 나타나 있다.

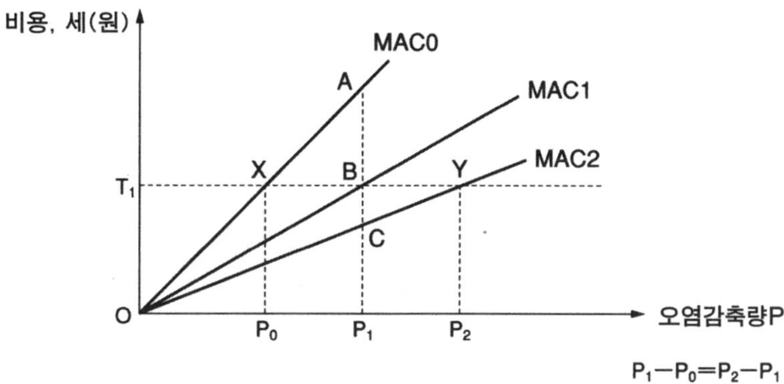

그림 2-3. 환경세와 일률적 배출규제의 사회적 비용에 대한 비교

정부는 오염물질을 $3 \times P_1$만큼 삭감하고자 한다. 일률적으로 배출규제를 한 경우, 3개 사업자는 각각 P1만큼 삭감을 하여야 한다. 각각 삼각형의 면적 OAP_1, OBP_1, OCP_1만큼의 삭감비용을 들이게 되어 전체로는 $OAP_1 + OBP_1 + OCP_1$의 삭감비용이 들게 된다. 이와 다르게 사회 전체적으로 $3 \times P_1$만큼의 삭감이 되도록 T1만큼의 환경세를 과세하기로 하자. 각 사업자는 환경세보다 삭감비용이 싸면, 삭감대책에 비용을 들이게 된다.

지금, 문제를 이해하기 쉽도록 단순화하기 위해서 $P_1\text{-}P_0 = P_2\text{-}P_1$이라고 하면, 오염 삭감 량은 각각 P_0, P_1, P_2가 되어, 사회 전체적으로는 $3 \times P_1$의 삭감이 이루어진다. 이때의 비용을 살펴보면, 각각 삼각형의 면적 OXP_0, OBP_1, OYP_2의 삭감비용을 지불하게 되어, 전체적으로는 $OXP_0+OBP_1+OYP_2$의 삭감비용이 들게 된다.

따라서, $OXP_0+OBP_1+OYP_2 < OAP_1+OBP_1+OCP_1$이 되기 때문에 환경세를 부과하는 방식이 일률적 삭감보다 오염물질을 감축하는 데에 더 효과적이라는 것을 이해할 수 있다.

살펴본 바와 같이 환경세를 도입하면 사회적으로 최적의 비용부담이 실현되어 정부가 바라는 오염을 억제하는 데에 효과적일 것으로 생각된다. 그러나 실제로 이러한 과세를 도입하는 것은 어렵다. 그 이유는, <그림 2-2>, <그림 2-3>에 있는 직선으로 나타낸 가격과 오염 량 등과의 관계를 알 수 없기 때문이다. 그 중에서도 특히 한계 외부비용에는 불확실성이 커서, 그것을 특정해 내기가 극히 어렵다.

> **한계 외부비용과 한계 사적 순이익**
>
> 1) 한계 외부비용이란, 그 오염량에 더해서 오염물질을 다시 1단위 배출하였을 때에 생기는 외부 비용을 의미한다. 그림의 직선과 같은 경우, 오염량이 증가함에 따라 한계 외부비용이 상승하고 있는 것으로 인해, 환경에 미치는 영향량이 증가하고 있는 것을 알 수 있다.
> 2) 한계 사적 순이익이란, 어떤 생산량에 더해서, 1단위를 더 많이 생산하였을 때에 생산물 1단위를 생산하는 것으로 인해 발생하는 이익을 의미한다. 그림의 직선과 같은 경우, 생산량을 증가시킴으로써 이익은 감소하는 경향에 있다는 것을 알 수 있다.

2.2.3 코스(Coase)의 정리

코스는 피구 이래로 받아 들여져오고 있던, "환경세가 사회적 최적 수준에 도달하는 가장 좋은 수단"이라는 정설을 반박하였다. 코스는 적절한 소유권을 바탕으로 한 "시장의 교섭"을 대안으로 주장하였다. 환경세에 대해서는, "법의 힘으로 자원의 소유권이 보장되고 있는 적절한 소유권 시스템이 존재하고, 그 이외의 다른 몇몇 가정이 만족되고 있을 경우에는 오염 유발자와 오염 피해자에 대한 규제를 강제할 필요가 없다."고 주장하였다. "적절한 소유권"과 "시장의 교섭"으로, 생산이 사회적 최적수준으로 되는 체제에 대해서 <그림 2-4>를 이용하여 설명해 보자.

어떤 제품을 생산하고 있는 사업자 A를 가정한다. 또 생산량 Q_0에 대해 사업자가 배출하는 오염량을 P_0라고 하고, 생산량 1단위에 수반해서 배출되는 오염 량을

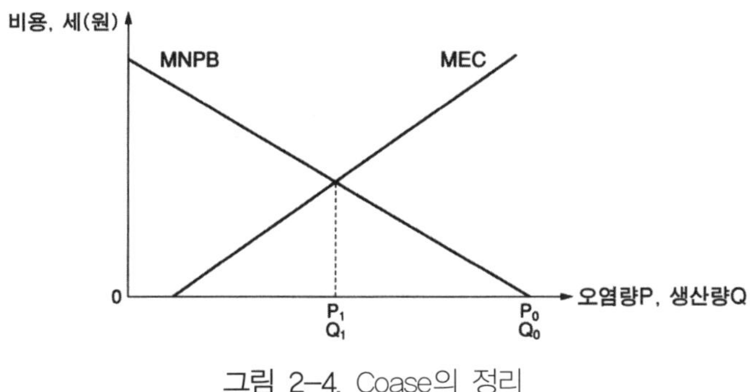

그림 2-4. Coase의 정리

오염 량의 1단위라고 정의한다. 지금, 오염량과 한계 외부비용과의 관계가 직선 MEC와 같이 정해진 것으로 한다. 한편, 생산량에 대한 한계 순 사적 이익의 관계가 직선 MNPB와 같이 정해져 있는 것으로 하자.

여기서, 사업자 A는 이윤이 최대가 되는 Q_0까지 생산하려고 한다. 그러나 오염의 피해자가 오염되는 자원의 소유권을 보유하고 있다면, 오염자인 생산자는, 생산에 수반된 피해자에 소유물을 침해한 것에 대한 대가를 보상해야한다. 오염자의 피해자에 대한 보상액이 외부 비용 분이었던 경우, 생산자는 보상액이 순이익을 넘지 않는 범위인 Q_1까지의 생산 활동을 하게 된다. 이처럼, 코스는 피해자에게 소유권이 인정되는 경우, 세금 제도 등의 정부개입이 없어도 사회석 최적 수준에 도달할 수 있다는 사실을 보였다. 이와 달리, 이 소유권이 오염 유발자의 것인 경우, 피해자가 오염 량을 P_1로 억제하여야 한다면, 오염 유발자에게 생산량을 줄이는 행위에 대한 보상을 하여야 한다.

코스의 정리도 만능은 아니어서 다양한 문제를 안고 있다. 예로, 불완전 경쟁, 높은 거래비용, 오염 유발자와 피해자 구별의 어려움, 위협 등이 문제가 된다고 한다. 당연히 어떤 시스템일지라도, 이점과 한계도 존재하기 때문에 다양한 기법을 병행하는 체제가 좋다고 말할 수 있을 것이다. 그렇지만, 일반적으로는 환경보호정책에서 환경을 자유 시장에 맡길 것이 아니라, 어떤 규제가 주어져야 한다고 한다. 이 점에서 배출권 거래제도는 합리적인 측면을 가지고 있다.

Ronald Coase(1910~)

경제학자인 코스는 코스의 정리를 제안한 공로로 1991년에 노벨 경제학상을 수상하였다.

2.3 배출권 거래제도

2.2.1 배출권 거래제도의 개요

사업자 간에 비용이 효율적이 되도록 환경부하를 배분하는 것이 가능하다는 이론적 근거를 바탕으로 만들어진 제도가 배출권 거래제도이다. 배출권 거래제도의 개념은 1970년대에 캐나다의 경제학자인 대일스(Dales)가 제시하였다. 대일스는 수질개선의 예를 들어 배출권 거래제도가 환경문제에 대처하는 데에 가장 비용이 적게 드는 효율적인 방법이라고 주장하였다. 그 이론에 따르면, 환경의 질을 유지 또는 개선하기 위해서는 오염 물질의 배출량에 상한(cap)이 먼저 설정되어져야 한다. 상한에 기초하여 발행될 배출권이 결정되고, 정부가 배출권을 각 사업자들에게 배분한다. 1개의 배출권은 그 해에 단위량의 오염 물질 배출을 허용한다. 어떤 사업자는 배출권을 대량으로 구입하기보다 오염물질의 배출량을 줄이는 것이 이익이라고 생각할 수 있고, 이와 달리 다른 사업자는 배출권을 구입하는 것이 이익이라고 생각할 수 있다. 이 차이는 각 사업자가 오염물질을 처리하는 데에 드는 비용이 다르다는 사실에 기인한다. 배출권 거래제도 하에서는, 사업자는 오염물질의 감축을 위해서 한계 비용(추가로 1톤의 오염물질을 처리하는 데에 필요한 비용)과 1톤당의 배출권 가격을 비교해서, 전자가 싸면 더 많은 처리를 하여 발생하는 배출권을 매각하고 반대로 비싸면 처리를 줄이고 배출권 구입을 선택한다. 따라서 오염물질을 보다 저렴한 가격으로 처리할 수 있는 사업자가 보다 많은 양을 처리하게 된다. 이러한 매매를 거쳐 결국은 모든 사업자가 같은 한계 비용으로 오염물질을 처리하게 되며, 이 한계 감축비용은 배출권의 가격과 같아진다. 인구가 증가하고 경제가 발전하면 기술혁신이 없는 한 오염물질 발생량은 증가하는 것이 불가피한데 배출량의 상한은 고정되어 있기 때문에 배출권의 가격은 상승하게 된다. 대일스는 이 가격상승은 사업자가 보다 많은 오염물질을 감축하고자 하는 인센티브로 작용한다고 주장하였다. 또, 대일스는 무슨 일이 있어도 배출량의 상한을 완화시켜 배출량을 추가적으로 발행하지 말아야 한다는 점을 강조하였다. 그 이유는 사업자가 보유하고 있는 배출권의 가격을 저하시키게 되면, 제도 그 자체가 신용을 잃게 되기 때문이라고 설명하였다.

배출권 거래제도에 대해, 수식을 이용해서 비용 분석을 연습해 보자. 우선 사업자 i가 배출하는 오염물질을 미처리 시의 배출량을 e_i[톤/일], 처리량을 r_i[톤/일], 사업자 i의 처리비용(오염물질의 감축에 소요되는 비용)을 $T_i(r_i)$, 사업자의 수를 m이라고 가정하자. 또 배출권의 가격을 P(원/톤), 사업자 i에게 최초로 주어지는 배출권의 양을 q_i(톤), 사업자가 지불할 총액을 $C_i(r_i)$라고 하면, 각 사업자의 목적은 자신이 지불할 총액 $C_i(r_i)$를 최소화하는 것이 된다. 지불 총액을 처리비용과 배출권의 매매비용으로 표현하면, 다음과 같이 된다.

$$C_i(r_i) = T_i(r_i) + P(e_i - r_i) - q_i \qquad i = 1,2,\ldots,m \qquad (2\text{-}1)$$

$$0 \le r_i \le e_i \qquad i = 1,2,\ldots,m \qquad (2\text{-}2)$$

식(2-1)에서 $(e_i - r_i - q_i)$는 배출권 구입량인데, 처음에 배당 받은 배출권보다도 실제로 배출하는 양이 적은 경우(즉, 처리를 많이 한 경우)에는, 부호가 음이 되어 배출권을 매각해서 수입을 얻게 된다. 식(2-1)을 미분해서, 사업자 i가 취할 수 있는 비용 효율적인 처리량을 구할 수 있다.

$$dC_i(r_i)/dr_i = dT_i(r_i)/dr_i - P = 0 \qquad i = 1,2,\ldots,m \qquad (2\text{-}3)$$

수식을 미분할 때에 사업자에게 주어지는 배출권의 양 q_i는 처리량 r_i에 관계없는 것으로 전제하였다. 사업자는 한계 처리비용과 1톤당의 배출권 가격을 비교해서, 전자가 싸다면 오염물질을 처리하여 생긴 배출권을 매각하고, 더 비싸다면 오염물질을 처리하기보다 배출권 구입을 선택할 것이다. 결국 사업자는 한계 처리비용이 배출권 가격과 같아질 때까지 처리하게 된다. 따라서 한계 처리비용 M(r)을 이용하면 다음과 같이 표현할 수 있다.

$$M_i(r_i)=P \qquad i=1,2,...,m \qquad (2\text{-}4)$$

이것은 각 사업자의 한계 삭감비용이 배출권 가격과 같아지는 경우가 비용 면에서 가장 효율적이라는 것을 말하는데, 미처리 시의 배출량과 당초에 주어진 배출권 할당량에는 좌우되지 않는다는 것을 나타내고 있다.

각 사업자의 처리비용을 살펴보았는데, 여기서 사회 전체에 대해 살펴보면 사회 전체의 처리비용은 각 사업자 간으로 배출권 거래가 닫혀있다고 가정하면, 아래와 같이 나타낼 수 있다.

$$\sum_{i=1}^{m} C_i(r_i)+P(e_i+r_i+q_i)=\sum_{i=1}^{m} C_i(r_i) \quad (\because \sum P(e_i+r_i+q_i)=0) \qquad (2\text{-}5)$$

〈문제〉

사회 전체의 비용 $\sum_{i=1}^{m} C_i(r_i)$ 를 최소로 하는 것은,

$M_1(r_1)$ = $M_2(r_2)$ = ... $M_m(r_m)$일 때임을 증명해 보자.

사회 전체의 처리비용은 각 사업자의 한계 처리비용이 같아지는 경우에 가장 작아지므로, 식(2-4)로부터 배출권 거래제도 하에서는 각 사업자의 한계 처리비용이 배출권의 가격과 같아질 때에, 개별 사업자에 있어서나 사회 전체에 있어서나 가장 효율적이 될 수 있다. 바꾸어 말하면, 배출권 거래제도 하에서는, 각 사업자가 각각 배출권을 매매하는 것으로 자연스럽게 사회 전체의 비용을 작게 할 수 있다.

2.3.3 배출권 거래제도의 설계

대일스의 생각 중에는 배출권 거래 제도를 설계하는 데에 열쇠가 되는 개념이 망라되어 있다. 그것은, (1)환경 상의 목표(cap)를 설정하고, (2)그 목표를 달성하기 위해 발행하는 배출권의 총량을 정하고, (3)그것을 사업자에게 배분한다는 것이다. 이러한 설계가 정부에 의해 이루어지면, 각 사업자는 각각의 대책 비용, 즉 처리비용과 배출권 비용의 합계를 최소로 하기 위하여 자발적으로 배출권을 매매하여, 사회 전체로서의 대책 비용이 자연적으로 낮아지게 된다. 따라서 정부가 맡아야 할 작업은, 제도의 감시를 제외하면, (1)~(3)으로 집약된다. 이러한 체제의 배출권 거래 제도는 오염물질의 상한(sealing or cap)을 설정하고, 그 범위 내에서 사업자가 배출권을 매매하기 때문에 cap and trade형이라고 불린다. 또 대일스의 생각에는, 실제로 배출권 거래 제도를 설계할 때에 논의의 대상이 되어야할 몇몇 요소가 포함되어 있다. 첫째로, 대일스는 배출권을 사업자에게 배분할 때에 무료가 아니라 유료로 하여야 한다고 생각하고 있다는 점이다. 또 발행된 배출권은 발행된 당해 또는 일정 기간에만 유효하고, 만약 정해진 기간 이내에 이용되지 않으면 실효되는 것으로 가정하고 있다. 그에 덧붙여서, 배출권 가격의 변동 폭이 크게 변하는 것을 피하기 위해서 정부가 필요에 따라서는 시장에 개입하여 매매에 관여하는 것을 고려하고 있다. 이러한 점에서 대일스의 생각은 정부의 적극적인 역할을 기대하고 있다고 말할 수 있을 것이다.

지금까지 기술한 바와 같이, 배출권 거래제도 하에서는 환경상의 목표를 설정한 후에 정부가 배출권이 어떤 형태가 되어야 할 것인지를 정의할 필요가 있다. 우선 배출권의 단위를 정의할 필요가 있다. 그 단위와 배출량의 상한을 어떻게 정하느냐에 따라서 발행되는 배출권의 총 수가 결정된다. 예를 들어, 환경 목표가 환경오염물질 배출량을 5000톤 이하로 하는 것으로 결정되어지고 1개의 배출권이 사업자에게 1톤의 오염물질 배출을 허가하는 것으로 정의된다면, 매년 발행되는 배출권은 5000이다.

또 정부는 배출권의 유효기간도 정의하여야 한다. 만약 배출권이 발행된 해에만 유효하다면 사업자는 연내에 배출권을 이용·매각하게 된다. 한편, 매년 발행되는 배출권이 이용되지 않는 한 유효하다고 한다면 사업자는 이용하지 않은 만큼의 배출권을 보관해 둘 수가 있다. 이것을 뱅킹(banking)이라고 부르는데, 사업자는 배출권을 장기적인 관점에서 배분하여 사용하는 것이 가능해진다. 다만 뱅킹은 단기적으로는 배출권의 충분한 유통에 저해 요인이 될 수도 있다. 또 일정 기간에 오염물질이 집중될 위험성도 있다는 사실에 유의해야 한다.

환경 목표가 설정되고 배출권의 성격이 정의되고 나면, 다음 단계로 정부는 배출권을 사업자에게 할당하게 된다. 이 배분의 방법으로 몇 가지가 제안되어 있다. 대표적인 것은 경매(auction)와 조부 조항(grandfathering)이다.

조부 조항(祖父 條項, Grandfathering)이라는 용어의 유래

조부 조항이라고 하는 1915년 이전에 미국 남부 주에 존재하였던 법 조항에서 유래한다. 이 조항은 조부가 명부에 등재되어 있었다면 본인이 선거권을 가질 수 있다는 것으로, 실제로는 흑인에게 선거권을 주지 않을 의도가 포함되어 있었다. 이 에피소드로부터, 기존의 사람들을 새로운 규제에서 면제시켜주는 것을 의미하게 되었다. 이 명명(命名)의 유래가 조부 조항에 의한 배분법의 특징을 상징하고 있다.

경매에서는 사업자가 다음의 순서에 따라서 정부로부터 필요한 양의 배출권을 경매장에서 구매하게 된다. 우선 정부는 배출권의 일정 수를 제공하고, 사업자는 스스로 처리 비용을 감안해 가면서 입찰 가격을 결정하여 필요한 양을 입찰한다. 배출권은 가장 높은 입찰 가격을 제시한 사업자부터 순차적으로 매각되는데, 매각은 배출권이 남아있는 한 계속된다. 매각 가격을 결정하는 데에는 2가지 방법이 있다. 하나는 입찰 가격 순으로 매각해 가는 방법이고, 다른 하나는 가장 낮은 낙찰 가격(clearing price: 落札價格)으로 모든 낙찰자에게 매각하는 방법이다. 어떤 경우든 간에 그 수익은 정부의 것이 된다. 경매의 이점은 정부가 배출권의 가격을 결정하지 않은 채로 일이 진행되는 것인데, 경매를 통해서 배출권 가격은 제약이 없는 한 자동적으로 오염물질 처리에 필요한 한계 삭감 비용에 근접한다는 것이다. 결점은 사업자의 재정 부담이 커진다는 것인데, 사업자는 처리 비용에 더하여 오염물질의 배출량에 따라 배출권의 비용을 추가로 부담하여야 한다. 재정 부담의 총액이 배출기준에 의한 규제의 경우보다도 더 많아지는 경우가 발생할 수 있을 것으로 예상된다.

조부 조항은 배출권을 일정한 규칙에 따라서 무료로 사업자들에게 배분하는 방법이다. 조부 조항의 방법에서는 사업자에서 정부로의 금전적 흐름은 없고, 만약 배분된 양보다 많은 배출권이 필요한 경우는 다른 사업자에게서 구입하게 된다. 배분 규정으로는, 예로서 개개의 사업자의 의한 배출량의 삭감율이 일정해지도록 하는 방법 등을 고려할 수 있다. 기존의 사업자는 배분 규정에 따라서 일정한 배출권이 주어지지만, 배출량의 상한이 고정되어 있기 때문에 신규로 사업을 시작하는 사람에게는 배출권이 주어지지 않는다. 그래서 신규로 사업에 참가하는 사업자는 기존의 사업자로부터 배출권을 구입하여야 한다. 정책 실현의 관점에서는 우선 기존의 사업자를 설득할 필요가 있기 때문에, 조부 조항은 비교적 무난하게 실행하기 쉬운 방법이라고 말할 수 있지만, 신규로 사업에 참여하는 사업자에게는 불리해진다는 점에 유의하여야 한다. 기존의 사업자에게 현저히 유리하게 작동하는 점을 개선하기 위해서는, 예를 들자면 수년 마다 배출권의 배분을 수정하는 방법을 고려할 수 있다. 이 경우 신규 참여자에게도 몇 년 후에는 기존의 사업자와 마찬가지로 일정한 배출권이 주어지지만, 배출량의 상한은 고정되어 있기에 기존의 사업자에게 주어지던 배분 량은 감소하게 된다. 사업자의 부담이라는 측면에서는, 같은 양의 배출량을 삭감하는 경우, 일정한 규제에 의한 것보다도 조부 조항에 의해 일정 양의 배출권이 배분되기 때문에 그것을 매매하는 편이 비용 효율적이다. 배출권의 최초 배분이 일률적 규제와 같은 방식으로 주어진다고 한다면 사업자로서는 이익이 생기는 경우에만 거래에 참가하면 되므로 비용이 저감되게 된다.

경매와 조부 조항 이외의 배분 방법으로서는, 이론적으로는 보조금에 의한 방법도 있다. 이것은 사업자의 미처리 배출량에 따라서 정부가 배출권을 발행하여, 환경상의 목표인 배출량의 상한을 달성하기 위해서 정부가 사업자로부터 배출권을 사들이는 것이다. 사업자는 배출권을 판매하여 얻은 수익으로 사들인 만큼의 배출량을 처리하게 되므로, 정부가 처리 비용에 대해 보조금을 교부하는 셈이 되고, 금전은 정부에서 사업자에게로 흐른다. 이러한 방법은 정부의 재정 부담이 과다해질 우려가 있다는 점을 유의해야 한다. 이 외에도 무수익 경매(zero-revenue auction)라고 불리는 방법이 있다. 이것은 우선 조부 조항으로 배출권을 사업자에게 일단 배분하고, 다음에 사업자가 배분된 배출권을 전부 경매에 제공한다는 것이다. 조부 조항과 무수익 경매의 차이점은, 조부 조항에서는 거래 참가가 사업자의 의사에 맡겨져 있는 것과 달리 무수익 경매에서는 경매 참가가 의무라는 점이다. 최초로 배분된 양만큼 배출권을 필요로 하지 않는 사업자는 경매에서 그 만큼을 다른 사업자에게 매각할 수 있다. 최초로 배분된 배출권 양과 경매로 조달한 배출권 양과의 차가 사업자의 이익 또는 비용이 된다. 이 방법의 이점은 배출권 거래를 활성화하는 데에 있다.

2.3.4 배출권 거래제도의 특징

배출권 거래제도는 오염물질을 보다 저렴하게 처리할 수 있는 사업자가 보다 많은 양을 처리하게 하는 비용 효율적인 제도이다. 이 비용 효율성에 부가하여, 배출권 거래 제도에는 2가지 장점을 더 생각할 수 있다. 그것은 시장 메커니즘에 의한 비용 효율성의 실현과 기술 개발의 인센티브를 유발시키는 제도이다. 또 배출권 거래 제도에는 다른 제도에는 없는 우려할 사항도 있다. 구체적으로는 시장 메커니즘을 악용하는 행위와 "오염시킬 권리"를 부여하는 것이다. 이러한 장점과 단점에 대해서 간략히 살펴보도록 하자.

배출권 거래제도는 시장 메커니즘에 의해 배출권의 가격이 자동적으로 형성되기 때문에 비용 효율성이 실현된다는 점이 가장 큰 특징이다. 세금(환경세)이나 과징금 제도와 비교해 보면, 세금이나 과징금 제도에서는 오염물질을 감축하는 데에 적절한 과세액 등을 설정할 필요가 있지만 사업자의 처리비용은 다양하기 때문에 이것을 정확히 파악하기가 어렵다. 한편, 배출권 거래제도 하에서는 사업자의 처리비용을 정부가 파악하지 않더라도 사업자가 개별적으로 비용을 저감하고자 배출권의 매매를 반복해 가면 결과적으로 각 사업자의 한계 처리비용과 배출권의 가격이 근접해 가서 사회적 비용이 낮아져 간다. 실세로는 배출권 거래제도에서도 거래에 관한 제약이 부가되는 경우가 많다. 예로, 각 사업자에게 일정 양의 배출 삭감을 의무 지우고, 그 이상의 양에 대해서 거래할 수 있도록 해서 거래할 수 있는 배출권의 양에 제한을 가하는 경우가 있다. 이러한 제약으로 최소 비용을 실현하는 것은 무리지만 그렇더라도 보다 비용 효율적인 방향으로 진전해 갈 수 있다.

또 배출권 거래제도는 기술개발의 인센티브를 준다. 배출권 거래제도 하에서는 오염물질을 보다 저렴하게 처리할 수 있는 사업자는 여분의 배출권을 다른 사업자에게 매각함으로써 이익을 얻을 수 있다. 따라서 오염물질을 대규모로 처리하는 기술이나 저렴하게 처리할 수 있는 기술 개발에 대한 인센티브가 작동하게 된다. 대일스가 지적하였듯이 경제성장이나 인구 증가로 오염물질의 양이 증가하는 경향에 있지만 만약에, 전체 배출량의 상한이 일정하고 기술 수준도 같다면 배출권의 가격은 높아 간다. 이러한 경향은 기술개발의 인센티브를 더욱 강화시킬 것이다.

한편, 배출권 거래제도는 시장 메커니즘을 활용한 제도이기에 그 메커니즘을 악용하는 경우가 생긴다는 사실도 부정할 수가 없다. 예를 들자면, 배출권을 다량으로 보유하고 있는 사업자가 자의적인 가격 형성을 유도하여 시장의 적정한 배출권 유통을 저해하는 사례가 발생할 수 있다. 또 동업자의 경영을 방해하기 위해서 배출권을 적정한 가격으로 매각하지 않는 경우도 발생할 수 있다. 사업자는 정상적인 배출권 거래가 이루어지지 않는 사태로 인해서 자신이 입는 불이익보다 상대방이 받는 불이익이 더 많은 경우에 배출권 거래의 메커니즘을 악용할 가능성이 대두된다. 이러한 경우는 시장에 참여하는 참가자의 수가 제한되어 있는 경우에 발생하기 쉬우므로 정부는 충분한 감시 체제를 구축하여야 한다.

더욱이, 환경은 모든 사람들에게 소속됨에도 불구하고, 배출권 거래제도가 사업자에게 오염물질을 배출할 권리를 주는 제도 자체를 문제시하는 견해도 존재한다. 실제로는, 규제적인 기법의 경우도 사업자에게 기준 이하의 오염물질 배출은 인정하므로, 배출권 거래제도만이 오염물질을 배출할 권리를 사업자에게 주는 것은 아니지만 배출권은 금전과 교환이 되므로 그러한 비판을 초래할 수 있다. 특히, 환경기준이 달성되고 있지 못한 경우는 모든 사업자가 비용에 관계없이 가능한 노력을 기울여야한다는 주장에도 일리가 있기에, 배출권 거래제도가 다른 제도보다 뛰어나다고 말할 수만은 없을 것이다.

2.3.5 Baseline and Credit형의 배출권 거래제도

배출권 거래제도에는 “cap and trade” 형에 부가하여, 또 다른 형태로 “baseline and credit”제도가 있는데, 이 제도는 개개의 거래에 주목하는 것이다. “baseline and credit" 형(배출삭감 credit형이라고 부르기도 한다.)에서는, 총배출량에 대한 상한은 정해져 있지 않고 일정한 배출권도 미리 주어지지 않는다. 베이스라인은 오염물질 삭감을 위한 아무런 대책이 이루어지지 않았을 때의 배출량을 의미하고, 대책 후의 배출량이 베이스라인보다 적었을 때에 삭감시킨 양만큼이 배출삭감 credit로 간주되어 거래할 수 있게 된다(그림 2-5).

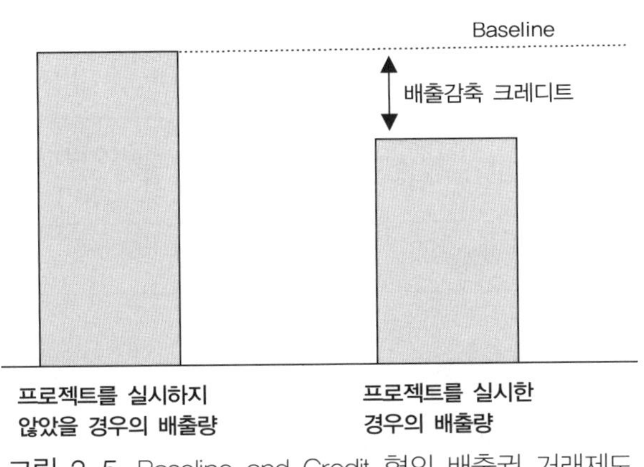

그림 2-5. Baseline and Credit 형의 배출권 거래제도

따라서, 베이스라인을 어떻게 정확하게 산출할 것인가가 중요하다. 또 총배출량에 한계(cap)가 설정되지 않기 때문에 대책 실시 후에도 총배출량이 증가하는 경우가 발생한다. "baseline and credit"형과 "cap and trade"형의 차이점은 <표 2.2>와 같다.

또 어떤 형태의 배출권 거래제도이든 간에 기준이 되는 시점을 언제로 할 것인가가 중요한 문제가 된다. 어떤 시점의 배출량을 기준으로 배출권을 나눌 것인가, 어느 시점을 기준으로 베이스라인을 설정할 것인가에 따라서 사업자 가 얻을 수 있는 배출권과 credit 양이 달라진다. 예로서 교토의정서에서는 온실가스 감축목표를 1990년을 기준으로 2008년~2012년에 6% 감축하는 것으로 설정하고 있는데, 미리부터 온실가스 감축노력을 기울인 일본과 같은 일부 선진 국가들은 1990년 시점에서 이미 다른 선진 국가들에 비하여 에너지 절약 기술개발에 많은 투자를 달성하고 있었기 때문에 불평등하다는 불만이 많다. 이처럼, 기준 시점을 언제로 할 것인가 하는 것은 거래제도에 참여한 관계자 모두를 만족시키기가 아주 어려운 문제이다.

표 2.2 "Cap and Trade" 형과 "Baseline and Credit" 형의 차이점

	"Cap and Trade" 형	"Baseline and Credit" 형
배출량 상한 (cap)의 유무	총배출량 및 각 대상 사업자에게 배출권의 형태로 배출량의 상한이 부여된다.	상한은 없다. 프로젝트가 실시되지 않은 경우를 상정해서 베이스라인이 설정된다.
거래의 대상	할당되거나 구입된 배출권	베이스라인보다 더 줄임으로써 얻어지는 감축 credit
체크 대상	사업자가 매년 배출하는 오염물질의 양	프로젝트 배출량

2.3.6 배출원의 위치가 문제되는 경우

비용 효율적인 배출량의 할당을 수행하는 경우, 환경보전 상의 조건은 오염물질을 배출하는 위치에 따라서도 환경에 미치는 영향이 달라지는가의 여부에 따라서 다르다. 지금까지는 오염물질의 배출원 위치가 문제되지 않는 경우를 가정해서 배출권 거래 제도를 설명하였다. 이산화탄소 등의 온실 가스는 배출원의 위치에 따라서 환경에 미치는 영향(지구온난화)이 달라지지 않는 경우이다. 화력발전소가 집중되어 이산화탄소를 많이 배출하는 지역이라 하더라도 그 지역이 지구온난화로 인해 다른 지역보다 심각한 영향을 받게 되는 것이 아니다. 온실효과 가스로 인한 지구온난화는 전 지구적인 물리과정 속에서 발생하는 현상이다. 오존층을 파괴하는 프레온가스(CFC)도 배출원의 위치에 따라서 영향이 달라지지 않는 경우에 해당한다. 또 호소의 수질오염의 경우에도, 호소의 규모가 충분히 커고 물 순환이 잘 이루어진다고 간주할 수 있는 경우에는 수질오염의 발생원 위치가 수질에 미치는 영향을 무시할 수 있다.

하지만 일반적인 경우에는, 예로서 대기오염의 원인이 되는 이산화황(SO_2)이나 질소산화물(NO_x), 수질오염을 유발하는 생물화학적 산소요구량(BOD) 등은 배출원의 위치에 따라서 환경에 미치는 영향이 달라진다. 예로서, 이산화황을 배출하는 화력발전소가 어떤 한곳에 집중되면 그 부근의 대기환경은 이산화황의 농도가 높아져서 배출원이 없는 지역보다 대기 질이 악화된다. 따라서 배출권 거래의 결과로서 오염물질이 어떤 배출원에 집중되고, 그것이 배출원 부근 지역의 환경오염을 유발하게 되는 경우에는 비용 효율적인 부하의 배분이 이루어지더라도 환경정책으로서는 불충분하다.

지금까지의 배출권 거래제도의 설명에서, 환경에 미치는 영향이 배출원의 위치에 관계없는 경우를 가정하여, 배출권은 오염물질 1톤 또는 다른 질량단위의 배출을 가능하게 하는 허가증(Emission Permit)을 가리켰다. 한편, 환경에 미치는 영향이 배출원의 위치에 관계되는 경우에는 배출권 거래의 결과로 오염물질의 배출이 집중되지 않도록 하고자 환경 농도권(Ambient Permit)를 거래하는 제도를 도입할 수 있다. 환경 농도권이란 환경 상의 목표가 각 환경기준점의 농도(ppm 등의 단위)로 주어졌을 때에, 각 기준점에서의 환경 농도 1단위(예, 0.01ppm)를 악화시킬 수 있는 허가증의 형태로 사업자에게 주어진다. 이 제도 하에서는, 기준점마다에 서로 다른 환경 농도권을 발행하게 되므로 사업자는 각 기준점에 미치는 영향이 어느 정도 될 것인지를 고려해가면서 배출량을 결정하고 필요에 따라서 환경 농도권을 구입하게 된다. 환경 농도권 거래제도에서는 환경기준점의 수만큼 거래시장이 만들어질 수 있다.

하지만 현실적으로는 이 환경 농도권 거래 제도를 실시하는 데에는 곤란한 점이 많은 것으로 생각된다. 우선 사업자에 있어서는 배출하는 오염물질이 영향을 미치는 범위내의 기준점 모두에 대해서 기준점마다에 다른 환경 농도권을 매매하게 되어 거래가 아주 복잡해진다. 또 이 제도를 실시하려면 각 배출원의 배출량이 각 기준점의 농도악화에 어느 정도나 기여하는 지를 추정하기 위해 임펙트 계수를 설정할 필요가 있다. 이 임펙트 계수는 환경 농도권의 매매에 큰 영향을 미치기에 정확하게 구해야하는데, 이것은 기술적으로 아주 어려운 문제이다. 대기오염을 예로 들자면 임팩트 계수는 풍향과 풍속, 대기의 온도, 대기안정도 등에 따라서 큰 변화를 하므로 하나의 값으로 고정할 수가 없다. 따라서 환경 농도권 제도가 실제 정책으로 채용된 사례는 아직 없다.

2.4 교토메커니즘

2.4.1 교토메커니즘의 개요

1997년 12월에 교토에서 개최된 기후변화협약 제3차 당사국회의에서 선진국에 법적인 구속력이 있는 배출량 억제와 감축목표를 설정한 교토의정서가 채택되었다. 교토의정서에서는, 각국이 배출목표를 달성해 가는 데에 배출권거래제와 같은 교토메커니즘을 활용하도록 허용하였다.

교토메커니즘으로 알려져 있는 배출권거래제는 공동이행, 청정개발, 국제 배출량 거래로 분류된다(그림 2-6). 이 3종류의 조치 모두가 넓은 의미로는 배출권거래

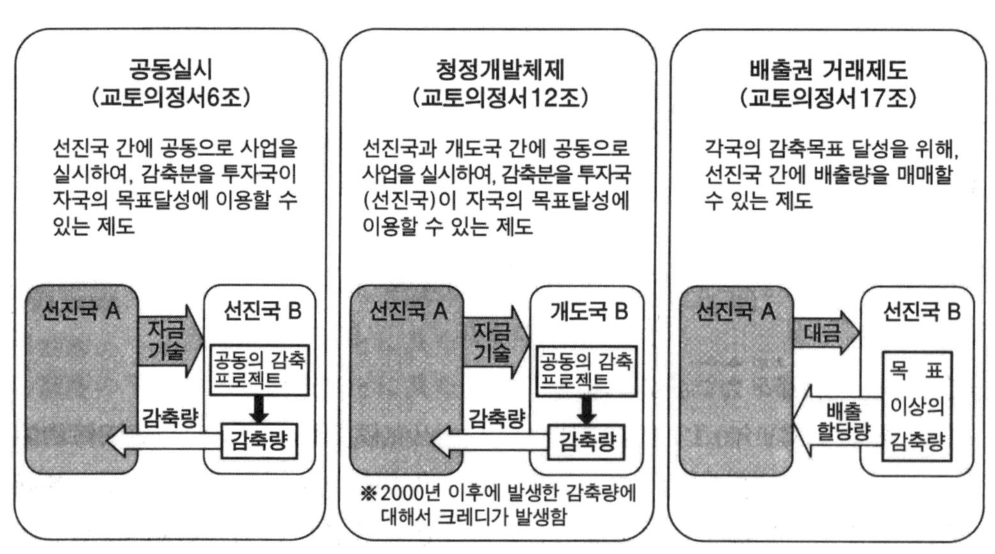

그림 2-6. 교토메커니즘의 개요

의 범주에 속하지만, 형태로서는 공동이행과 청정개발체제는 "baseline and credit" 형, 국제 배출량거래는 "cap and trade"형에 해당한다(그림 2-7).

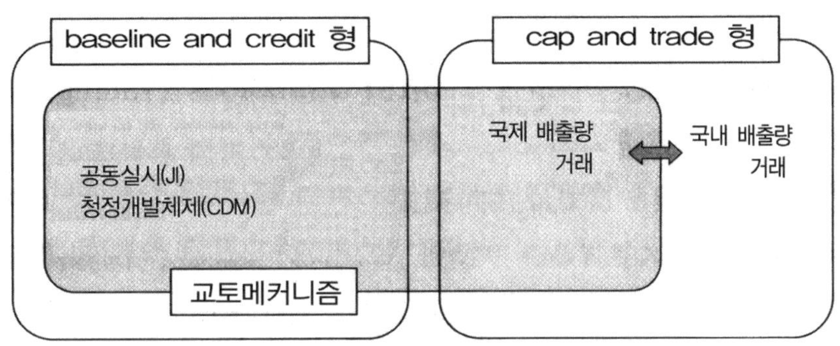

그림 2-7. 교토메커니즘의 분류

또 교토메커니즘은 어느 것이나 국제적 거래 원칙을 정한 것이다. 따라서 국내적으로 이루어지는 배출권 거래제도에 대해서는 언급하고 있지 않다. 국내적으로 이루어지는 제도의 원칙은 해당 국가에 위임해 두었다.

교토메커니즘의 의의는 지금까지 설명해 온 바와 같이, 수치목표의 달성에 필요한 배출량 감축을 위하여 신덱지를 넓히고, 비용 효과적인 대책을 찾는 데에 있다. 이렇게 유연성이 있는 조치의 도입을 주장한 것은 미국이었다.

또 삭감 credit와 배출권의 거래에 있어서는 투명성하면서도 적정한 시장을 확보하기 위한 다양한 규칙이 필요한데, 교토의정서에서는 교토메커니즘에 관한 상세한 규칙이 정해져 있지 않다. 이 거래 규칙에 대해서는 교토의정서가 채택된 제3차 당사국회의 이후에 교섭이 이루어져서, 2001년 11월에 열렸던 모로코의 마르케시의 제7차 당사국회의에서, 마르케쉬 합의(Marrakesh Accords)로서 합의가 얻어졌다. 따라서 여기서는 이것을 소개하도록 한다.

배출량 거래를 실시하기 위해서는 우선 목표를 정해야 한다. 교토의정서의 목표는 대상 년차를 제 1 약속기간으로 불리는 2008년~2012년의 5년간으로 하고 있다. 기준 년은 1990년이기에, 각국의 초기 할당량 = 1990년의 온실가스 배출량×5×(1-

삭감율)로 주어진다. 이것에 흡수량과 교토메커니즘에 의한 credit 이전 량을 증감 시켜, 나라 전체로서의 총배출량, 소위 말하는 cap이 설정된다.

해당 국가의 총 배출 부여량 = 초기 할당량(AAU) + 흡수량(RMU) + CDM/JI로 얻은 credit(ERU, CER) + 배출량 거래로 구매한 량(AAU, RMU, ERU, CER)

제1약속기간 종료 후, 총 배출 부여 량과 5년간의 실제 온실가스 배출량의 총합을 비교해서, 목표를 달성하였는지 여부를 확인한다.

2012년의 배출량을 파악하기 위해서는 제1약속기간 종료 후 1년 이상의 기간이 걸릴 것으로 예상되며, 그 후에도 배출량 거래에 의한 배출 권리 획득이 가능한 조정기간이 설정되어 있기 때문에 실제로 목표를 달성하였는지 여부를 판단하는 것은 2015년 후반기쯤이 될 것이다.

교토의정서에서는 이산화탄소 1톤 단위로(다른 물질은 온실효과를 기준으로 이산화탄소 량으로 환산) 배출량이 설정된다. 메탄과 아산화질소 등 이산화탄소 이외의 대상 가스는 지구온난화계수(global warming potential)를 곱해서 이산화탄소의 양으로 환산된다. 배출량에는 초기할당량(AAU; Assigned Amount Unit), 흡수원 활동에 기초한 credit(RMU; Removal Unit), 공동이행 활동으로 얻어진 credit(ERU; Emission Reduction Unit), CDM 프로젝트의 결과로 얻어진 credit(CER; Certified Emission Reduction)의 4종류가 있다.

이들 초기 할당량과 credit는 각국의 등록부(National Registry)라고 불리는 데이터 시스템에 등록된다. 구체적으로는 나라별 등록부는 배출량의 발행, 보유, 이전, 획득, 취소, 상각 등을 정확하게 등록하는 전자 데이터베이스 시스템이 구축되어 있다.

교토메커니즘을 활용하기 위해서는 몇 가지 조건이 부과된다. 우선, 선진국이 이를 활용하기 위해서는,

① 교토의정서 조약국일 것

② 초기 할당량을 산정하고, 산정에 사용한 정보를 2006년 말까지 제출할 것

③ 온실가스의 배출과 흡수량의 산정을 수행하는 국내 제도를 2006년 말까지

정비할 것

④ 배출량과 흡수량의 목록(inventory)를 매년 제출할 것

⑤ 배출량 관리를 수행하는 나라별 등록부(Registry)를 2006년 말까지 정비할 것

이상의 조건을 만족할 필요가 있다.

이들 조건은 부여받은 배출량과 배출 상황의 엄밀한 관리를 위해 요구되는 사항들이라고 할 수 있다.

참가자격이 정지된 나라는 그 자격을 회복하기 위해 필요한 조치를 강구한 위에, 의정서에 기초하여 설치되는 준수위원회 집행부에 자격회복 신청을 하여, 집행부의 판단을 받아야 한다. 또 교토메커니즘은 나라만이 아니라 민간사업자가 교토메커니즘을 활용하여 배출권을 획득하고 이전시키는 일을 하기 위해서는,

① 국가가 교토메커니즘의 참가자격을 얻어 있을 것

② 국별 등록부 중에 법인용 구좌가 개설되어 있을 것

의 조건이 있다.

2.4.2 청정개발체제

청정개발체제(CDM; Clean Development Mechanism)는, 선진국(투자국)이 개도국(호스트 국가)에서 온실가스 배출량 삭감을 크레디트(credit(CER))로 참가국 간에 나누어 갖는 제도이다. 프로젝트 베이스(project base)의 "baseline and credit"형의 배출권거래제도이다. CDM은 그 목적을 개도국이 지속가능한 개발을 달성하면서 조약의 궁극적인 목적에 공헌할 수 있도록 도우면서, 선진국이 수치목표를 달성하는 것을 지원하는 것이다. 이 때문에 얻어진 credit는 선진국이 자국의 목표달성을 위해서 배출권의 일부로 사용할 수 있다. 정부만이 아니라 민간사업자도 CDM 프로젝트에 참가하여 크레디트를 얻을 수 있다.

CDM은 프로젝트를 실시하지 않은 경우와 비교하여 추가적인 배출감축량이 얻어질 수 있는 것이어야 한다. 구체적으로는, CDM 프로젝트를 실시하지 않았을

시의 배출량을 예측, 즉 baseline으로 설정하고, 이 baseline 하에서의 배출·흡수량과 CDM 프로젝트가 실시된 경우의 배출·흡수량을 비교함으로써 배출감축량을 평가한다(그림 2-8).

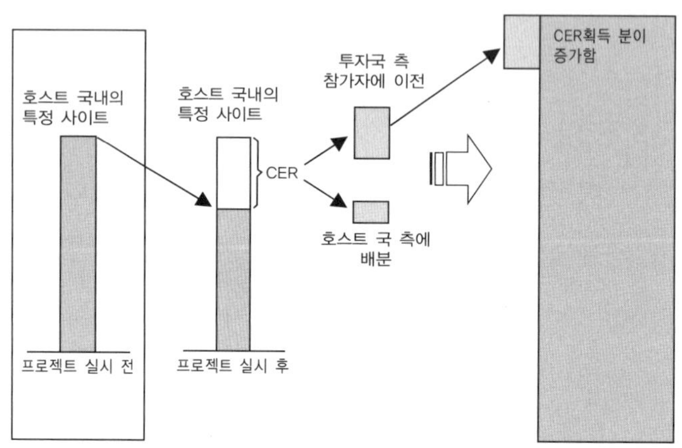

그림 2-8. 청정개발체제에 의한 credit 전이(轉移)

수치목표가 설정되어있지 않은 개도국에서 프로젝트를 실시하고, 그것에서 얻어진 credit가 선진국의 총 배출 부여 량에 더해지기 때문에 선진국의 총배출량이 증가하게 된다. 이로 인하여 프로젝트의 실시로 개도국의 배출량이 감축되었다고 평가하는 데에는 엄격한 심사가 요구된다.

그리고 CDM은 원자력발전은 대상으로 하지 않는다. 또 흡수량 증대 프로젝트는 제1약속기간에 신규로 식림 · 재 식림 프로젝트에 한정되며, 삼림경영, 농지관리, 방목지관리에 따른 이산화탄소 흡수량은 대상으로 하지 않는다. 또 CDM 프로젝트가 공개자금을 활용하는 경우, 그 자금은 ODA(정부개발원조)를 유용해서는 안된다.

2.4.3 공동실시(JI)

공동실시(JI; Joint Implement)는 선진국(투자국)이 다른 선진국(호스트 국가)에서 온실가스 배출량 감축 또는 흡수원 증대 프로젝트를 실시하여 얻어진 감축량 목표량을 credit(ERU)로 하여, 참가국이 서로 나누어 갖는 제도이다. 프로젝트 베이스의 "배출량 감축 크레디트" 형의 배출권 거래제도이다. 투자국이 얻어진 credit를 자국의 목표달성을 위해 배출량의 일부로 사용할 수 있다는 점은 CDM과 같지만, JI와 CDM의 가장 큰 차이는 CDM에서는 배출량의 한계가 설정되어 있는 선진국과 설정되어 있지 않은 개도국 사이에 시행되지만 JI는 배출량의 한계가 설정되어 있는 선진국 사이에 이루어진다는 점이다. 한편, JI나 CDM이나 모두 정부만이 아니라 민간사업자도 프로젝트에 참여하여 credit를 얻을 수 있다.

JI에서는 CDM과 마찬가지로 프로젝트를 시행하지 않은 경우와 비교하여 추가적인 배출량 감축을 산출하고, 이것을 credit로 평가하기 때문에 baseline의 설정이 필요하다. 다만, 배출량의 한계가 설정된 선진국에서 배출권리로서 credit가 이전되기 때문에 양국 간에 배출 한도의 총량은 불변이다(그림 2-9). 이 점이 선진국의

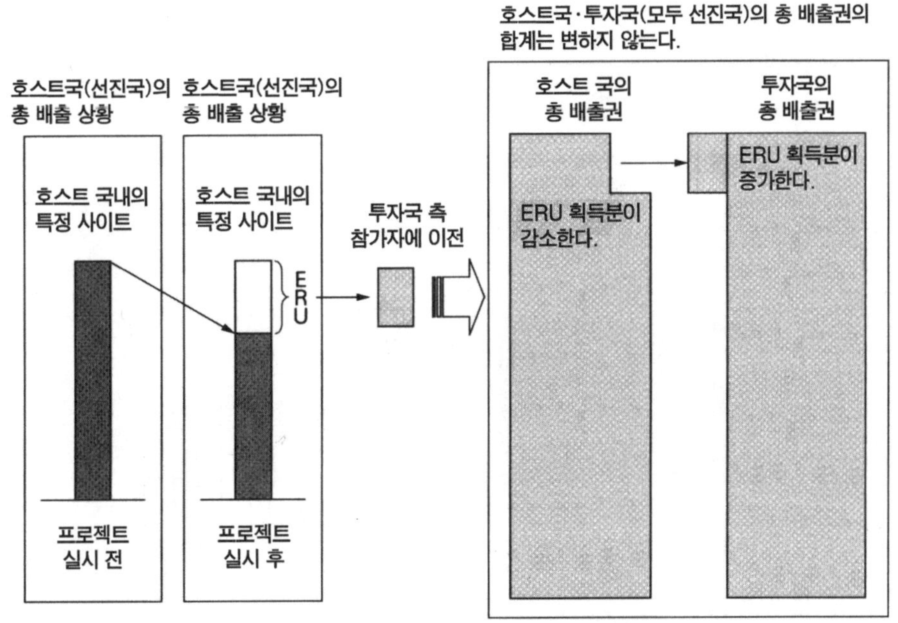

그림 2-9. 공동실시에 의한 배출 권리의 이동

배출한도를 증가시키는 CDM 프로젝트와는 다르며, JI프로젝트의 절차도 CDM과는 달라진다.

한편, JI에 있어서도, 원자력시설을 프로젝트의 대상으로 하지 않는다. 또 흡수량 증대 프로젝트는 교토의정서 제3조 3항(신규 식림, 재 식림, 삼림감소) 및 제4항(삼림경영, 농지관리, 방목지관리, 식생회복)에 관한 것이 대상으로 된다. 다만, 삼림경영의 프로젝트로 얻어진 credit(ERU)에 대해서는, 호스트 국 쪽에 발행량에 한계가 설정된다.

2.4.4 국제 배출량 거래제도

교토의정서 제17조에 정해진 배출량 거래제도(emission trading)는, 선진국 사이에 배추권리를 획득·이전하는 것으로, "cap and trade 형"으로 분류된다. 사고파는 주체는 정부만이 아니라 국별 등록부에 구좌를 가지고 있는 민간 사업자도 참가할 수 있다. 거래의 형태로서는, 의정서와 마라케시 합의서에는 공적인 시장의 창설에 대해서는 정해진 것이 없어서, 2국간 거래가 주가 될 것으로 예상된다. 한편, 정식으로 거래가 개시되는 것은 각국이 교토메커니즘의 자격을 획득하는

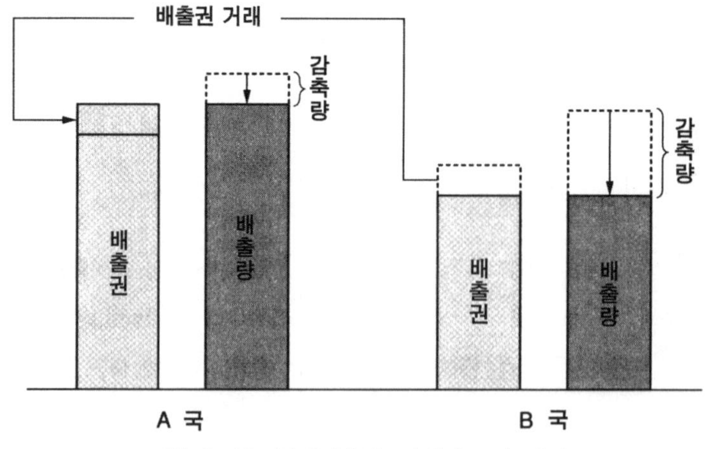

그림 2-10. 국제배출량 거래제도의 체제

2008년경으로 예상되지만, 사는 쪽과 파는 쪽의 쌍방 합의에 의한 선물 거래는 그 이전에도 이루어질 수 있다. 국제 배출권 거래제에서는 배출권한을 판매가 지나쳐서 결과적으로 수치목표를 달성하지 못하는 사태를 방지하기 위해서 약속기간 보관(CPR; Commitment Period Reserve)을 설정해서, 선진국이 일정량의 배출 권리를 항상 나라별 등록부에 유지하도록 의무지우고 있다.

구체적으로는, 1)초기 할당량의 90%, 2)가장 가까운 시기를 기준으로 각국 배출량의 5배가 확보된 배출량(AAU, ERU, CER, RMU의 합계)보다 낮은 수준을 약속기간의 reserve로서 항상 나라별 등록부에 유지되어져야 한다.

2.5 선진국의 환경규제 제도

앞 장에서 살펴보았듯이, 미묘한 균형을 유지하고 있는 자연환경에 있어서, 균형점에서 약간의 벗어남이 나타난 것은, 지역규모의 환경에서 공해문제가 대두된 것이 최초였다. 1955년에 일본 연안공업단지에서 발생한 환경 병(이타이이타이병)을 시작으로 사회가 고도성장을 이루어감에 따라서 각지에서 공해가 번져갔다. 이것을 받아서 1970년에 공해국회라고 일컬어지는 제64회 국회에서 14개 항의 공해관련 법안이 가결된 외에 1973년에는 공해 건강피해의 보상 등에 관한 법률이 제정되어, 공해방지비용, 오염된 환경의 복원, 공해로 인한 피해보상에 대한 오염유발자 부담원칙이 기본으로 정해졌다. 이 개념은 일본과 마찬가지로 다른 나라에서도 자리를 잡았는데, 환경보전을 위한 효율적인 자원배분을 촉진한다는 관점에서, OECD가 1972년에 오염 유발자 부담의 원칙(Polluter Pays Principle : PPP)을 경제적, 사회적, 원칙으로 정하였다. PPP에서는 오염 유발자는 환경을 수용 가능한 상태로 유지하기 위하여 오염을 방지하고 억제하는 부담을 지게 된다.

PPP에서 부담비용은 오염물질의 배출에 대한 부과금으로 발생하든, 직접 규제에의 대응으로 발생하든 간에 "End of Pipe"의 처리비용이다. 이것은 제조단계에서 공장에서 배출되는 산업폐기물에는 적용 가능하지만, 소비자가 폐기하는 단계에서 배출되는 일반폐기물의 처리에 관해서는 제품의 라이프사이클을 통한 환경성과 경제성의 최적 해를 선택하는 것에 까지는 적용하기 어렵다. 즉, 제조단계에서의 최적화와 처리단계에서의 최적화가 별개로 이루어져온 것이 현 상황이다. PPP의 적용에 수반되는 환경부담은 현실적으로는 제품의 라이프사이클의 상류공정에는 피드백 되고 있지 않은 것으로 판단된다. 이러한 상황에서, OECD 회원국 중에서는 시장과 기업의 관계에 따라서는 외부성에 의한 "End of Pipe"에서의 처리가 기본이 되는 PPP원칙으로는, 반드시 환경목표를 달성할 수 있다고는 말할 수 없다고 생각하는 나라가 나오게 되었다. 더욱이 폐기물을 파악하려면 일반폐기물의 복잡성으로 인하여 관리비용이 지나치게 높아질 가능성이 있다. 환경문제의 주요 문제가 공해문제로부터 지구환경으로 옮겨온 최근, 새로운 환경정책 접근의 필요성이 생겼다. 그래서 제안된 것이 확대 생산자 책임(Extended Responsibility: EPR)의 개념이다.

EPR이란, 과거에는 생산자가 져야할 책임이 제품 사용단계에서의 책임까지라는 것이 주류였는데 이를 확대하여 제품의 폐기단계까지를 포함하는 것을 나타낸 개념이다. 이 개념은 환경에 미치는 부하를 감축시키는 새로운 정책 접근의 하나로서 여러 나라에서 받아들이고 있다. 일본에서도 2000년 6월에 공포한 순환형 사회 형성추진기본법으로 도입되어, 일련의 리사이클법 제정 시에 EPR의 개념을 구축하고 있다.

환경의 측면, 특히 자원순환의 측면에서 EPR에 의해 제품의 폐기단계까지도 제조자에게 책임을 부가한다는 의의는 대단히 크다. 이것은 보다 적은 원재료의 투입으로 보다 간단하면서도 경제적으로 reuse, recycle 등을 행할 수 있는 제품을 설계하도록 생산자에게 인센티브를 주기 때문이다. 설계단계부터 폐기단계의 환경성, 경제성을 고려함으로써, 제품의 라이프사이클에 걸친 환경영향을 경제성에 포함시키는 형태로 최소화할 수 있다.

1990년대의 독일, 네덜란드, 프랑스, 영국 등 서구를 중심으로 입법화되기 시작하여 오늘에 이른 EPR의 개념은 무역과 환경의 문제를 만들어낸다는 지적에 따라서, 개념의 세계적 동의를 확보하기 위하여 1994년부터 OECD에서 검토되어 2000년에 Extended Producer Responsibility: A Guidance Manual for Governments라는 책자로 정리되었다. OECD는 EPR을 다음과 같이 정의하고 있다.

EPR이란, 제품에 대한 생산자의 책임을 물리적 및 금전적으로 제품의 라이프사이클에 있어서 소비후의 단계까지 확대시키는 하나의 환경정책기법이다. EPR정책에는 2개의 서로 관련된 특징이 있다. (1) 책임(물리적 및 경제적으로 완전히 그리고 부분적으로)을 지자체에서 상류 측인 생산자에게 전가하는 것, (2) 생산자에 대해서, 해당 상품의 설계 시에 환경에 배려하는 인센티브를 주는 것(OECD, 2001).

〈참고문헌〉

- 足立芳寬 외(2004), 環境시스템 科學, 東京大學出版, pp.43-82.
- OECD(2001), Extended Producer Responsibility: A Guidance Mannual for Governments, p.18.

제 3 장 기후변화 완화기술

3.1 온실가스 저감기술

지금 지구는 인간이 생활함에 따라 소위 온실가스라고 부르는 이산화탄소, 메탄, 프레온 가스, 그리고 이산화질소가 다량 배출되어 기후가 변화하고 있다는 우려가 있다. 그래서 최근에 이산화탄소 등의 온실가스의 증가로 인한 지구온난화 문제와 관련하여 기후변화 문제는 전 지국적인 관심사가 되고 있다.

지구온난화는 시계기상기구(WMO)와 유엔환경계획(UNEP)을 중심으로, 1988년 11월 제네바에서 '기후변동에 관한 국가간 패널(IPCC)'이 조직되어 활동하고 있다. 현재 지구환경문제에 대처하고 있는 주된 국제조직으로는 IPCC, WMO, UNEP 외에 세계보건기구(WHO), 유엔식량농업기관(FAO)뿐만 아니라 경제협력기구(OECD) 및 세계은행 등 수많은 국제조직이 이 문제와 관련해 활동하고 있다.

온실가스 중 이산화탄소는 전체량의 55%를 차지하고 있고 주로 석탄, 석유와 같은 화석연료의 사용 시 배출된다. 같은 농도일 때 다른 물질에 비해 온실효과가 큰 편은 아니지만, 워낙 많은 양이 배출되기 때문에 가장 온실효과의 큰 요인이 되고 있다. 이러한 이산화탄소를 줄이기 위한 방법은 무엇이 있을까?

3.1.1 이산화탄소 포집 저장기술(CCS)

이산화탄소 포집 저장기술(CCS; Carbon dioxide Capture and Sequestration)은 이산화탄소를 포집, 압축하여 땅속이나 해저에 저장하는 기술을 말한다. 즉, 해저 지질구조 내에 지구 온난화 주범인 이산화탄소를 포집하여, 포집된 이산화탄소를 초임계상태나 액체 상태로 가압하여 파이프라인이나 선박 등을 통해 수송한 후,

최종적으로 해양의 퇴적층에 대규모로 수백, 수천년 이상 장기간 저장 및 관리하는 기술을 말한다.

미래 에너지 전망에 따르면 지속적으로 화석연료 사용 비중이 증가하여 2050년에는 70% 이상이 담당할 것으로 예상되어, 화석연료 사용을 전제로 한 지속가능한 성장을 위해 화석연료로부터 발생하는 이산화탄소를 처리하는 이산화탄소 포집 및 저장(CCS, Carbon dioxide Capture & Storage) 기술개발은 필수적이다. CCS는 대량 이산화탄소 발생 에너지 산업 분야에 적용하여 지구 온난화 방지에 기여할 수 있다. 대표적인 활용분야에는 발전, 시멘트, 철강, 석유화학 등과 같은 에너지 사용이 많은 산업에 적용할 수 있다.

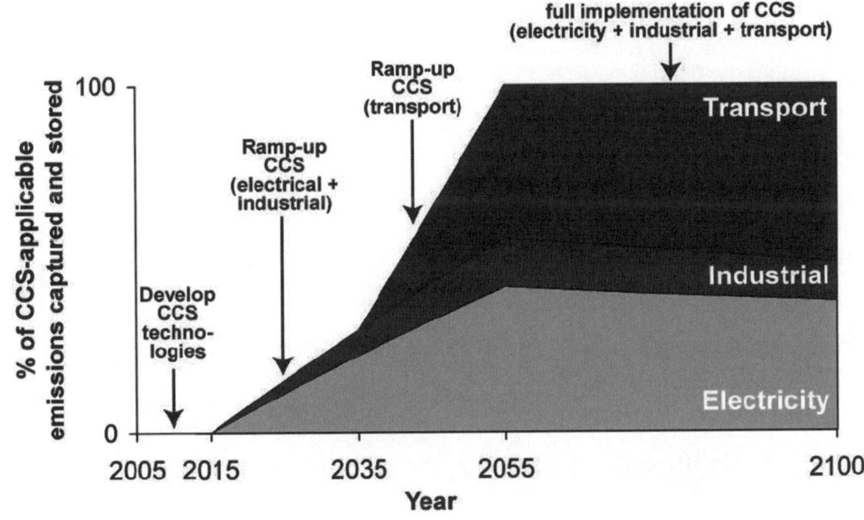

그림 3-1. 이산화탄소 배출원에 대한 CCS 기술의 적용시기

<그림 3-1>은 이산화탄소 배출원에 대한 CCS 기술의 적용시기를 나타내고 있다. 2015년에 발전 및 산업 분야에 적용을 시작으로 확대되어 2035년에는 수송 분야까지 확대될 것으로 예상된다. 특히 수송 분야는 수송경제와 관련되어 있으

며, 이는 대량의 수소를 제조하기 위하여 석탄가스화에서 생성된 합성가스로부터 수소를 생산하고 동시에 발생한 이산화탄소는 CCS 기술을 적용하여야 한다. 이와 같이 CCS 기술은 지구온난화 완화를 위하여 매우 중요한 기술로 대두되고 있다.

(1) 이산화탄소 수송

일반적으로 이산화탄소는 회수공정을 통하여 회수된 후 순수한 이산화탄소로 분리하며 이를 가압시켜 농축하게 된다. 농축된 이산화탄소(액상)는 파이프라인이나 수송선을 통하여 저장조까지 이송된다. 저장조까지의 수송거리가 1,000km 미만까지는 파이프라인을 이용하는 것이 유리하며 그 이상일 경우나 장거리 해외 수송의 경우 운반선을 이용하는 것이 경제적인 것으로 알려져 있다.

(2) 저장 기술의 종류

수송된 이산화탄소는 해양, 지중, 지표에 저장될 수 있으나 해양저장 방법은 저장 후 해양 생태계 문제로 현재 보류중이다. 지표저장 방법은 이산화탄소를 고착시킨 광물의 저장소 문제가 야기되어 아직은 기초 기술 단계이다. 지중저장 방법은 많은 연구가 추진되고 있는 대표적인 기술로 내륙 혹은 해저의 깊은 지층에 이산화탄소를 저장하게 하는 방법이다.

① 지중 저장 기술

지중 저장 기술은 육상이나 해저에서 750～1,000m 정도의 심도에 존재하는 적합한 지층에 이산화탄소를 저장하는 기술이다. 이때의 이산화탄소는 높은 압력 때문에 초임계 유체상태로 존재하기 때문에 거동이 매우 느리고 그 사이에 주변 지층이나 지중 유체와 반응하여 고착 또는 용해된다.

이산화탄소의 지중 저장에 적합한 지층은 장기적으로 안정하고 높은 주입 능력, 저장 능력 및 밀봉 능력을 동시에 가지고 있어야 한다. 현재 전 세계적으로 이산화탄소 지중 저장이 실제로 가장 많이 이루어지고 있는 지층으로는 대염수층, 석유·가스층, 석탄층 등이 있다. 이러한 3대 이산화탄소 지중 저장 대상 지층 외에도 현무암, 석유질 셰일, 암염굴 및 폐광산 등에 이산화탄소를 저장하기도 한다.

지금까지 평가된 대염수층, 석유·가스층, 석탄층의 전 세계적인 잠재 저장 능력은 각각 100～1000 GtC, 100 GtC, 10～100 GtC이다. 특히 이 중에서 대염수층의 저장능력은 가장 큰 이산화탄소 저장소인 해양의 저장 능력 1000 GtC에 육박한다.

② 고갈된 유전 및 가스전 저장

고갈된 유전 및 가스전은 이미 개발이 완료되어 지질학적 특성에 관한 많은 정보를 보유하고 있으며 기존의 생산설비 기술들을 효율적으로 활용하면 단기간 내에 가장 저렴한 비용으로 안전하게 이산화탄소를 저장할 수 있다. 이런 특성을 활용하여 과거부터 고갈된 유, 가스전은 가스 저장소로 활용되어 왔으며 대표적으로 1915년 캐나다에서 성공적으로 천연가스를 지중에 주입한 첫 번째 프로젝트가 있다. 이러한 과거의 선행연구를 바탕으로 현재 북중미와 유럽 등 지역에서 이산화탄소를 고갈된 유, 가스전에 저장하는 연구가 활발히 진행되고 있다.

③ 원유회수 증진 저장법(EOR)

원유회수 증진 저장(Enhanced Oil Recovery) 법은 기존의 석유시추 과정에서도 생산효율을 증대시키기 위해서 유, 가스전에 이산화탄소를 주입하는 공정이다. 즉, 유, 가스전에서 보통 자연적인 압력차에 의한 원유의 1차 회수율은 약 5%～40%이고, 추가적으로 물의 주입을 통한 2차 회수율은 약 10%～20%이다. 이와 같이 낮은 회수율을 증대시키기 위해서 석유생산공정에서 3차 회수를 위해 생산중인 유전에 이산화탄소를 주입하는 오일회수증진법을 활용하여 시도하는 방법도 사용되고 있다.

전 세계적으로 2000년까지 84개의 오일회수증진법을 이용한 프로젝트가 추진되었으며 대표적인 사례로는 이산화탄소 육상지중저장의 경우 상업용인 캐나다의 Weyburn, 이산화탄소 해저지중저장은 연구 개발 단계인 호주 남동쪽 연안에 위치한 Monaxh 프로젝트를 들 수 있다.

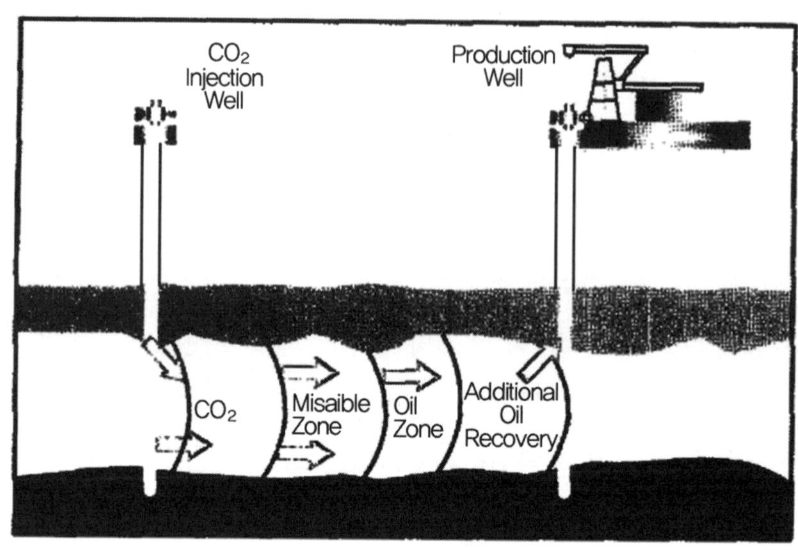

그림 3-2. 원유회수 증진 저장(EOR법)에 의한 CO_2 저장기술

④ 가스회수 증진법(EGR)

가스회수 증진법(Enhanced Gas Recovery)은 가스전에서의 가스 회수율을 증진시키기 위해 이산화탄소를 주입시키는 방법이다. 대표적인 사례로는 In Salah 프로젝트, Snohvit 프로젝트가 있다. 국내의 경우 캐나다, 유럽 및 미국과 같이 대규모의 유, 가스전을 보유하고 있지 않지만 소규모의 천연가스를 생산하고 있는 동해-1 가스전(2004년~2018년)을 활용하게 되면 향후 최대 약 1~2억톤의 이산화탄소를 해저지중에 저장할 수 있을 것으로 예측되어진다.

⑤ 대수층(심부염수층) 저장

심부 염수층은 전 세계적으로 대륙과 연안 해저 아래에 폭넓게 분포되어 있어 이산화탄소의 주 배출원인 발전소로부터 접근성이 용이하며, 그 잠재적 저장용량은 지중저장소들 중에서 가장 큰 것으로 알려져 있다.

장기간 안정적으로 이산화탄소를 저장하기 위한 적합한 지질학적 구조는 많은 양의 이산화탄소를 균일하게 주입할 수 있는 투수성이 높은 저장소와 상부에 주입된 이산화탄소의 누출을 방지하는 불투성인 덮개암이 존재해야 하므로 기술적, 구조지질학적 측면에서 유, 가스전과 유사하다.

이산화탄소 저장이 가능한 심부 염대수층은 보통 해저면으로 부터 약 800m 심도 이상의 배사구조를 가지되 상층에 불투과층이 발달된 지층들이다. 이 지층에 이산화탄소가 주입되면 놓은 압력(7.38MPa)과 온도(31.4℃)에 의하여 높은 밀도로 저장이 가능한 초임계상태에 도달하게 되어 이산화탄소의 저장효율이 높아진다.

대표적인 사례로는 미국의 Frio, 노르웨이 북해의 Sleipner, 알제리아의 Insalah, 일본의 Nagaoka 등에서 연구가 수행되고 있다. 노르웨이에서는 연간 1 Mt의 이산화탄소를 Sleipner 지역의 대수층에 저장하고 있다.

향후 국내에서는 한반도 주변 대륙붕을 탐사하여 보유하고 있는 기존의 물리탐사 및 시추자료를 재분석하고, 일부 이산화탄소 저장후보지역을 대상으로 추가적인 정밀 탐사를 통해 유망 격리 후보 지역을 선정하여 심부 염대수층을 활용한 이산화탄소 해양지중저장을 추진할 가능성이 매우 높다.

그러나 이산화탄소를 저장하기 위한 대수층은 다음 몇 가지의 물리화학적 특성을 가져야한다.

- 대수층의 깊이가 약 800m 이어야 한다.(이 깊이 이상에서는 이산화탄소의 수력학적 압력이 임계압 이상으로 초임계상태로 존재하며 물보다 높은 밀도를 갖는다.)
- 대수층은 반대수층(aquitard)로 덮여있어서 식수와 표층수의 공급으로부터 대수층이 수문학적으로 분리되어 있어야 한다.
- 대수층은 이산화탄소 주입부 근방에서 충분한 다공성 및 침투성을 갖고 있어야한다.
- 지역적인 침투성이 낮아 대수층에서의 이산화탄소의 체류기간이 높아야 한다.

⑥ 석탄층 메탄회수 증진법(ECBM)

석탄층 메탄 회수 증진법(ECBM;Enhanced Coal Bed Methane)은 메탄을 함유한

석탄층으로 주입정을 통해 이산화탄소를 주입하면 석탄 표면에 흡착되어 있는 메탄을 이산화탄소가 선택적으로 치환하여 메탄의 탈착이 촉진됨에 따라 생산정을 통하여 메탄의 생산성이 향상될 수 있다. 이러한 석탄층 메탄회수 증진법(ECBM)은 이산화탄소를 지중에 저장함과 동시에 메탄을 생산하여 경제적인 효과를 발생시키는 점에서 유, 가스전 방법과 유사하지만 기술적인 측면에서는 지질학적 구조를 이용한 EOR, EGR 방법과는 다르다. 특히 2~3개의 이산화탄소 분자는 하나의 메탄 분자를 치환할 수 있는 높은 흡착력을 갖기 때문에 석탄 채광을 더 이상 하지 않는 폐석탄층일 경우 석탄층 메탄회수 증진법을 고려할 수 있다.

대표적인 사례로는 Burlington Resources Allison Unit 파일럿 프로젝트가 있으며, 네덜란드 Peel, Zuid Limburg, Achterhoek 및 Zeeland 지역의 잠재적인 저장용량과 그 기술적, 경제적 실현 가능성을 위한 구체적인 연구가 수행된 바가 있다.

국내의 경우 이미 육상 석탄 채광이 거의 개발되어 경제성이 없는 것으로 평가되고 있으나, 이 방법의 적용가능성을 면밀히 검토할 필요성이 있다. 아울러 향후 육상심부와 대륙 연안의 해저지중에 추가적인 정밀 지질 탐사를 통하여 이산화탄소를 저장할 수 있는 석탄층 존재 가능성을 지속적으로 조사할 필요가 있다.

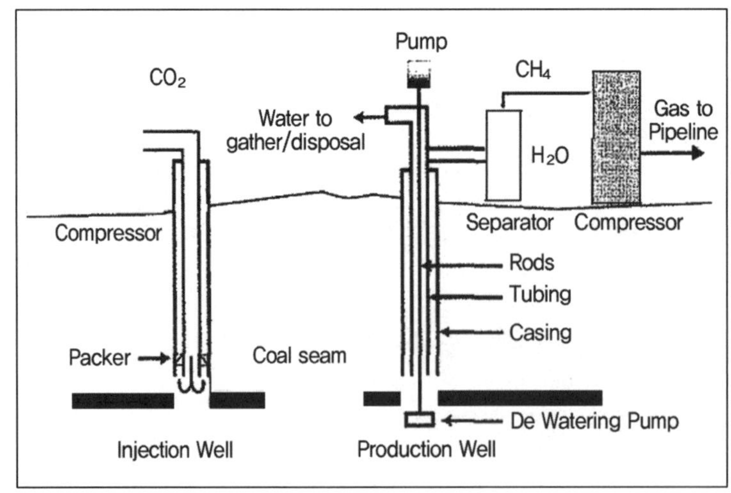

그림 3-3. 석탄층 메탄회수 증진법(ECBM)에 의한 CO_2 저장기술

⑦ 기타 저장 기술

- 해양 저장 기술 : 기체, 액체, 고체 또는 수화물 상태로 이산화탄소를 해양이나 해저 바닥에 저장하는 기술 - 용해/희석법
- 심해격리 저장법 : 해저 약 3000m 수심의 심해에 CO_2를 주입하여 해수보다 밀도가 큰 CO_2의 특성을 이용해 해저에 포섭 화합물로 덮인 CO_2 Lake를 형성하게 하는 방법
- 해양 저장 기술이 시도되지 못하고 있는 이유 :
  - 이산화탄소의 해양 주입은 해양 생태계를 비교적 빠른 속도로 파괴시키는 것으로 알려지고 있다.
  - 해양 자체가 열린계로서 대기와 함께 탄소 순환을 형성하기 때문에 주입된 이산화탄소의 장기적이고 안정적인 해양 내 저장을 보장할 수가 없다.
- 이산화탄소의 탄산염 광물화 : 이산화탄소를 주로 칼슘과 마그네슘 등의 금속 산화물과 화학적으로 반응시켜서 불용해성의 탄산염 광물 상태로 이산화탄소를 저장하는 기술

3.1.2 이산화탄소의 산업적 이용

(1) 이산화탄소 플라스틱의 제법

이산화탄소로 플라스틱을 만드는 기술의 핵심은 촉매다. 프로필렌옥사이드와 이산화탄소를 56대 44로 섞은 뒤 여기에 '슈퍼-액티브 촉매'를 넣어주면 화학반응을 통해 고체물질이 생기는데 이게 바로 이산화탄소 플라스틱이다.

ex) SK에너지는 이 이산화탄소 플라스틱의 상표명을 '그린-폴'(Green-Pol)로 정하고 세계 최초의 상업공정을 가동하겠다는 목표로 기술을 가다듬고 있다.

(2) 제지생산의 원료로 사용

고려아연(주)회사가 운영하는 열병합발전소에서 발생되는 배기가스 내 이산화

탄소를 스팀과 함께 제지기업인 한국제지㈜에 공급하고, 한국제지㈜는 이산화탄소와 스팀을 제지생산을 위한 원료 및 유틸리티로 활용하는 사업을 추진하고 있다.

(3) 탄산화물의 활용

탄산화물인 석회석을 포함한 탄산칼슘은 도로 건설용 응집제, 시멘트 클링커, 제지 산업에서부터 식품 첨가물까지 많은 산업적 용도로 사용하고 있으며, 또한 화학적 가공을 통해 의약품이나 식품산업에도 이용하고 있다.

3.1.3 이산화탄소의 고정화 및 제거기술

(1) 화학적 이용기술

CO_2가 유기화합물의 연소, 즉 화학에너지의 이용과정에서 발생한다는 것을 생각하면 이를 다시 쓸모 있는 화합물로 바꾸기 위해서는 화학적인 방법을 이용하는 것이 합리적이다. 이때에 생성물로서 무엇을 합성하는가가 문제로 되지만 CO_2는 이른바 산소과잉의 탄소화합물이라는 사실에서 이 문제는 CO_2로부터 어느 정도 산소를 제거할 것인가에 돌아가게 된다. 생성물의 용도로는 연료 및 원재료를 생각할 수 있지만 연료로 이용하기 위해서는 산소를 가능한 한 제거하는 동시에 수소를 첨가할 필요가 있다. 그러나 이를 위해서는 CO_2가 발생할 때에 방출된 것과 같거나 그 이상의 에너지를 필요로 하는 것은 명백하다.

현재 한창 연구되고 있는 인공광합성 기술은 식물을 모방하여 태양빛을 그 에너지원으로서 또 물을 수소원으로써 이용하려는 시도이다. 한편 CO_2의 원재료화에서는 실리실산 합성에서 볼 수 있는 것과 같이 반드시 산소를 제거하는 것이 아니고 O-C-O 골격을 남겨둔 채 유용한 화합물로 바꾸기 때문에 많은 에너지를 필요로 하지 않는다. 그 반면 CO_2의 반응상대의 선정, 그 합성법 또는 생성물의 용도개발 등이 문제로 된다.

(2) 바이오 기술

생물에 의한 CO_2의 고정은 매우 많은 종류의 생물종에서 볼 수 있지만 그를 대표하는 광합성에 의한 CO_2 고정에 관해서도 그 상세한 생리적 기작은 불명확한 점도 많다. 또 CO_2를 고정하는 곳도 육상(담수권도 포함)에서 해양까지 지표역의 거의 전역에 이르고 있지만 관여하는 생물종이나 고정 방법에 대하여는 알려지지 않은 부분도 많은 것이 현실이다.

① 식물의 광합성

새로 태어난 지 얼마 안 된 지구 대기 중의 CO_2는 50기압 이상이었으나 점차 해수에 용해되어 30억년 전에는 0.1기압 정도로 되었다고 한다. 그 후 가장 오래된 광합성생성물인 남조가 출현하고 물의 광분해로 인한 산소의 생성, CO_2 고정, 산호의 증식 등에 따라 석회로서 대량으로 바다 밑으로 축적되었다. 더욱이 수억년 전에는 양치식물의 번식으로 인한 CO_2 고정화가 진행되어 석탄으로서 땅속에 축적되었다.

이 같은 결과로서 대기 중 O_2의 증가와 CO_2 고정화로 인한 CO_2의 뚜렷한 감소가 달성되어 그 뒤에 고등생물의 출현과 생존이 가능하게 되었다는 점에서 이들 광합성 식물이 달성한 역할과 의의는 대단히 큰 것이라 할 수 있다.

자연환경 아래서의 광합성은 태양에너지를 사용하여 CO_2와 물로부터 당과 O_2를 생성하는 반응이다. 태양에너지가 광합성에 어느 정도 이용되는가를 생각해 보면 먼저 지표에 이르는 태양광의 약 반이 이용될 수 있는 가시광(700nm)이고 나머지는 이용될 수 없는 적외선이다. 더욱이 광에너지가 화학에너지로 이용되는 교환효율이 약 30%이기 때문에 최종적으로 광합성에 이용되는 태양 에너지는 겨우 15% 정도이다.

그러나 실제의 태양에너지 이용효율은 0.1% 이하이지만 그 양은 인류의 연간 소비 총에너지의 10배 정도에 상당하기 때문에 지구상에서 광합성능의 증진을 꾀할 여지는 상당히 크다고 말할 수 있다. 어떻든 현재 증대를 계속하고 있는 CO_2 문제의 해결에는 광합성능의 대폭적인 향상이나 산호충, 패류에 의한 CO_2 고정능의 향상 등, biotechnology를 구사한 생체기능의 향상이 상당히 큰 비중을 차지한다고 말하여도 과언은 아니다.

② 해양생물에 의한 $CaCO_3$형성

$CaCO_3$를 침착 또는 형성하는 해양생물에는 산호류, 원생동물, 연체동물, 갑각류, 척추동물 등 동물 외에도 석회조로 일컬어지는 식물 등 많은 종류가 알려져 있지만, CO_2 고정능의 관점에서는 석회조와 산호류가 이들 생물을 대표할 수 있다.

3.2 지구온난화를 억제하는 지구공학 기술

2010년 10월에 우리나라 부산에서 개최되었던 제32차 IPCC 총회에 참석차 내한한 피차우리 의장이 IPCC는 나날이 심각해져가는 지구온난화에 따른 기후변화의 문제를 해결하기 위한 방안의 하나로 지구공학의 방법을 본격적으로 다루어가겠다고 밝혔다. IPCC에서는 2013년에 발간될 제5차 보고서에서 지구공학에 대한 평가를 포함시키겠고 한다. 지구공학(geo-engineering)이란 기후변화를 막기 위해 지구의 환경을 인위적으로 바꾸는 기술을 다루는 학문 분야를 총칭하여 일컫는다.

지구온난화로 뜨거워진 지구 자체를 환자로 보고 인공적으로 기후를 변화시키려는 공학기술인 지구공학은 이산화탄소 감축(mitigation), 기후변화 적응(adaptation)과 함께 인류가 지구온난화에 대응할 수 있는 3대 주요 방식 가운데 하나이다. 그러나 지구환경에 예상치 못한 부작용을 일으키는 위험성도 내포하고 있기 때문에 그동안 지구공학의 방법에 관해서 본격적으로 논의하는 것 자체도 터부시되고 있었다. 그런데 IPCC가 지구공학의 여러 방법들에 대해서 장단점을 본격적으로 평가하여 지구공학이 기후변화를 막는 유력한 옵션이 될 수 있는 것인지 여부를 발표하겠다는 것이다.

IPCC는 2007년에 발표한 4차보고서에서 원자력 발전이 기후변화에 대한 기술적 대안이 될 수 있다고 발표하여, 원자력발전에 부정적이던 유럽연합(EU)조차 신규 원전 도입을 검토하는 등 전 세계에 원자력 르네상스를 여는 데 견인차 역할을 했었다. 원자력발전의 사례와 같이 IPCC가 5차 보고서에서 지구공학을 긍정 평가할 경우에는, 그동안 강력한 반대의견에 막혀있던 지구공학 관련 연구·실험 등이 급속 하게 확산될 지도 모른다.

이를 계기로 우리나라에서도 지구공학에 대한 관심이 높아지고 있는데, 이 단원에서는 이 문제를 다루어 보도록 하자.

지금까지 제시되고 있는 지구공학의 방법을 정리한 것이 <그림 3-4>이다. 그림에 제시된 중요한 지구 공학적 방법을 각 항목별로 정리해 보면 다음과 같다.

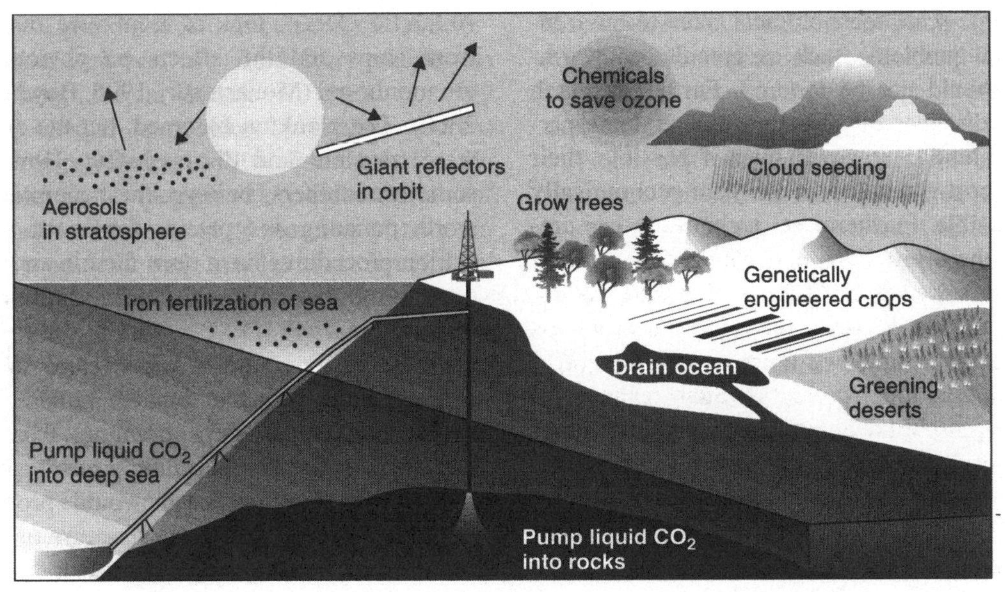

그림 3-4. 지구온난화 문제를 완화할 수 있는 지구환경공학과 관련 기술
(Keith D.W., 2001. Geoengineering. *Nature* 409: 420. Copyright(2001) Macmillan Magazines Limited, with kind permission of Kluwer Academic Publishers).

(1) 인공 양산(sunshade)

미국 애리조나대학의 천문학자인 에인절(R. Angel)이 제안한 프로젝트이다. 원반 모양의 유리판 16조(兆)개를 우주 공간에 쏘아 올린 뒤 길이 약 10만㎞에 이르는 고정된 형태의 긴 띠 모양의 인공 양산을 만들어 지구로 쏟아지는 햇빛을 차단하자는 아이디어다. 이 인공 양산이 태양복사에너지가 지구로 유입되는 양을 줄여 지구의 온도를 떨어뜨림으로써 지구온난화로 인한 기후변화를 막을 수 있다는 것이다.

이 아이디어의 핵심은 유리판들이 우주 공간을 떠돌지 않도록 지구에서 약 150만㎞ 떨어진 라그랑지 점(Lagrangian point)까지 쏘아 올려야 한다는 것에 있다. 라그랑지 점에서는 태양과 지구의 중력이 서로 균형을 이루기 때문에 유리판들이 고정될 수 있다. 그러나 수많은 유리판을 우주로 쏘아 올리는 데 드는 비용 문제와 함께, 인위적으로 태양에너지가 지구로 유입되는 양을 줄일 경우, 강우량이 줄어들면서 지구의 물 순환 체계가 교란되고, 식물의 생장에도 부정적 영향을 미쳐 지구환경에 큰 재앙으로 작용할 것이라는 등의 반론을 받고 있다.

(2) 인공 구름

바닷물을 대량으로 증발시켜 구름의 양을 인위적으로 늘림으로써 태양에너지가 지표로 유입되는 양을 줄이자는 것으로, 미국의 라탐(J. Latham) 교수 등이 제안했다. 구름의 양을 늘려 지구로 쏟아지는 햇빛의 양을 3%정도만 더 차단할 수 있어도 지구온난화의 문제는 해결할 수 있다고 주장한다. 이것의 원리는 간단하다. 특수 실린더가 설치된 요트 수천 개를 해상에 띄워 바닷물을 끌어올린다. 이 바닷물은 실린더를 통과하는 과정에서 1만분의 1㎝ 크기의 아주 작은 물방울로 증발돼 대기로 분사되는데, 물방울에 섞인 염분이 씨앗으로 작용해 구름을 만들어낸다는 것이다.

이 방식 역시 '인공 양산'처럼 햇빛이 차단되면서 생기는 부작용이 있을 수 있지만, 라탐 교수 등은 "필요할 경우 요트의 수를 줄이거나 늘리는 방식으로 인공

구름의 양을 제어할 수 있다는 것이 장점"이라고 주장한다.

(3) 인공 나무

1970년대에 지구온난화라는 용어를 처음 만든 영국의 브로커(W. Broecker) 박사 등은 특수 재질의 플라스틱 막(膜) 장치를 부착한 인공 나무 아이디어를 제안하였다. 지구 곳곳에 높이 15m, 지름 2m 가량의 인공나무 6000만 그루를 심어 공기가 인공나무의 막을 통과하는 과정에서 온실가스인 이산화탄소(CO_2)를 흡수하게 한 뒤, CO_2를 땅이나 바다 밑에 영구 저장하자는 것이 요지다. 정수기 필터가 오염물질을 걸러내는 것처럼 인공나무가 '탄소 집진기' 역할을 하는 셈이다. 지금까지 제안된 지구공학 방식 가운데 부작용이 가장 적은 방식으로 꼽히고 있다.

(4) 철분을 이용한 해양플랑크톤 증식

바다에 철분을 뿌려 플랑크톤을 대량 번식시킨 뒤 플랑크톤이 광합성 작용으로 대기 중의 CO_2를 흡수하도록 하자는 방식이 있다. 식물플랑크톤이 대량 번식되면 광합성을 통해 이산화탄소를 제거할 수 있고, 성장한 플랑크톤의 사체가 해저로 침강하게 되면 바다 속에 이산화탄소를 효과적으로 저장해둘 수 있다는 아이디어이다. 실제로 2007년 미국의 한 회사가 태평양 해역에서 철가루를 뿌리는 실험도 했으나, 해양 생태계에 미치는 부작용이 크다는 반발에 부딪혀 중단됐다.

그림 3-5. 식물 플랑크톤의 먹이가 되는 철을 바다에 뿌리는 모습

(5) 성층권에 에어로졸 방출

1991년 필리핀의 피나투보 화산이 폭발했을 때 약 1년 동안 지구가 냉각된 사건에서 아이디어를 얻었다. 과학자들은 화산에서 뿜어져 나온 황산염 입자가 햇빛을 반사한다는 사실을 알아냈고, 이어한 자연의 원리를 이용해 보자는 것이다. 즉, 대형 항공기나 발사체를 이용하여 하부 성층권에 다량의 먼지를 산포시켜 태양광의 유입을 막는 방법으로 태양에너지가 지표로 입사되는 양을 줄이는 방식이다. 태양복사에너지의 유입을 차단시켜 지구온난화를 해결하고자 하는 이런 방식들은 공통적으로 지구생태계를 위협할 수 있는 수많은 문제를 안고 있다. 예를 들면, 지구로 입사하는 태양에너지를 줄이면 온실효과만 줄이는 것이 아니라 곡물과 다른 자연식생들의 광합성을 줄여 농업생산량과 숲의 생산성을 감소시키게 될 것이다.

(6) 에어 캡처

이산화탄소 배출량을 줄이기가 어렵다면 일단 대기 중으로 배출된 이산화탄소를 포집하여 줄이자는 것이다. 공기를 포집해 그 안에 있는 이산화탄소를 따로 저장하는 기술이다. 이 방법은 자동차나 비행기에서 나오는 이산화탄소를 흡수할

그림 3-6. 공기포집 에어캡처

그림 3-7. 사막 햇빛 반사판

수 있는 유일한 방법으로 꼽히고 있다. 이산화탄소 배출이 많은 도심 곳곳에 에어캡처 기술을 이용한 이산화탄소 포집기를 설치하는 방식이 제안되고 있다. 캐나다 캘거리대학의 연구진은 100 kWh 정도의 전기로 대기 중의 이산화탄소 1톤을 제거하는 기술을 선보였다. 환경에 해가 적은 데다 나노기술이 발달하면 지금보다 훨씬 높은 효율로 이산화탄소를 흡수할 수 있을 것으로 기대되고 있다.

(7) 심해수를 이용한 대기온도 하강기법

가이아 이론으로 유명한 영국 과학자 제임스 러브록은 영양분이 풍부한 심해수를 끌어올리는 '해양 펌프'를 제안했다. 실제로 비슷한 실험 시스템을 구축한 미국 기업 앳모션은 200m 길이의 대형 파이프 1억3400만 개를 설치하면 인간이 배출하는 이산화탄소 3분의 1을 제거할 수 있다고 주장하고 있다.

(8) 사막 햇빛 반사판 설치

지구표면의 약 2%를 차지하는 사막에 반사판을 설치하면 햇빛을 반사시켜 지구의 온도를 낮출수 있다. 하지만 사막생태계와 대기 순환에 영향을 줄 수도 있다. 알비아 게스킬은 2004년에 쓴 '전지구 알베도(햇빛을 반사시키는 비율) 향상 프로젝트'에서 폴리에텔렌 알루미늄으로 반사판을 만들이 사막의 알베도를 0.36에서 0.8로 올리면 전 지구적으로 냉각효과가 -2.75 W/m^2로 나타날 것으로 말했다. 사막에 반사판을 설치하면 알베도를 줄이는 효과를 가져와 지구온난화에 도움이 될 수는 있지만, 사막에 반사판을 설치하면 사막의 생태계가 변화하고 사막의 용도가 한정되는 단점이 있다.

(9) Bio-Char 기법

바이오좌(biochar)는, 대기 중 이산화탄소 흡수를 목적으로 계획 식목된 식물잔해를 포함한 다량의 바이오매스를 수거한 후에 공장에서 이를 숯(charcoal)으로 전환시키는 것이다. 이 숯을 토양에 비료로 넣어 토양 질을 향상시키는 것이다.

2008년 12월 덴마크 코펜하겐에서 개최된 국제 기후변화협의에는 이러한 바이오촤에 대한 의제가 초안에 넣어졌다. 바이오촤 옹호론자들은 바이오촤가 매해 5.5~9.5 기가 톤(Gt)의 이산화탄소를 흡수할 수 있다고 주장하였다. 잠비아, 가나, 레소토, 모잠비크, 나이지리아, 세네갈, 스와질랜드, 탄자니아, 우간다, 잠비아 및 짐바브웨 등의 아프리카 국가들은 모두 세계 탄소 거래(탄소 배출과 흡수에 대해 재정적으로 보상 및 세금을 내는 것)에 있어 바이오촤를 이용하여 토양 내에 탄소를 격리시키는 것을 포함시키기를 주장하고 있다. 이들 국가들은 바이오촤를 이용한 탄소격리가 토양질이 낮은 땅을 재생하는 수단으로서는 물론, 기후변화, 식량 및 에너지 보장을 위한 하나의 해결책이라고 주장하였다.

반면에 바이오촤를 포함한 지구공학에 반대하는 단체들의 활동도 활발하다. 이들 단체가 발표한 "바이오촤, 인류, 토양 및 생태계에 대한 새로운 큰 위험"이라는 보고서에 따르면, 바이오촤라는 야심 찬 계획은 산업적 나무 및 작목 경작을 위해 5억 헥타르의 토지를 이를 위해 사용해야 한다는 것을 의미한다고 경고하고 있다. 소규모 농업생산자 모임, 산림보호 단체, 국제 환경 네트워크 및 인권 보호단체등으로 구성된 이 단체는 정부들에게 대기 중으로부터의 탄소 제거 능력과 바이오촤 이용에 따른 부수적 효과에 대한 중대한 과학적 불확실성이 있기 때문에 바이오촤에 대한 깊이 있는 연구를 수행할 것을 촉구하였다.

(10) 해수면 상승을 해결하는 방법

지구온난화에 따른 해수면 상승의 문제를 해결하는 지구공학의 기술도 제안되고 있다. 육지로 둘러싸인 내해에 거대한 담수 저장시설을 만들고 해수면보다 낮은 지반 침하지역으로 바닷물을 유인할 것을 제안하였다. 현재 전 세계에는 해수면보다 상당히 낮은 지역이 여럿 존재한다. 캘리포니아의 Imperial Valley, 이집트 북서부의 Qattara Depression, 이스라엘과 요르단 사이에 있는 Dead Sea reft valley, 아르헨티나의 Salina Gaulicho, 그리고 에디오피아에 있는 Eritrea Depression이 여기에 속한다. 또한 해수면고도에서 이들 저지대로 해수를 떨어뜨릴 때에 통로를 따라서 발전설비를 갖추면 대규모의 전기를 생산할 수도 있다. 사실, 이 사업의 공학적 가능성을 사해를 대상으로 시도해 본적이 있다. 약 6,000㎦의 해수를 지중해에서 사해로 옮길 수 있다. 이것은 1990년에서 2050년까지 발생할 해수면 상승분의 50% 이상을 상쇄시킬 수 있는 양으로 추정된다. 하지만, 농업생산량이 많고 사람이 많이 거주하고 있는 요르단 계곡(Jordan Valley)은 범람될 것이다.

지구공학자들은 지구공학 기술이야말로 지구를 구할 수 있는 마지막 아이디어라고 주장하지만, 이에 반대하는 목소리도 크다. 정말 효과가 있겠느냐는 주장에서부터 지구공학의 기술이 환경에 미칠 악영향을 우려하는 것에 이르기까지 다양하다. 앨런 로복 미국 럿거스대 교수는 "지구공학은 예상하지 못한 결과를 낳을 수 있다"며 "병보다 위험한 치료법"이라고 주장하고 있다. 반면 브라이언 라운더 영국 맨체스터대 교수는 "이산화탄소의 대대적인 감축 또는 지구공학 없이는 인류 문명은 손자 세대에서 끝날 것"이라고 지구공학을 적극 옹호하고 있다.

3.3 탄소흡수원

3.3.1 탄소흡수원(carbon sink)이란?

2005년 2월 16일 발효된 교토의정서는 선진국의 비용효과적인 온실가스 저감의무 달성을 돕기 위해 교토메카니즘이라는 신축성 있는 이행체계의 도입뿐만 아니라 추가적이고 보조적인 저감수단도 명시되어 있는데 그 중 대표적인 것이 산림을 비롯한 탄소흡수원(carbon sink)의 활용이다. 즉 산림은 광합성을 통해 이산화탄소를 탄소로 전환하여 토양이나 바이오메스에 저장하는 능력이 농작물보다 우수하기 때문에 농지의 산지로의 용도변경이나 또는 신규조림이나 재조림을 통한 산지조성을 모두 온실가스 저감대책으로 활용할 수 있다는 것이다.

이와 같은 배경아래 국제사회에서는 기후변화협상의 토지이용(land use), 토지이용변화(land use change)나 임업 관련활동에 대한 관심과 연구가 활발히 진행되고 있다.

3.3.2 식생의 탄소 흡수 저장량 산정

식생의 탄소 저장량이란 수목이 생장하면서 여러 해에 걸쳐 축적된 양을 의미하는 것으로써 수목의 바이오매스에 따른 탄소 저장량을 의미하며 탄소흡수량이란 수목이 한 해 동안 성장하면서 흡수한 탄소량으로 정의할 수 있다. 즉 탄소저장량은 수목의 바이오매스에 따른 탄소량이기 때문에 현재 또는 예측시점 까지 수목 자체가 보유하고 있는 탄소량이라고 볼 수 있으며 탄소흡수량은 해당년도에 수목이 성장하면서 흡수하는 연간탄소량으로 볼 수 있다. 식생의 탄소 저장량산정은 임목 축적 통계 자료 또는 국가 산림 지도 임상도에서 제시하고 있는 등급별 이산화탄소 저장계수를 활용하는 방안이 있으나 이는 주로 광역 지역을 대상으로 적용하는 방법이므로 환경영향평가 대상 사업인 단위 개발사업인 경우에는 적용오차가 커질 수 있다. 따라서 현재 환경영향 평가서 작성 시 식생도와 녹지 자연도를 조사함에 있어 대상지역의 식생별 표본지역을 선정하고 표본지역내 수목의 흉고 직경 또는 근원 직경, 수고, 개체 수 등을 파악하여 사업 지구 전체적인 수목량을 파악하는 방법을 사용하고 있으므로 이들 자료와 생체량 방정식을 이용하여 탄소저장량을 산정하는 방법이 있다.

3.4. 신재생에너지

3.4.1 태양에너지

지상에 존재하는 모든 에너지는 궁극적으로 태양으로부터 온 것이며, 지금도 계속되고 있고, 앞으로 50~100억 년은 지속될 것이라 예측한다.

(1) 태양 에너지의 원리

자연 에너지 중에서 어느 것과도 비교할 수 없을 정도로 가장 큰 자원량을 가지고 있는 것은 태양에너지이다. 태양의 표면은 약 6,000℃이며, 중심부는 그것의 2,500 배인 약 15,000,000℃의 고온을 유지하고 있다.

이 막대한 열(에너지)은 본질적으로 태양을 구성하고 있는 주성분인 수소원자($_1H^1$)들 사이에 핵융합이 일어나서 헬륨원자($_2He^4$)를 만들 때, 감소하는 질량이 에너지로 전환한 것이다. 이를 핵 반응식으로 나타내면 아래와 같다. 여기서 $_1H^1$은 수소, $_1H^2$는 중수소, $_2He^4$는 헬륨, $_2He^3$은 헬륨의 동위원소, 그리고 $_1e^0$은 소실된 질량, 즉 양전자에 해당한다. 그리고 이 반응식에는 일차적으로 생성된 헬륨의 동위원소들 사이에 핵융합도 포함될 수 있다($_2He^3 + {}_2He^3 \rightarrow {}_2He^4 + 2{}_1H^1$).

$$_1H^1 + {}_1H^1 \rightarrow {}_1H^2 + {}_1e^0$$
$$_1H^1 + {}_1H^2 \rightarrow {}_2H^3$$
$$_2H^3 + {}_1H^2 \rightarrow {}_2H^4 + {}_1e^0$$

$$4{}_1H^1 \rightarrow {}_2He^4 + 2\,{}_1e^0$$

태양광선은 감마선, X-선, 자외선, 가시광선, 적외선, 단파, 초단파, 중파 및 장파 등의 모든 파장의 광선들이 포함된다. 그러나 지구는 주로 자외선, 가시광선 및 적외선의 3종류의 광선을 받아 조명과 열, 살균, 식물의 광합성 등 다양한 형태로 인간에게 혜택을 주고 있다. 그리고 앞으로 이야기할 수력, 풍력, 파력 및 바이오매스 등도 간접적으로 태양에너지의 이용이다.

태양은 지구의 표면에 단위 시간 당 최대 1 kW/m^{2}의 에너지를 공급하고 있으며, 연평균 약 170 kW/m^{2}의 낮은 에너지 밀도를 나타내고 있다. 그러나 이것을 지구표면에 쪼이는 총 에너지량으로 환산하면, 6.55×10^{26} kcal가 되고, 전 세계 에너지 소비량인 $7.8\text{x}10^{16}$ kcal의 8,400배에 해당한다.

(2) 청정에너지로서의 태양 에너지

화석연료나 핵 발전용 연료 등의 고갈을 염려하고 있는 시점에서, 언제가 될지는 모르지만, 인류가 가장 크게 기대하는 자원은 앞으로 무진장으로 이용할 수 있는 태양에너지를 싼값에 이용할 수 있는 방법을 개발하는 일이다. 아직까지는 요원한 일이기는 하지만, 여기서 몇 가지 가능한 방법을 상상해 보자. 이들은 모두 청정에너지(clean energy)에 해당된다. 다만 태양전지와 태양열을 이용한 물의 분해와 인공 엽록소의 개발 등은 별도의 항에서 설명한다.

① 태양열의 저장

: 낮 동안에 태양광선을 집열판에 충분히 받아서 저장했다가 밤이나 겨울에 쓸 수 있게 하는 일이다. 물론 값도 싸고 효율성도 높아야 한다. 그리고 가능하면, 거대한 인공위성을 대기권밖에 띄워서 거기 설치된 반사경으로 햇빛을 지구로 보내서 집열하는 방법도 생각할 수 있다. 물론 이 경우는 지상을 덮고 있는 구름을 흩어버리는 기술도 병행해야 한다.** 태양전지의 개발은 별도의 항에 설명한다.

② 생물자원의 성장에 태양열의 이용

: 식물들이 적당한 기후조건하에서 스스로 성장하고 번식하듯이, 식물의 성장조건 특히 태양에너지의 섭취를 적절히 할 수 있도록 인간들이 기술적으로 도와주는 일이다. 이러한 기술이 개발되면 식물과 작물을 필요한 만큼 재배할 수 있을 것이며, 동물 자원도 전혀 부족함이 없이 공급될 수 있을 것이다.**

③ 에너지를 이용한 '복합기술' 및 '총합기술'의 발전

: 이상에 제시한 태양에너지 개발방법을 몇 가지 또는 전부를 성공한다면, 나머지의 문제는 기술적으로 모두 해결할 수 있다. 에너지만 충분히 공급될 수 있다면, 과학적으로나 경제적으로 다른 모든 문제의 해결에 대한 장해는 어렵지 않게 제거될 수 있을 것이다. 부족한 다른 지구자원을 이용하지 않고도 태양에너지만을 이용할 수 있을 때를 가정해 보자. 우선 아직 남아있는 지구자원을 효율적으로

관리하고, 채취하고, 보관하였다가 적절한 곳에 유효하게 쓸 수 있을 것이다.

(3) 태양열 시스템

건물의 냉난방에 이용되는 태양열 시스템은 자연형(passive)과 설비형(active)으로 대별된다.

① 자연형 시스템

이 시스템의 기본 개념은 동력 또는 복잡한 설비를 건물에 설치하지 않고, 자연광을 여름철의 냉방용과 겨울철의 난방용에 이용하는데 있다. 이 시스템은 간단하고 효용가치가 인정됨으로 주로 주택에 적용되고 있다. 예를 들면, 1988년에 미국 콜로라도 주와 뉴멕시코 주의 새로 지은 주택 중 약 20%가 이 시스템을 택하고 있다.

가장 효과적인 자연형 시스템은 주택의 설계단계부터 계절에 따라 다른 방향이 될 수 있는 그늘과 공기의 흐름, 태양방사 등의 요소를 고려하는 것이다. 이 시스템은 집열(collector)과 흡수(absorber), 저장(storage unit), 열분배(heat distribution), 열조절장치(heat control device) 등의 요소로 구성된다.

이 시스템은 주로 남쪽을 향한 큰 유리창을 통해서 입사하는 태양열을 집열하고, 이 열을 방바닥 또는 벽에 흡수 및 저장시킨 뒤, 실내온도가 내려갈 때 온도가 낮은 장소로 자연적으로 방사되도록 설계되어 있다. 유리창을 통해서 발코니를 온실화 하는 것을 예로 들 수 있다. 그러나 이 방법은 아주 추운 지방이나 겨울철의 실내온도를 유지하는데는 부족하다는 단점이 있다.

② 설비형 시스템

이것은 집열기와 축열조, 순환기 등을 설치하여 온수를 공급하거나, 건물내의 냉난방을 도모하는 시스템이다. 한국 도시의 중간 중간에 설립된 형대의 태양열 주택 또는 아파트는 이 형태인 것으로 추측된다. 현재 가장 중요한 용도는 냉난방 외에 수영장 및 온실등에 자주 이용되는데, 미국의 경우 1990년 현재 120만의 주택 및 상업용 건물에 사용되고 있다.

이 시스템의 가장 핵심은 집열기로서, 태양의 방사에너지를 열에너지로 전환하는 장치이다. 미국에서 가장 많이 보급되고 있는 집열기는 평판형 집열기인데, 대체로 폭 2~4피트, 길이 4~12피트, 두께 4~8인지로 구성되어 있다. 이 시스템은 순환방식에 따라 자연 순환식과 강제 순환식이 있다. 자연식은 밀도가 낮아진 온수가 집열기에서 축열 탱크로 자연적으로 이동할 수 있게 설계되어 있어서 매우 경제적이다. 강제식은 펌프를 사용하여 집열기 → 축열 탱크 → 집열기로 물을 지속적으로 순환시키는 시스템으로, 설비비용은 자연식보다 높으나 집열효과가 높다. 그리고 각 탱크들의 설치 위치에 제한이 필요 없어 대규모로 설치할 수 있는 장점이 있다.

③ 냉방시스템

태양열 온수기를 발전시켜 뜨거운 급탕 뿐 아니라, 건물의 난방은 물론, 냉방에 이용하기 위한 시스템도 가능하다. 이때는 집열기와 축열 탱크 외에도 냉동기와 냉각탑, 실내 열 교환기 등의 설비로 구성된다. 그러나 간단한 태양 온수기는 다른 에너지원과 경쟁이 가능하나, 건물 냉난방 겸용시스템은 가격 경쟁이 아직은 충분하지 않기 때문에 더욱 개량된 시스템의 개발이 요청된다.

(4) 태양발전

현재까지 개발되어 있는 태양발전에는 태양열 발전과 태양광 발전이 있다.

① 태양열 발전

지상에 설치된 오목(凹) 거울을 사용하여 그 초점에 태양의 열을 모으고, 이 고온을 이용하여 증기를 발생시켜 화력발전과 유사하게 증기터빈을 돌려 발전시킨다. 즉 시스템이 집광열 → 축열 → 열 전달 → 증기발생 → 동력 → 발전으로 구성되어 있다.

'곡면 집광식 발전'이라 부르는 이 시스템을 예로 들면, 오목 거울의 초점에 일직선으로 된 집열관을 설치하여, U형 곡면에 반사된 광선이 이 집열관에 집중하도록 설치되어 있다. 이 집열관은 주로 기름으로 채워져서 온도가 400℃까지도 올라갈 수 있고, 태양의 이동을 추적하여 따라갈 수 있는 장치를 포함하고 있다. 세계에서 가장 큰 것은 미국 캘리포니아 주에 있는 최대출력 354,000kW의 규모이다.

그림 3-8. 접시형 태영열발전

그림 3-9. 솔라트로프 태양열발전

② 태양광 발전

태양열 발전에서 생기는 증기 이용과정에서의 큰 열 손실을 줄이기 위하여 고안된 것이다. 즉 빛 에너지를 태양전지에서 전기에너지로 직접 변환시키는 방식이다. 이때 이용되는 중심 재료는 반도체이다. 전기도체인 금속은 일반적으로 결정격자에서 전자를 제거하여 방출하는데 에너지가 거의 필요하지 않다. 이에 비하여 절연체는 한 개의 전자를 제거하는데 적어도 4eV(electron volt, 약 $1.6x10^{-19}$ J = 약 $3.837x10^{-20}$ cal)가 필요한데, 한 개의 광자(photon)가 가지는 에너지는 2eV이다. 이 광자의 에너지로 전자를 방출할 수 있는 재료는 반도체이다.

반도체의 격자로부터 전자를 분리(방출)한 후의 빈 구멍을 정공이라 하는데, 이때 생성된 같은 수의 전자와 정공만으로는 전류의 흐름이 생기지 않는다. 이를 해결하기 위하여, 두 가지 서로 다른 재료를 만든다. 하나는 실리콘(SiO)의 결정

속에 불순물로 비소(As)를 혼합하여 전자가 많은 n형 반도체를 만들면, 이 재료는 n>p의 상태가 된다. 다른 하나는 실리콘 단결정의 절면에 붕소(B)를 처리하여 상대적으로 정공이 많은 p형 반도체를 제작하면, 이 재료는 p>n의 상태가 된다. 제작의 다음 단계로서, 이 두 종류의 반도체를 접합(n-p 접합)시킨다.

이 복합재료에 태양광을 쪼이면, 격자로부터 빠져 나온 전자는 n의 영역으로, 그리고 정공은 반대로 p의 영역으로 흐르게 된다. 즉 음(-)의 전하를 가진 전자는 n형에, 양(+)의 전하를 가진 정공은 p형에 흐르게 됨으로, n형과 p형 사이에는 전압이 걸리게 되어 기전력이 발생한다.

그림 3-10. 실리콘 결정형 태양전지

이러한 태양전지(solar cell)는 대체로 사각형 또는 원형의 얇은 웨이퍼(wafer)로 형성되어 있다. 이때 전력의 양은 노출된 빛의 양과 장치의 효율에 달려있다. 그리고 태양전지는 모듈(module)화 할 수 있다. 셀(cell)을 서로 연결하여 모듈이나 더욱 확대하여 정렬(array)로 만들면, 전력량을 증대시킬 수 있다.

초기의 태양전지는 단결정(single crystal)의 실리콘을 사용하였다. 이 경우, 표준적인 태양광의 조건에서 변환효율이 22.8%로 비교적 높았으나, 웨이퍼의 두께가 상대적으로 두꺼워 가격이 높다는 단점이 있다. 한편, 다결정(polycrystal)의 실리콘은 변환효율은 15~17%로 낮으나 가격이 다소 싼 장점이 있다. 이 두 가지 재료의 단점을 보안하기 위하여 최근에는 비결정질(amorphous)의 실리콘을 사용하고 있다. 이 경우의 셀은 1㎛ 정도로 매우 얇아 유리나 금속표면에 부착할 수 있는 장점이 있다. 그러나 이것의 변환효율은 7~12%로 낮지만, 많은 전력이 요구되지 않는 전자제품 등에 부착할 수 있는 장점이 있다.

현재 태양전지 생산량의 약 70%는 휴대용 계산기나 시계 등의 일반용이며, 나머지 약 30%는 전력용으로 등대나 가로등 등의 특수목적에 사용되고 있다. 그러나 태양전지는 일반 전력용으로 사용하기는 아직 생산비가 높아 널리 보급할 수 없다. 그러나 선진국에서는 충분히 경제성이 있는 가정용 및 산업용 태양전지가 실용화 되고 있으며, 변환효율이 높은 신소재의 개발기술에도 투자하고 있다.

(5) 태양에너지에 의한 물 분해

가까운 미래, 화석연료가 고갈되기 훨씬 전에 가장 기대해 볼만한 연구는 햇빛을 이용하여 '싼값으로' 물을 분해하는 기술이다. 물(H_2O)을 전기분해하면 수소(H_2)와 산소(O_2)를 얻을 수 있다. 그러나 이 방법은 전기사용료가 비싸기 때문에 현실적으로 이용하기 어렵다.

만약 '적당한' 촉매(catalyst)를 개발하여 전기 대신에 태양에너지로 '쉽게' 싼값으로 물을 분해할 수 있다면, 인류는 무한정으로 수소와 산소라는 두 에너지 자원을 얻을 수 있을 것이며, 이것으로 거의 모든 에너지를 대체할 수 있을 것이다. 이것이야 말로 21세기의 핵심과제로 각광을 받을 것이다.

(6) 인공 엽록소, 미래의 무한한 탄수화물의 공급원

또 한 가지 21세기에 각광받을 과제는 인공적으로 광합성반응을 일으키는 기술이다. 식물의 푸른잎 속에 들어있는 엽록소는 공기로부터 탄산가스(CO_2)를, 뿌리로부터 물을 흡수하고, 태양광선으로부터 에너지를 공급받아 탄수화물을 합성한다. 이것을 '광합성(potosynthesis)'이라 하는데, 공장에서 원료들을 혼합하여 전기의 힘으로 제품을 생산하는 것과 같은 원리이다. 이때 엽록소(chlorophyll)는 마치 공장의 촉매를 장착한 반응 용기와 같은 것으로, 그 속에서 원료들은 반응을 일으킨다. 물론 전기에너지 대신에 빛에너지를 이용할 것이다.

따라서 만약 인공적으로 엽록소를 대량 합성하여 나뭇잎과 같은 방식으로 조직적으로 배치하는 기술이 개발된다면, 장래에 공장에서 바로 탄수화물을 생산해 낼 수 있을 것이다. 이것은 다른 자원은 거의 필요 없고, 탄산가스와 물, 그리고 햇빛만 있으면 가능하기 때문에 인류의 오랜 숙원인 식량문제는 해결 될 것이다.

3.4.2 수력에너지

물은 중력의 영향을 받아 높은 곳에서 낮은 곳으로 흐른다. 그 흐름을 수로로 끌어 들여 수차발전기를 회전시켜 전기에너지를 발생시키는 것이 수력발전(hydropower generation)이다. 즉 수력발전은 높은 위치에 있는 하천이나 저수지 물의 위치에너지를 이용하여 수차(hydro turbine)에 회전력을 발생시키고, 수차와 연결되어 있는 발전기에 의해서 전기에너지로 변환시키는 것을 말한다. 수차를 회전시키는 물의 유량이 많고, 낙차가 클수록 더 많은 전기를 발생시킬 수 있다. 수력발전을 분류하면 수로식 발전소, 댐식 발전소, 유역변경식 발전소 그리고 양수 발전소가 있다.

이러한 수력을 이용한 신재생에너지는 설비용량이 10,000kW 이하의 수력발전을 소수력 발전이라 하고, 그 이상을 대수력 발전이라고 한다.

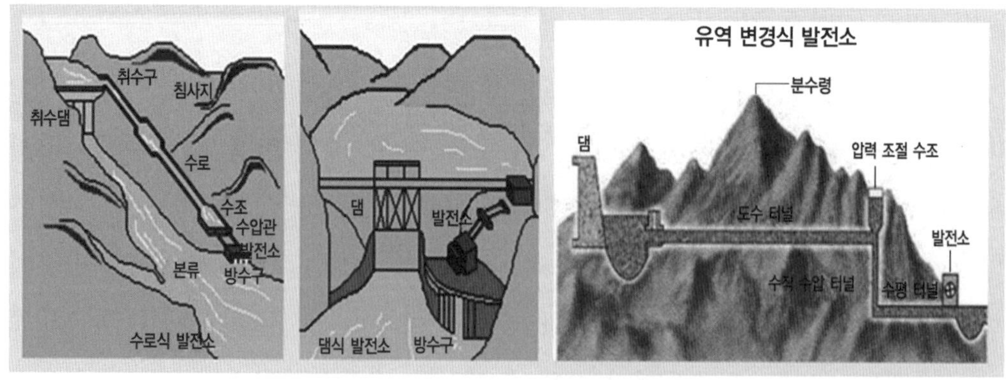

그림 3-11. 수력 발전 방식의 분류

1882년 미국의 Wisconsin 중에 있는 Appleton 발전소가 최초의 수력발전소이다. 우리나라의 최초의 수력발전은 1905년 동양금광회사의 운산금강에서 자체발전용으로 청천강의 지류에 새워진 550kW의 발전소이다.

전 세계 에너지 소비량에 대한 수력의 비중은 과거에 비해 원자력의 발전의 영향으로 상대적으로 낮아지고 있다. 2010년 현재 국내 수력의 비율은 겨우 8%에 지나지 않으며 대부분 발전이 차지하고 있다. 그러나 화석연료를 사용하는 화력발전이 공해를 유발하고 비재생자원의 고갈을 염려하는 시점에서, 앞으로 수력발전의 비중이 커져야 하는 당위성이 있다. 그리고 현재 이미 이에 앞장서고 있는 나라들이 있다. 예를 들면, 호수가 많은 노르웨이와 캐나다는 현재 전력량의 99%와 60%를 수력에 의존하고 있다.

수력 에너지는 하천이나 호수의 수량과 낙차가 큰 곳에는 쉽게 댐을 건설하여 얻을 수 있다. 선진국은 물론이고 거의 모든 개발도상국들이 수력발전에 관심을 갖고 개발을 지속하고 있다. 그리고 작은 하천이나 댐에도 소수력 발전소를 건설할 수 있는 장점을 갖고 있다. 그리고 남아도는 여유 전력을 이용하여 물을 산으로 끌어올려 필요할 때에 사용하는 양수발전소도에 대한 개발도 진행되고 있다.

3.4.3 해양에너지

현재로서 바닷물을 이용하는 방법에는 조수 간만의 차이를 이용하는 조력 에너지, 물결을 이용하는 파력 에너지, 해수면과 심해의 수온 차이를 이용하는 해양온도차 에너지, 하천과 바다가 접한 하구에서의 염분농도의 차이를 이용한 염도차 에너지 등의 개발이 진행되고 있으나, 아직은 경제적 이점이 충분한 수준에는 이르지 못하고 있다. 그러나 이들도 미래에 각광을 받을 가능성은 충분하다.

(1) 조력에너지(tidal energy) 발전

이것을 처음 상업적으로 이용한 곳은 프랑스 북쪽에 위치한 란스(La Rance) 하구로서, 1968년 세계최대의 조력발전소(24만 kW용량)이다. 이곳의 간만의 차이가

13.5m로서 만조시와 간조시의 유입 및 유출 에너지의 모두를 발전에 이용하고 있다. 간만의 차이가 10~15m에 이르는 한국 서해안의 아산만과 가로림만 등이 세계적인 조력발전의 적지로 꼽히고 있다. 현재 서해 시화호 조력발전소는 하루 발전량 25만 kW로 세계 최대 조력발전소이다. 조력발전의 조건은 큰 간만의 차이 외에도, 하구에 큰 저수지를 건설할 수 있어야 하고, 지반이 어느 정도 단단하여야 한다. 이 발전의 원리는 비교적 간단하다. 먼저 바다와 저수지 사이에 둑을 건설하고 그 아래에 일정한 크기의 수로를 설치하고, 그 수로 한 가운데 적당한 용량의 터빈을 장치한다. 간만의 차이와 바람에 의해 수로를 통해 힘차게 들어온 물이 터빈을 돌리고 바다보다 수면이 낮은 저수지로 빠져나간다. 저수지의 저수지에 바닷물이 가득 차면 간조시에 바다로 물이 뿜아내어 저수지를 비워 다음 만조를 기다린다.

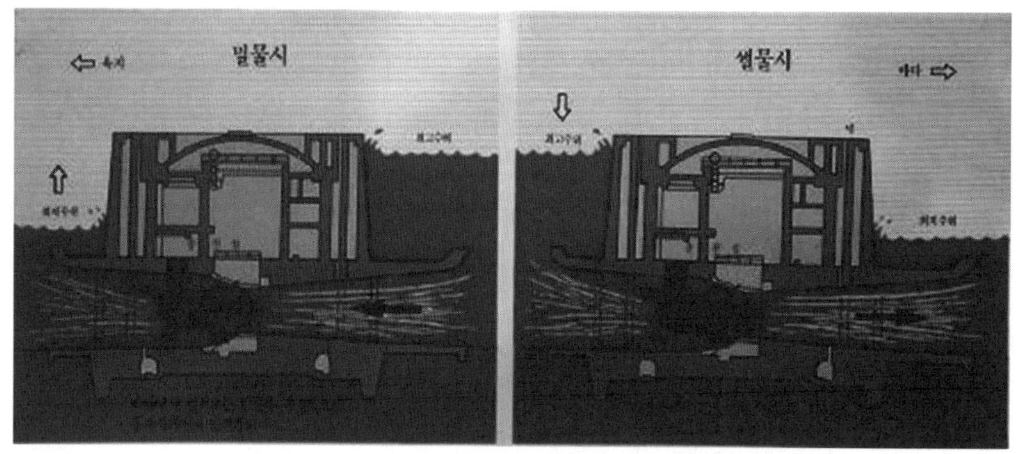

그림 3-12. 밀물 썰물시 생성되는 조력 발전원리

(2) 파력 에너지(wave energy) 발전

이것은 해면에서 바람에 의해 생기는 파도를 이용하는데, 이때 파도의 높이와 속도가 함수로 작용한다. 파력 에너지(E_w)는 파도의 높이(W_h)의 제곱에 비례하며,

또 파도의 속도(W_v)에 비례한다. 즉 $E_w = c \cdot nW_v \cdot m(W_h)^2$ 의 관계식이 성립한다. 이때 c는 상수, 그리고 n 및 m은 상수 또는 변수이다. 파력 에너지의 개발의 위한 입지조건으로는 지구상의 위도 40~60° 지역의, 바람이 지속적으로 불어오는 해안선이 가장 적합한 장소로 생각된다. 이러한 곳으로는 노르웨이, 스코틀랜드, 미국의 서해안 지역과 일본의 동해안 선이 손꼽힌다.

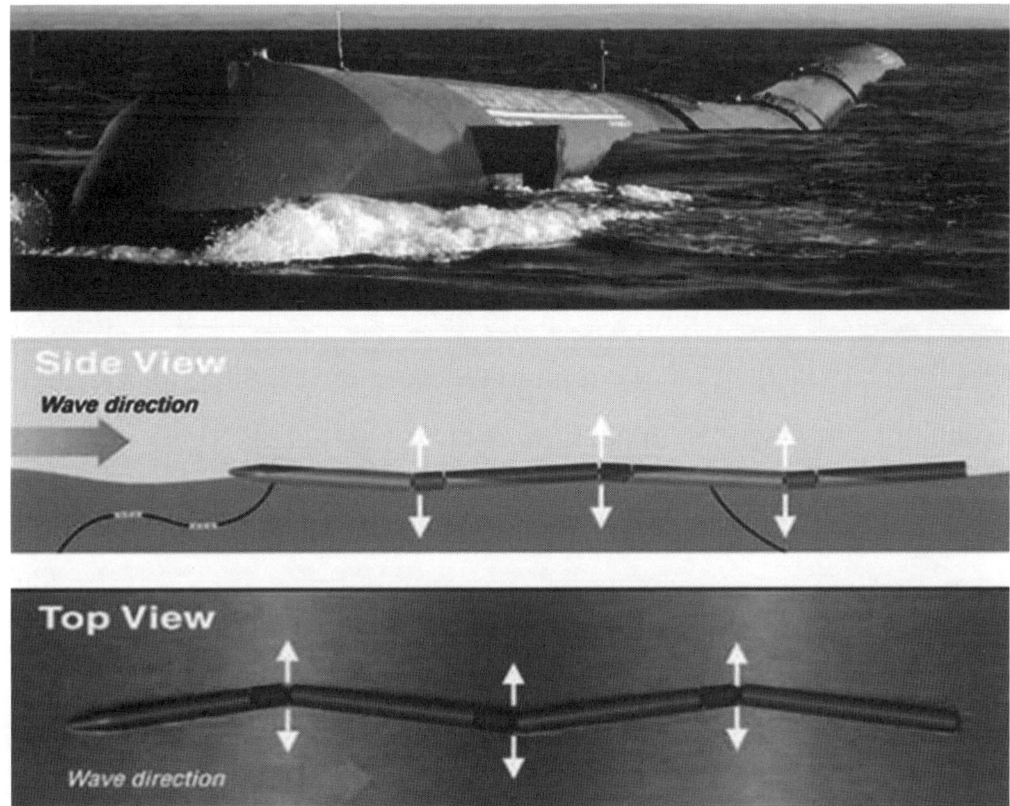

그림 3-13. 포르투칼의 파력발전소 "펠라미스"

이 발전의 기본원리는 해수면의 상하운동과 전후운동 등의 움직임을 이용하기 위하여, 이 해수면을 따라 함께 움직이는 덕(duck)을 설치하는데 있다. 또한 기름으로 채워진 통을 적어도 1㎞ 이상 연결하여 밴(van)이라는 긴 줄을 설치하여 바다에 띄운다. 밴은 파도의 움직임에 따라 일정한 방향으로 오리처럼 움직이며, 이 때 밴에 장착된 여러 개의 덕도 밴의 움직임에 따라 움직여 작동하게 된다. 이 밴 속의 기름이 움직여 덕 속의 터빈이 돌아가게 된다.

(3) 해양온도차 발전 에너지(ocean thermal energy conversion, OTEC) 발전

이것의 원리는 해수면에서 500~600m 정도의 깊은 곳의 5℃의 수온과 해수면의 25℃ 정도의 수온의 차이를 이용하는 것으로 적도에 가까운 위도에서 적합하다. 장치는 바다 깊이만큼 길고 큰 원통을 건설하고, 그 속에 적당한 직경의 긴 관을 '한 바퀴' 연결한 장치를 설치한다. 이 두 줄기 연결된 관의 상부의 한 쪽에는 증발기를, 그리고 다른 쪽의 터빈을 장치한다. 또 한 관의 하부에는 각각 냉각기와 펌프가 장착된다. 관속을 흐르는 유체로는 암모니아나 프레온 가스 등 끓는점이 낮고 증기압이 높은 물질을 사용한다. 액체가 상부로 올라오면 따뜻한 바닷물에 접촉한 증발기에 의해 압력이 높은 증기를 발생시켜 이것이 터빈을 돌려 발전한다. 그리고 사용된 증기는 하부로 내려가면서 냉각기에 의해 냉각되어 다시 액체로 변하고, 이것을 펌프가 위로 자아올려 다시 증발기로 보낸다.

(4) 염도차 에너지(salt concentration-difference energy) 발전

'농도차전지(concentration cell)'의 원리를 원용해서 간단히 설명해 보자. 먼저 농도차전지는 전극과 전해질 용액의 종류가 두 극에 있어서 서로 같고, 다만 농도만이 서로 다른 전지를 말한다. 이때 두 전극 사이의 용액의 농도가 서로 다르면 전압이 생기게 된다. 만약 염의 농도가 서로 다른 바다와 하구에 대류 에너지 발전의 경우와 유사한 장치를 설치하고, 이들 두 위치를 벽으로 격리한 다음, 각각 적절한 전극들을 장치하여 도선으로 연결하면 전압이 걸리게 될 것이다. 그러나 이것은 하나의 거대한 전지인 셈이다. 따라서 삼투압(osmotic pressure)을 이용하는 방법으로 설명할 수 있다.

3.4.4 지열에너지

지열(geothermal)은 지구과학적인 작용을 통하여 발생하는 열이다. 문헌에 의하면, 일반적으로 지열이 높은 지역의 지각변동과 직접 간접으로 관련되며, 지각을 구성하고 있는 거대한 판 구조(plate)의 가장자리에 위치하는 단층성의 주변에 분포하고 있다. 서로 다른 방향으로 끊임없이 움직이고 있는 판들의 마찰에 의한 열에 의해 암석은 열을 얻게 되고, 때로는 고온으로 용융되기도 한다. 이 용융된 암석 즉 용암은 화산활동에 의해 지표로 분출되기도 하고, 때로는 지하 심부에 고온을 유지하면서 잠재해 있기도 한다.

지구 속에는 많은 양의 열이 내장되어 있는데, 그 추정량은 2.115×10^{21} J이라는 상상을 초월하는 양이다. 이것을 석유로 환산하면, 약 350조 배럴에 해당한다. 그리고 지열은 엄밀히 말하면 재생 가능한 에너지는 아니나, 영구히 그 고갈을 여려하지 않아도 되는 에너지원이다. 지열자원은 크게 화산성과 비화산성으로 분류될 수 있다.

(1) 화산성 지열

이는 화산활동과 관련된 지역의 지열을 대상으로 하며, 또한 이에는 천부지열, 심부지열, 고온암체 및 화산암체가 있다. 첨부지열은 2㎞이내의 열원에 의하여 지하수를 가열하게 되는데, 이때 생긴 고온의 증기와 열수를 이용할 수 있다. 그리고 심부지열은 2∼5㎞의 열을 대상으로 하며, 고온암체는 300∼500℃의 열원이 암반에 부존하고 있으나, 물이 투과하지 못하기 때문에 외부에서 물을 주입하여 열수를 생산하는 기술의 개발이 진행 중에 있는 곳도 있다. 그리고 화산암체는 화산의 작용으로 지열이 분출할 수 있기 때문에, 이것을 직접 이용할 수 있다. 화산의 중턱에서 화도를 시추하여 증기 및 분연을 채집하여 그 열을 이용하여 발전을 할 수 있다.

(2) 비화산성 지열

지하의 깊은 곳에서 투수층으로 지하수가 흐를 때, 화산활동 이외의 열원에 의해 열수가 생산하거나, 지열이 상승하면서 지온을 높이고 이것이 지하수 등을 온수로 만들 때 이용하게 된다.

지열 에너지는 주로 발전용으로 사용되고 있으며, 미국, 이탈리아, 뉴질랜드, 일본 등지에서 각각 수 10만 ㎾ 용량의 발전을 하고 있다. 한편, 발전 이외의 목적에 지열을 이용할 때는 온도가 낮아도 충분한 가치가 있으며, 이러한 활용이 점차 증가 추세에 있다. 예를 들면, 미국의 경우, 1980년대에 이미 45개 주에서 지속적으로 지열을 개발하여 활용하고 있다. 이 나라의 이러한 저온 지열의 이용만도 석유로 환산하여 연간 500만 배럴에 해당하는데, 주로 주택 및 건물의 난방, 지역난방, 온실, 비닐하우스 및 양어장 등에 이용되고 있다. 한국도 지하 300m 심부의 암반 파쇄대에 발달한 많은 지하수가 발견됨으로서 온천 등으로 이용될 뿐 아니라, 앞으로 다른 용도로도 쓰일 전망이다.

3.4.5 풍력에너지

풍력 이용의 대표격은 물론 풍차인데, 제분, 양수 또는 소규모의 발전으로 이용되며, 역사가 오래인 범선과 경주용 돛단배도 풍력을 이용한 것이다. 한편, 미국은 풍력을 이용한 대규모의 발전시설에 대한 연구를 진행 중에 있다.

풍력발전은 풍차가 바람을 받은 그 힘으로 발전기의 터빈을 돌리게 되는데, 발전소의 용량에 따라 3등급으로 나눈다. 소형 풍력발전기는 100㎾ 미만, 대형은 1,000 ㎾ 이상이고 중형은 그 중간이다. 미국의 대형 발전장치의 하나는 출력용량이 풍속12.6㎧에서 2,500㎾에 이르고, 날개의 길이가 300 피트, 풍속이 5.4㎧가 되면 회전하게 되고, 27㎧ 이상에서는 날개의 안전을 위해 회전이 자동적으로 정지하도록 설계되어 있다. 미국 외에도 오래 전부터 덴마크, 스페인, 네덜란드, 독일 등 유럽에서 성행하고 있다. 전 세계적으로 가장 풍력발전이 많은 곳이 미국 캘리포니아 주로서 전 세계의 75%에 해당된다. 한국은 바람이 강한 제주도 등 도서지방에 일부 시도되고 있으나, 주목 할 만 한 수주에 이르지 못하고 있다. 그러나 태양발전과 병행하면 장래에 유망할 것으로 전망된다.

3.4.6 연료전지

연료전지(fuel cell)는 1960년에 미국의 아폴로 우주선에 탑재되어 그 가능성을 검증 받은 바 있다. 그리고 그 후 기술이 더욱 발전하여 2010년 현재 열병합발전 시스템(cogeneration system)에 실용화되고 있다.

(1) 연료전지의 원리

연료전지는 외부로부터 수소와 산소, 일산화탄소와 탄화수소와 수소 등의 연료를 공급받아 전지로써의 기능을 발휘하기 때문에 붙여진 이름이다. 일반전지와 같이, 이 전지도 양극과 음극의 두 전극과 그 사이에 존재하는 전해질로 구성되어 있다. 이 전지는 전해질의 종류, 작동 온도, 연로의 종류에 따라 다양한 방법이 존재할 수 있다.

한 가지 예로, 외부에서 공급되는 수소를 이용하는 수소-산소 알칼리 전지를 생각해 보자. 수소가 공급되는 쪽의 전극(H^-전극)에 도달한 수소기체는 이 다공질의 전극(촉매) 속으로 확산하여 흡착되어 H^+이온으로 변한다. 이 H^+이온은 전해질의 OH^- 이온과 반응하여 물과 전자(e^-)를 만든다. 이 전자는 도선을 통하여 산소가 공급되는 쪽의 전극(O^-전극)으로 이동하게 되는 전류가 형성된다.

한편, 공기 중의 산소 분자가 공급되어 O^-전극에 도달하면, 전극의 촉매 위에서 먼저 산소 원자로 분해되고, 이것은 용액 속의 물 및 H-전극에 이동해 온 전자와 반응하여 OH^- 이온을 형성하여 H^-전극에서 소모된 양을 보충한다. 이때 사용한 전극 재료는 일반적으로 다공질의 활성탄(active carbon)에 백금(Pt) 등의 촉매가 부착되어 있다. 열기관과는 달리, 이 전지는 연료가 가지고 있는 화학에너지를 전기에너지로 변환하기 때문에, 열기관의 카르노 사이클(Carnot Cycle) 효율에 제한을 받지 않아 열효율도 높다. 또한 발전 효율도 고온의 폐열이 생기기 때문에, 열병합발전 시스템에 이용될 수 있다.

(2) 연료전지의 특징과 앞으로 과제

연료전지는 화력발전 등 기존의 다른 방식에 비해, 다음과 같은, 여러 가지 장점을 갖고 있다.

① 이론적으로 80% 이상의 발전효율이 기대된다. 여러 경로의 열 손실을 고려하더라도, 다른 열기관보다 높은, 40% 이상의 효율이 기대된다.
② 진동 및 잡음 등이 거의 없다.
③ 화석연료를 사용하는 다른 열기관에 비해, 유황산화물(SO_x)과 질소산화물(NO_x) 등의 공해물질이 거의 발생하지 않는다.
④ 이 시설의 환경오염을 염려하는 도시 내에 설치가 가능함으로, 송전비용과 전력손실을 경감할 수 있으며, 폐열을 이용할 수 있다.
⑤ 증설과 관리가 용이하다. 예를 들면, 도시에 보급되어 있는 가스 엔진, 가스 터빈 등의 병합생산(cogeneration)에 비해 부분 부하효율이 높고, 모듈(module) 구조이기 때문에, 관리가 용이할 뿐 아니라, 증설에 어려움이 없다.
⑥ 사용하는 연료가 주로 천연가스와 석유 및 석탄의 개질 가스와 같이 저렴한 자원이기 때문에 산업적으로 경쟁력이 있다. 그러나 연료전지의 종류에 따라서는 사용하는 내열재료, 전해질의 안전화와 박막화 기술, 그리고 탄산가스 순환에 대한 기본기술의 부족은 앞으로 해결해야 할 과제이다. 그러나 2020년 이전에는 모든 문제가 해결되어 대중화될 전망이다.

3.4.7 초전도 전력저장 기술

이 방법에 이용하는 에너지는 전자기 에너지인데, 남아도는 전력을 전기저항이 매우 낮은 초천도 재료로 만든 전자력 장치에 저장하는 방법이다.

보통 1000만 kWh 이하의 중, 대용량이고 저장효율도 0.90 이상으로 아주 좋다. 또 한 가지 장점은 저장시간이 분~주까지로 다양하며 수시로 사용할 수 있다. 성능이 매우 우수한 이 방법에서 해결해야 할 과제로는 재료를 포함한 초전도 기술의 개발과 큰 전자기력을 견디는 견고한 암반이 필요한 것 등이다.

1970년대부터 선진국에서 연구개발이 시작되어 1980년대 중반에는 미국과 일본에서는 각각 500만 kWh와 100만 kWh의 개념설계가 완성되었다. 이 방법은 여러 가지 형태가 있으나, 미국형과 일본형이 대표적이다. 미국형은 직경 1,500m의 솔레노이드(solenoid)형의 환상 코일(coil)을 지하 30m의 좋은 암반 안에 매설하는 방식이고, 일본형은 직경 40m의 코일을 지하 100m의 암반에 매설하는 방식이다. 이와 같은 초대형의 코일에 많은 전류가 흐르게 되면, 위험이 따르게 되고 기술적으로 개선해야할 과제도 많으며, 많은 연구 개발비와 긴 연구기간이 필요하다. 특히 개발해야할 기술로는 경제적인 코일, 고온초전도체, 냉온 보존 시스템, 시설 안전대책 등의 기술이 필요하다. 따라서 이 기술은 2020년경에 널리 실용화 될 것으로 기대하고 있다.

그리고 초전도 저장법의 한 예로서, 중용량의 초전도체 전력저장용 장치를 도시의 빌딩 지하에 분산 설치함으로서, 특정 지역의 전력수요의 평준화에 기여할 수 있는 10만 kWh 정도의 전력을 공급하는 방안도 강구되고 있다. 이 분산형 장치는 적용성이 높기 때문에, 한 지역의 정전이나 전압 및 주파수 변동에 대처할 수 있는 장점이 있을 것으로 기대된다. 또한 컴퓨터 등의 순간적 전압저하에 의한 기능저하를 방지할 수 있기 때문에, 미래의 정보화 사회에서 각광을 받을 것으로 생각된다.

3.4.8 새로운 에너지로서의 바이오매스(biomass)

'바이오매스'는 에너지 자원으로써의 식물체 및 동물체를 양적으로 나타내는 것으로서, 특정 유기체가 지니고 있는 에너지 자체와 이의 유용한 에너지로서의 전환 및 이용 등을 가리키는 포괄적인 의미로 사용하는 용어이다. 이 중에서 '에너지의 변환'은 나무를 연료로 태우는 것에서부터 사탕수수를 발효시켜 액화연료로 만드는 것 등 참으로 다양하다. 다음 <표 3.1>에 바이오매스의 종류, 변환기술 및 용도 등을 나타나내고 있다.

표 3.1 바이오매스(biomass)의 종류와 변환기술, 이용방법

바이오매스 자원	변환기술	생성 및 이용방법
1. 수분이 작은 바이오매스 (나무, 나무톱밥, 도시쓰레기, 풀, 가축 분뇨 등)	직접연소 열분해	전력, 난방, 연료가스, 연료유, 메탄올, 합성원료 가스
2. 당질 바이오매스 (사탕수수 및 사탕무우, 감자, 곡물, 나무 등)	발효 가수분해	메탄올, 부탄올, 아세톤, 효모
3. 수분이 많고 더러운 바이오매스 (해초류, 수초, 농업 잔사, 폐수, 도시 쓰레기 등)	메탄 발효	메탄, 이산화탄소

경제적 후진국일수록 사용하는 전체 에너지의 바이오매스가 차지하는 비중이 크다. 네팔, 에티오피아, 아이티(Haiti) 등에서는 95% 이상, 인도, 인도네시아, 스리랑카 등은 약 50% 정도를 바이오매스 에너지를 쓰고 있다. 한편, 선진국도 에너지 구성비는 낮으나, 경제규모를 감안할 때 그 양은 상당하다. 예를 들면, 재생에너지 전문가들에 의하면, 미국은 바이오매스 에너지의 구성비는 전체의 약 5~8% 정도인데, 그 중 약 85%는 나무와 톱밥 등을 직접 연소하여 얻으며, 나머지 15%는 농업폐기물, 도시쓰레기, 가축분뇨 등이다. 그러나 이러한 바이오매스는, 상거래를 하지 않기 때문에, 보통 세계에너지 통계에 포함되지 않는 경우가 많다.

바이오매스 연료기술에 대해 특히 관심을 갖고 있는 나라는 이 자원이 매우 많은 브라질과 같은 전통적 농업국가와 기술보유국인 미국 등이다. 사탕수수 및

콩 등으로 만든 값싼 에탄올을 가솔린에 20% 정도 혼합하여도 엔진의 작동에 지장이 없음이 실험적으로 증명되었다. 미국에서는 현재 10%의 에탄올 혼합한 '가스홀(gasohle)'을 매년 9억 갤런(gallon)을 생산하는데, 이때 사용하는 에탄올의 95%를 잉여농산물인 콩을 발효하여 만들고 있다. 그리고 브라질에서는 사탕수수를 사용하여 마이오매스-에탄올을 한때 연간 380만 kL까지 생산한 적이 있는데, 이 양은 연간 사용하는 가솔린의 20%에 해당하는 양이다. 그러나 이들 두 나라사이의 경제적 및 기술적 격차는 매우 크다. 예를 들면, 미국의 경우, 나무를 이용한 에탄올 제조 단가는 불과 1.1~1.4 달러/갤론이나, 브라질의 경우 사탕수수로 만들 때 미화 40달러를 넘고 있다. 이는 휘발유 가격보다 비싸다.

3.5 원자력 에너지

20세기에 가장 주목받던 원자력 에너지는 21세기에도 그 중요성이 줄지 않고 있다. 세계 최초의 원자력 발전소는 1945년에 가동된 소련의 '냉각형' 원자로를 시작으로 하여, 그 후 1956년 영국에서 발전과 아울러 플루토늄(Pu)을 생산하기 위한 목적으로 '콜다홀형' 원자로가 가동되었다. 이어서 많은 나라들이 다투어 원자력 박전소를 건설하여 전기 에너지를 충당하는데 발맞추어, 한국은 1978년에 '고리 1호기'가 처음 가동된 이후 여러 기가 설립되었다.

3.5.1 평화적 원자력 에너지

우라늄(U)을 예로 들면, 핵연료는 우라늄 광산에서 생산된 광맥을 채굴, 정련, 전환, 농축, 성형 가공하여 최종적으로 연료 집합체로 얻어진다. 현재까지는 원자력의 평화적 이용은 주로 원자력발전을 의미하지만 넓게는 방사선 동위원소의 의학, 화학 및 다른 과학에의 응용도 포함된다. 원자력발전은 경제적 및 환경적

면에서 다른 발전에 비해 뛰어나다. 그 안정성도 현재 사회적 문제로 제동이 걸리고 있지만 관리를 잘만하면 아주 뛰어나다. 따라서 전력 에너지의 수요가 급증하고 있고, 화성 연료가 그 유한성과 환경오염의 주범이라는 점을 고려할 때 원자력발전의 비중은 계속 증가할 것으로 전망된다.

(1) 원자력발전의 원리

열역학 제1법칙(물질-에너지 불변의 법칙)에 의하면, 물질과 에너지는 궁극적으로 동질의 것이며 상호 변환할 수 있다.

아인슈타인의 특수상대성이론은 이것을 $E=mc^2$ 라는 식으로 표현한다. 여기서 c는 빛의 속도, 즉 빛이 1초 동안에 진행하는 속도(3×10^{10}cm/s)이고, E는 물질로부터 변환되어 나오는 에너지, m은 감소된 물질의 질량(g)이다.

악티늄(Ac)계 원소의 하나인 원자번호 92의 우라늄(^{238}U)은 방사능 동위원소인 우라늄(^{235}U)을 가진다. 이것이 핵분열 할 때 발생하는 에너지의 양을 계산해보자.

질량 m은 우라늄(U) 한 원자가 핵반응에 의해 붕괴되어 두 조각(Kr과 Ba)으로 나누어질 때 에너지로 변환하게 되는 아주 작은 질량의 결손에 해당한다. 이때 에너지는 erg($e\cdot cm^2/sec^2$)단위 또는 원자력 단위(AE)로 나타낸다. 여기서 1 erg는 10^{-7}J(joule)이고 1 J은 약 0.24 cal이다. 따라서 만약 핵분열과정에서 1g의 물질이 에너지로 전환되어 방출된다면, 그 총량은 $E = 1g\times(3\times10^{10}\ cm/s)^2 = 9\times10^{20}\ g\cdot cm^2/sec^2 = 9\times10^{20}\ erg = 9\times10^{13}\ J = 2.16\times10^{10}$ ㎉로서 약 100억 ㎉에 해당하는 막대한 양이다.

우라늄(U)의 천연 매장량은 약 430만 톤인데, 이것의 0.72 %가 방사성 원소인 ^{235}U인데, 원자로에서 전부 에너지로 바꾸면 2.4Q가 될 정도로 방대하다. 이때 1Q $= 1.05\times10^{21}J = 1.05\times10^{28}\ erg = 2.51\times10^{20}cal = 2.51\times10^{17}$㎉로서 가히 천문학적인 에너지이다. 더욱이 99.28%의 동원원소 함량을 가진 ^{238}U도 중성자 1개와 충돌하면 플루토늄(Plutonium, ^{239}Pu)으로 변하고, 이것은 다시 다음 식에 따라 ^{235}U로 변환될 수 있기 때문에 그것의 에너지양은 참으로 어마어마하다.

$$^{238}U + n \rightarrow {}^{239}Pu \rightarrow {}^{235}U + {}^{4}He(\alpha \text{입자})$$

^{235}U와 ^{232}Th 등과 같은 방사성 동위원소들은 원자로 속에서나 원자탄으로 핵분열에 의해서 방대한 에너지를 생산할 수 있다. 지구에 존재하는 U 자원과 Th 자원의 총량은 각각 350Q와 100Q로 계산될 수 있는데, 화석연료인 석유와 천연가스의 총 매장량이 에너지로 계산하여 각각 석유가 10Q,이고 석탄이 70Q임을 감안할 때, 그 크기를 짐작할 수 있다.

(2) 원자로(nuclear reactor)

현재 많이 쓰이는 경수로 원자력 발전소의 기본 구조는 핵연료가 장착된 노심부, 열교환기, 증기 터어빈(turbine), 발전기(generator) 및 응축기의 다섯 부분으로 되어 있다. 우라늄 발전소를 예로 들면, 노심에 저농축 우라늄-235(약 2~4%의 ^{235}U)로 된 이산화우라늄(UO_2)의 가루를 냉각 압축하여 소결 과정을 거쳐 만든 펠릿(pellet)이 지르코늄(Zr) 합금 등의 특수합금으로 된 연료봉 안에 밀봉되어 있다. 연료봉과 연료봉 사이에는 흑연과 카드뮴(Cd) 등을 함유한 중성자 제어봉을 삽입하여 과도한 핵분열을 막고 있다. 그리고 방사선의 노출을 방지하기 위하여 원자로의 중심부분을 납(Pb)으로 둘러쌓고, 또 그밖에 튼튼한 벽을 쌓게 된다. 일반적으로 발전소는 이러한 안전한 장치를 갖추고 있다.

한편, 노심에서 핵분열이 일어나면, 이때 방출되는 중성자는 초속 2만 km 정도의 속도를 갖고 있기 때문에 우라늄의 원자핵 속에 흡수됨으로 발전에 필요한 효과적인 분열이 일어나지 않는다. 따라서 이를 방지하기 위하여, 중성자의 속도를 감소시키는 것이 필요하다. 이를 위하여 보통 물(H_2O) 또는 중수(^2H_2O)를 사용하는데 보통 물을 사용할 경우 경수로라 한다.

핵분열 연쇄반응(chain reaction)은 제어봉의 상하이동으로 조정(control)된다. 즉 연료봉을 위로 들어 올리면 핵반응이 시작되며, 반대로 아래로 내리면 연쇄반응은 중지된다. 이 조작은 자동적으로 이루어지는데, 원자로 속의 온도에 따라 제어봉이 자동적으로 적당한 수준으로 오르락내리락 한다. 여기서 중성자 감속재 및 냉각재로서의 물은 대체로 100 기압과 350℃를 유지한다. 이때 노심에서 가열된 물은 관(제1회로)을 통해서 열교환기를 지나는 동안 그 옆을 지나는 다른 관(제2회로)의 물을 증발시켜 발전기로 보낸다. 이 강한 에너지를 가진 증기가 터빈을 돌리게 되어 전기가 발생한다. 원자로에는 여러 가지 형태가 있어서 나라마다 서로 다르다.

(3) 원자력발전의 안전과 환경문제

현재 선진국은 물론이고 대부분의 개발도상국에서 원자력발전을 하고 있으며, 전체 전력 생산량에서 이것이 차지하는 비중은 점점 높아지고 있다. 그러나 사회적으로 우려하는 바와 같이, 원자로는 관리가 잘못되면, 방사선이 노출되어 인간과 생태계를 파괴하여 막대한 피해를 입게 된다.

원자력발전에서 문제가 되는 점은 주로 두 가지이다. 첫째, 원자로의 제어가 불가능해짐으로 인해서 어느 정도 이상의 고온이 되어 파괴되는 것이다. 이 문제는 발전소를 설계할 때 여러 겹의 안전장치를 설치하면 근본적으로 안전하다. 그러나 문제는 이를 관리하는데 소홀하면, 사고가 일어날 수 있다는 점이다. 그 대표적인 예가 소련의 체르노빌 원자력발전의 붕괴사건이다. 수백 명이 현장에서 죽고, 수천 명이 방사능 노출로 죽고, 수십만 명이 원자병에 걸리고 이들에게서 태어난 2세가 역시 원자병을 앓고 있을 뿐 아니라, 주위의 넓은 영역이 아직 방사능으로 오염된 상태이다. 그리고 2011년 봄에 일어난 일본 동북 해안지방의 쓰나미에 의해 파괴된 원자력발전소의 방사능의 피해는 우리에게 큰 교훈을 주게 된다.

원자력발전소가 지나고 있는 두 번째의 문제는 방사성물질에 의한 환경오염이다. 원자력발전이 계속 늘어남에 따라, 사용이 끝난 핵연료와 방사성 폐기물의 양이 크게 늘어나고 있다. 발전소의 이들의 저장 능력이 한계에 도달하게 되면, 별도의 계획에 따라 영구적인 처리시설을 갖추거나 안전하게 영구 처분하는 방안을 강구하여야 한다. 나라에 따라서는 이 폐기물을 효율적으로 분리하여 다시 핵연료로 쓰거나 동위원소로 다른 곳에 재활용을 위한 연구를 진행 중이다. 그러나 개발도상국들을 비롯한 대부분의 나라들은 아직은 여기에 신경을 쓸 여력이 업는 것 같다.

그리고 또 문제가 되는 것은 발전소에서 수명이 다한 핵연료의 재처리과정에서 방사성 오염이 생길 가능성도 있다.

한편, 원자력발전소로부터 배출되는 온열수의 배출은, 화력발전소의 경우도 그러하지만, 환경의 왜곡을 일으키게 된다. 즉 증기의 냉각의 위해 사용한 고온의 물을 그대로 하천, 호수 또는 바다에 그대로 방류하게 되면, 환경과 생태계를 교란시킬 수 있다. 이것을 방지하기 위한 한 가지 방안으로 온도가 낮은 저수지를 별도로 만들어 배출된 온열수의 온도를 주변 생태계 비슷한 온도로 낮춘 다음 하천 등에 방출하는 방법이 있다. 그 외에도 여러 가지 방안이 검토 중에 있으며, 원자력발전소가 있는 한 이 작업은 계속될 것이다.

(4) 핵에너지에 대한 상식

핵에너지는 우리에게 여러 가지 지식을 요구한다. 그 중 3가지를 알아보자.

① 우라늄의 매장량과 가채년수

우라늄은 희토류 원소의 하나이지만, 자원의 부존 상태가 다양하고 품위의 격차도 심하다. 매우 오래된 자료이긴 하지만(1987), 당시 매장량의 2백 3십만 톤이며 가채년수의 약 80년 정도로 추산되었다. 그리고 당시 가격으로 130달러/kgU 였고, 2010년 현재의 매장량은 3백만 톤을 넘고 가채년수도 100년은 넘을 것으로 추정되었다. 세계의 원자력 발전이 지나치게 급속히 증가하기 전에는 우라늄자원의 수급은 당분간 별 문제없을 것으로 추정된다. 그리고 그 외의 다른 방사성 원소들도, 현 시점에서는 우라늄보다는 못하지만, 이에 준할 것으로 판단된다.

② 새로운 에너지의 개발기술

한편, 우라늄 자원의 개발 및 원자로의 건설기술은 선진국은 물론 이고 한국도 최고의 수준에 있다. 우라늄을 핵연료로 하는 원자력 발전은 단위 핵연료 양으로 가장 대량의 에너지를 낼 수 있기 때문에, 한국을 포함하여 거의 모든 나라에서 에너지 생산에서 점점 비중이 높아지고 있다. 한국에서는 중수로를 사용하며 2005년대 중반에 이미 기술의 95%를 자립하고 있다.

③ 원자로의 발전 방식

고속증식로는 우라늄의 99%를 차지하는 값싼 우라늄-238에 중성자를 흡수시켜 생성된 플로토늄-239(^{239}Pu)의 핵분열을 이용하는 방법이다. 이것은 우라늄 자원의 이용률이 경수로의 70배나 되는 특징을 갖고 있지만, 아직까지 기술이 부족하여 2020년 이후에나 사용된 전망이다.

한편, 핵융합로는 바닷물 속에 포함되어 있는 중수소(Deuterium, $^{2}_{1}H$)를 초고온에서 핵분열 시켜 보통 핵분열보다 4배 이상의 에너지를 발생시킬 수 있다. 그러나 아직은 초기 발전 단계로서 21세기 중반에나 가능할 전망이다.

3.5.2 미래의 원자력과 핵융합(nuclear fusion)

앞서 원자력 에너지의 원리 및 현황에 대하여 논의 한 적이 있으나, 여기서는 좀 더 개발된 핵에너지에 대해 논의하겠다. 선진국에서는 이를 다목적 그리고 평화적으로 이용하기 위한 연구가 활발히 진행 중에 있다. 그 중에서 대표적인 것에는 2030년을 목표로 하는 우라늄 자원을 최대로 활용하기 위한 '고속증식로', 그리고 최종 목표로는 수소 등의 가벼운 원소를 핵융합하여 막대한 에너지를 얻는 '핵융합로'의 연구도 진행 중에 있다.

(1) 신형 원자력 발전로

원자력 발전 기술의 중심의 하나인 경수로의 발전은 상당한 수준에 도달해 있으며, 새로 건설하는 원자로는 대부분 이를 택하고 있다. 여기서 한 걸음 더 나아가서 안정성이 높고 다목적인 수동형 경수로(passive advanced light water reactor)의

신형 원자로가 연구 중에 있다.

발전용 원자로는 점차 대형화 되고 있는데 원자로 하나당 110만 kW의 출력에 이르고 있다. 이 대형 원자로는 안전성, 신뢰성 및 경제성에 있어서 큰 성과를 거두고 있다. 그러나 그 안정성에 대한 우려가 완전히 없어진 것은 아니다. 구 소련의 체르노빌과 미국의 스리마일 섬의 원전 사고 등이 대표적인 예들이다. 이와 같은 사회적 정세를 배경으로 하여, 20～70만 kW정도의 중소형의 수동형 경수로에 대한 연구가 이미 상당한 수준에 이르고 있다. 이것의 기본 개념은 설비 및 시스템을 대형보다 간소화하고 또 모듈화(modulating) 등 새로운 설계 개념을 도입하여 수동적인 안정 시스템을 확보하고자 하고 있다. 이들은 안정성과 아울러 대형에 비해 낮은 경제성을 높이는 것을 목적으로 하고 있다.

한편, 원자력의 다목적 이용을 목적으로 할 때는 발전용과는 달리 원자로의 냉각매체를 고온화 할 필요가 있다. 예를 들면, 물의 열화학 분해로 수소를 제조하고자 할 때는 700～1000℃, 나프타(naphtha)로부터 에틸렌을 만들고자 할 때는 700～900℃까지의 고온이 요구된다. 이와 같은 경우에 최고 약 300℃ 정도의 경수로에서는 이용이 불가능하다. 이 문제를 해결하기 위하여 높은 온도에 상변화(기화)가 일어나는 헬륨(He)등의 특수 가스를 냉각 매체로 하여야 한다. 이러한 고온 원자로를 사용하면 훨씬 싼값으로 고온에서 가능한 화학공정을 수행할 수 있다. 이러한 공정으로 기대되는 것에는 800℃에서 가능한 석탄 가스화, 600～900℃의 메탄올 생성 등의 화학반응, 900℃의 고온수 전기분해법에 의한 수소의 제조, 340℃의 증기 주입법에 의한 중질유의 개선, 알루미늄의 제련, 철광석의 직접 환원, 해수의 담수화 등이 있고, 고효율의 발전에도 응용될 수 있다.

또한 미래에 기대되는 부차적 공정에 흑연계 재료의 개량, 초내열 합금의 개선, 초고온 환경에도 적응할 수 있는 기기류의 신뢰성 향상 등이 가능한데, 이미 기초적 시험로에서 성공하고 있다.

냉각장치는 냉각제를 순환시켜 노심에서 발생하는 열을 식혀주는 장치인데, 주로 물을 써서 원자로가 과열되는 것을 방지한다. 원자로는 핵연료와 냉각재의 종류에 따라, '가압수형' 경수로와 '비등수형'경수로, 중수로 기체 냉각로 등이 있다. 다시 말하면, 냉각재는 노심을 냉각하는 물질이다. 냉각재로는 중수와 경수 등의 액체가 가장 일반적이며, 이산화탄소(CO_2)와 헬륨(He) 등의 기체와 나트륨 등의 고체가 쓰이기도 한다.

경수로는 농축도가 3~4%의 저농축 우라늄(U)을 원료로 하고, 천연수 즉 보통의 물을 감속재와 냉각재로 쓰는 발전용 원자로를 말한다. 이에 반하여 중수로로는 중성자의 흡수는 많은 반면, 농축 우라늄만 사용할 수 있다. 그리고 냉각 방식에 따라, 비등수형과 가압수형이 있다. 한국의 대부분의 원자력 발전소는 초기에는 중수로를 건설하였으나, 현재는 효율성이 높은 경수로를 건설하여 사용하고 있다.

냉각재로는 주로 중수든 경수든 주로 물을 사용하고 있지만, 기체를 사용하는 경우도 있다. 기체 냉각로의 특징은 냉각재의 상태변화가 없어서 유리하고, 감속재로 사용되는 흑연의 열용량이 커서 안전성이 좋으며, 경수로에 비해 환경에 미치는 영향도 적다고 한다. 이때 냉각재로는 공기나 이산화탄소 등을 사용한다. 이것은 물을 사용하지 않기 때문에 방사선 유출이 없고, 열효율도 좋으며, 온수의 배출량도 적은 장점이 있다. 그러나 출력 밀도가 낮고, 대형으로 건설비가 많이 든다는 단점이 있다.

(2) 고속증식로(Fast Breeder Reactor, FBR)

현재 우라늄 원자력 발전은 동위원소 비율이 0.7% 밖에 되지 않는 값비싼 우라늄-235(^{235}U)를 쓰고 있다. 나머지 99.2% 이상의 값싸고 안정한 동위원소인 우라늄-238(^{238}U)를 사용하는 고속증식로(Fast Breeder Reactor, FBR)가 기대되고 있다. 이것의 기본 원리는 ^{238}U에 중성자(n)를 고속으로 충돌시켜 이것을 쪼개어 플루토늄(Pu)이 생성될 때, 감소하는 미량의 질량이 에너지로 전환되는 것이다. 이때는 핵분열에 의해 생성된 고속의 중성자를, 보통의 원자로와는 달리, 감속시키지 않고 그대로 사용 할 수 있다.

이 원자로의 기본 구조는 노심 핵 원료로서의 ^{235}U를 소량 놓고, 그 주위에 상대적으로 다량의 ^{238}U로 둘러싼다. 이 때 발생한 열을 식히는 냉각재로서 중성자를 감소시키는 효과가 훨씬 적은 용융된 금속 나트륨(Na)를 사용한다. 이 경우에도 안쪽에 있는 ^{235}U의 핵분열에 의해 중성자가 2～3개 발생한다. 그 중 1개는 핵분열이 계속하기 위해서 ^{235}U와 충돌하고, 나머지 1～2개의 중성자는 ^{238}U에 충돌 흡수하게 되는데, 이것은 다른 핵연료인 ^{239}Pu로 변환된다. 이렇게 되면, ^{235}U의 분열에 의한 에너지와 생성된 1～2개의 ^{239}Pu의 핵분열에 의한 에너지가 합치게 되어 많은 열을 방생하게 된다. 이와 같이 핵연료가 불어나게 되는 원자로를 증식로라 하고, '고속의 중성자'를 그대로 이용하기 때문에 고속로라 하는데, 이 두 가지 기능이 합하기 때문에 '고속증식로'라고 부른다.

고속증식로의 실용화를 위한 주요 기술은 이미 개발된 상태이기 때문에, 성능향상과 운전기술 습득 등의 발전 플랜트 기술이 더욱 개선되면 널리 실용화될 것으로 기대된다. 이 고속증식로는 경제성이 우수하기 때문에, 자원의 절약 차원에서도 우수한다.

(3) 핵융합(nuclear fusion) 에너지

앞서 태양 에너지의 원리에서 4개의 수소 원자핵들의 융합에 의해 한 개의 헬륨 원자핵이 생성된다는 것에 대한 간단히 설명한 바 있지만, 수소-수소 핵융합은 일반적으로 플라즈마(plasma) 상태에 있는 양성자끼리 합쳐져서, 식 $4{}_1H^1 \rightarrow {}_2He^4 + 2{}_1e^0$에 따라, 다른 원자핵(주로 He)을 형성하는 것을 말한다. 이 때 반응하는 두 수소 원자핵의 질량에 비하여 생성된 헬륨 원자핵의 질량은 아주 작게 감소한다. 이 감소한 미소한 질량이 에너지로 변환한 것이 바로 핵융합 에너지이다. 그러나 보통의 수소 원자핵(^1H 또는 원자번호까지 나타내면 $^1H_1$)은 인공적으로 융합시키는데는 매우 높은 열이 필요하기 때문에 기술적으로 매우 어렵다. 따라서 우선 더 온화한 조건의 핵융합 반응인 중수소($^2H = D$)끼리의 융합(D－D반응)에 기대를 걸고 있다. 이 D-D반응은 식 $^2H + {}^2H \rightarrow {}^4He + n + 3.2\ eV$으로 나타낼 수 있다.

중수소는 바닷물 1㎥속에 34g이 존재할 정도로 다량 함유되어 있고, 분리기술도 상당한 수준에 있기 때문에, D－D반응의 이용 가능성이 매우 높다. 그러나 이 반응도 기술적으로 아직은 완성단계에 있지 못하다. 따라서 현재 그 초보적 단계로서 중수소-삼중수소($^{3}H = T$) 핵융합 반응(D－T반응)에 초점을 맞추어 먼저 연구하고 있다. 그 반응식은 $^{2}H + {}^{3}H \rightarrow {}^{4}He + n$인데, 이 때 발생하는 열량은 17.6 MeV이다. 이 D－T반응이 ^{2}H와 ^{3}H의 혼합연료 1g을 사용하면, 석유 8톤 그리고 전력으로 약 10만 kWh에 해당하는 에너지를 얻을 수 있다. 물론 이 반응을 일으키기 위해서 필요한 조건은 아직 매우 까다롭다. 즉 적어도 2억℃의 초고온 플라즈마를 일정한 공간에 일정 밀도로 장시간 가두어 두는 등의 기술적 제약이 따르기 때문에 이를 극복하는데 어려움이 있지만, 2050년경에는 해결될 것으로 전망된다.

3.6 에너지 절약과 효율 향상 기술

3.6.1 에너지의 정의

에너지란 용어가 우리 생활 주변에서 많이 사용되고 있지만 그 의미가 추상적이어서 개념을 파악하기 쉽지 않다. 일반적으로는 일을 할 수 있는 능력으로 에너지를 정의한다.

일과 에너지는 아주 밀접한 관계를 가지고 있다. 일을 하여 주면 에너지가 증가하고 반대로 에너지가 일로 바뀔 수도 있다. 그리고 에너지의 크기는 에너지를 소비하여 이루어지는 일의 양으로 표시하며, 일의 양은 어떤 물체에 힘을 작용시켜 그 물체가 힘의 방향 또는 힘의 분력의 방향으로 어느 거리만큼 이동하였을 때 작용시킨 힘과 움직인 거리의 곱으로 나타내며, 단위로는 J(Joule)을 사용한다.

3.6.2 에너지 절약의 필요성

에너지는 거의 모든 경제 활동의 필수재로, 산업생산과 수송, 상업 및 가정용으로 그 중요성이 매우 크다. 에너지원의 수급이 원활하지 못하면 세계 및 국내 경제에 미치는 파급 효과가 커진다. 그 예로써, 석유의 가격이 인상되면 모든 경제 활동에 파급되어 산업 활동이 위축되고, 결과적으로 경제 성장률이 떨어지게 된다. 또, 국가적으로 소비되는 에너지의 양과 금액이 커서, 산업 구조에서 에너지 관련 산업이 차지하는 비중이 크다.

그리고 현대의 유용한 에너지원은 주로 화석 연료에 의존하고 있다. 이러한 화석 연료는 한정되어 있으므로, 에너지를 절약하는 것뿐만 아니라 새로운 에너지원을 개발하는 것도 중요하다. 이러한 화석에너지 자원들은 몇 년 뒤면 고갈될 것이고 이때까지 대체에너지가 개발되지 않는다면 우리들의 생활이 정상적이지 못할 것이다. 그리고 우리가 사용하고 있는 전기에너지등은 수력, 화력발전 등으로 공급하고 있지만 수요량에 비해 공급량이 현저히 부족한 상태이다.

그리고 우리나라에 매장되어 있지 않아 외국에서 수입하여 사용하는 화석연료의 과다 사용으로 인해 외채가 늘어나고 있고 환경오염이 날로 심각해지고 있다. 그럼에도 불구하고 수요량은 점점 늘어나고 있는 실태이고 에너지 과다낭비로 쓸데없이 사용되는 에너지가 많다. 지금부터라도 우리들은 외채를 줄이고 화경오염을 줄이고 자원의 고갈을 늦추기 위해 사소한 것이라도 아껴서 사용하고 절약하는 자세를 몸에 익혀 에너지를 절약하고 새로운 대체에너지를 개발하기 위해 힘써야 할 것이다.

3.6.3 에너지 절약 실천 방법

(1) 가장 효과적인 플러그 뽑기

콘센트를 꽂아놓음으로써 생기는 대기 전력은 기기 사용시 전기 소모량의 30%

를 차지할 정도로 높다. 일반 가정에서 부지런히 플러그를 뽑는 것만으로 한 달에 적어도 1만원은 전기세가 절약된다.

(2) 냉장고 위를 깨끗이 치워둔다

냉장고는 전기를 제법 많이 소비하는 가전제품이다. 냉장고는 밖으로 열을 방출하면서 안을 냉각시키는 원리이다. 따라서 평소 냉장고 위에는 물건을 올리지 않고 양 옆과 뒤를 최소 5~30㎝ 정도 비워두어야 냉각 효율을 높일 수 있다.

(3) 커튼 사용과 필터 청소로 에어컨 효율을 높인다

냉방 온도를 1℃만 낮춰도 에어컨 전력 소비의 10%를 줄일 수 있다. 그리고 외출하기 30분 전에 에어컨을 끄는 습관을 들이는 것도 절전 아이디어이다. 에어컨을 꺼도 30분 정도는 서늘한 냉기가 유지되기 때문이다.

(4) 밥은 4시간 이상 밥솥에 보관 않는다

밥 3인분을 7시간 동안 보온밥솥에 넣어두면 밥을 지을 때의 전력 소비량과 맞먹는 전기가 소모된다. 따라서 오전에 밥을 짓고 저녁에 다시 밥을 할 것 예정이라면 오전에 지어둔 밥은 밥솥에 두지 말고 꺼내어 식힌 후 냉동 보관하는 편이 낫다. 먹을 때 꺼내 전자레인지에 데우면 밥맛도 더 좋고 전력 소모량도 줄일 수 있다.

3.6.4 에너지 효율 향상기술

우리나라 에너지 부존자원이 부족하여 총에너지 소비의 97%를 수입에 의존하고 있는 실정이다. 따라서 에너지 위기가 발생했을 때 대처할 수 있는 방안이 별로 없는 아주 취약한 구조를 갖고 있다. 따라서 정부의 전략도 에너지절약에 기초한 이용합리화와 국산에너지라고 할 수 있는 신 · 재생에너지의 최대한 이용을 근간으로 하여 수립하고 있다.

이에 수반하는 에너지기술로는 크게 에너지절약기술, 신·재생에너지기술, 청정에너지기술 등이 있으나 에너지절약기술은 「에너지기본법」 제11조에 3항 제1호에 의거 에너지의 효율적 사용을 위한 기술개발에 관한 사항에 대하여 계획수립하고 이에 따라 에너지절약기술을 개발하도록 하고 있다.

국내 사정을 살펴보면, 에너지 자원 수입 의존도는 97% 수준이고, 온실가스 배출 비중은 1.7%로 세계 10위에 있으며, 에너지 효율향상 기술 수준은 선진국 대비 60% 수준에 머물고, 에너지 원단위는 OECD 국가 평균인 0.201보다 훨씬 떨어지는 0.351이다. 에너지 기술 개발 사업 중 에너지 효율 향상 예산 비중도 일본 50%, 미국 49%의 절반 수준인 24% 수준에 머물고 있는 실정이다. 현재까지 에너지 효율 향상에 대해서 얼마나 관심을 갖지 않았던 것인가를 보여 주는 것으로 지금부터 기후변화에 대응하는 국가 기술 경쟁력을 확보하기 위해서도 에너지 효율 향상을 위한 기술개발에 적극적이어야 할 것이다.

에너지 효율 향상은 기술개발, 고효율 공정 및 제품 개발, 국내 시장 확대, 수출증대, 기술개발 재투자 등의 순으로 이어지는 선순환 구조를 창출하는 긍정적인 효과도 갖고 있다. 에너지 효율향상은 고효율 및 고성능화, 고집적화, 저에너지형, 친환경 및 무공해를 통해 달성될 수 있다.

지식경제부는 에너지효율 향상을 위하여 생활밀착형 에너지 효율 향상 종합대책을 마련했다. 여기에는 전력 다소비 제품인 냉난방설비와 전력저장장치(ESS) 등을 에너지 효율관리 대상으로 선정하고, 가전제품과 조명기기 등의 에너지 효율기준 강화를 골자로 하는 생활 밀착형 에너지 효율향상 4대 중점과제를 선정해서 관리하고 있다.

EU, 일본, 미국 등 선진국에서는 국가 차원에서 에너지 효율 향상을 제고하기 위해서 체계적이고 구체적인 프로그램을 설정해서 지원하고 있다. EU는 2020 Action Plan을 통해서 2020년까지 20% 에너지 절감을 목표로 하며, 저탄소 기술을 바탕으로 청정에너지 사회 구현을 위한 SET Plan을 2007년 11월 발표하였다. 온실가스 감축을 위한 17개 기술로드맵을 제시하였는데 그 중 6개가 에너지 효율 향상

기술이었다. 일본도 2008년 Cool Earth 프로그램을 설정하여, 2050년까지 온실가스 감축목표 달성을 위한 21개 혁신 기술을 발표하였는데 그 중 12개가 에너지 효율 향상 관련 기술이었다. 미국은 2007년 기후변화기술프로그램(CCTP; Climate Change Technology Program)에서 20개 세부기술을 선정하였는데 그 중 7개가 에너지 효율 향상 기술이었다. 특히 EU의회에서는 2008년 말 고효율 열펌프를 신재생에너지 분류에 포함시켜서 2020년까지 에너지 절감율 20%를 달성하겠다는 구체적이고 신속한 방안을 실행에 옮기고 있다. 이는 유럽 지역의 보일러 업계들이 고효율 열펌프로 난방을 대체하게 하는 급격한 기업 환경 변화를 나타냈고, 국내 보일러 업체도 이에 가세하고 있다.

(1) 에너지 효율관리 대상 확대

전력피크 억제와 냉난방 에너지 수요관리를 위해 시스템에어컨(EHP)이 기존의 고효율 인증대상에서 효율 등급표시 대상으로 전환되며, 정부의 융자지원이나 공공기관 납품혜택 대상에서 제외되었다.

유통매장 전력사용량의 25%를 차지하는 냉장진열대(showcase)와 컴퓨터의 핵심 장비인 인터넷 데이터센터(IDC)용 서버나 스토리지 등은 효율등급표시 대상으로 지정되어 효율을 엄격히 관리한다.

(2) 에너지 효율기준 강화

김치냉장고, 전기세탁기, 식기세척기, 전기밥솥 등 주요 가전제품의 효율 1등급의 비율을 현행 30～60% 수준에서 10% 대로 축소하는 등 가전제품의 에너지 효율 기준을 강화한다. 단일기기로는 국가 전체 소비 전력량의 40%를 차지하는 삼상유도전동기(모터)의 효율기준을 강화하고, 대용량 모터의 효율향상을 유도하고 있다.

제 4 장 기후변화와 적응대책

4.1 기후변화에의 적응과 취약성 평가

4.1.1 기후변화 대응의 원리

〈기후변화 대응 대책〉

기후변화 대응 대책으로는, 인간 활동에 수반되어 배출되는 이산화탄소를 포함한 온실기체의 배출량을 감축함으로써 대기 중의 온실기체 농도를 안정화시켜 온난화의 진행을 막고자 하는 것을 저감대책(mitigation)이라고 한다. 지구온난화에 수반된 기후변화에도 자연, 사회시스템이 유지될 수 있도록 대응책을 강구하는 것은 적응대책(adaptation)이라고 한다. 우리나라를 포함한 세계의 많은 국가들이 온실기체의 배출량을 감축하는 저감대책에 큰 비중을 두고 있는데, 구체적인 대책으로는 에너지의 효율적 이용, 에너지 절약, 이산화탄소의 회수와 저장 등이 있다. 지구온난화는 이미 전 지구적으로 널리 진행되고 있다는 사실과 저감대책에는 큰 비용이 요구되기 때문에 개도국은 이러한 대책을 실행하기가 어렵다는 사실을 감안하여 저감대책보다 비용이 적게 드는 적응대책이 중시되기 시작하였다(IPCC, 2001; JPCC, 2003).

기후변화 대응 대책으로서의 저감대책과 적응대책은 양자택일적인 문제가 아니라, 상호보완적인 성격을 갖는 것으로서 그 비중을 해당 국가의 사정에 따라서 적절히 안배하는 것이 바람직하다. 온실기체의 배출량 저감에 최선의 노력을 하더라도 대기 중으로 일단 배출된 온실기체가 사라지지 않고 대기 중에 머무는 시간이 길기 때문에, 온실기체 저감노력이 효과를 나타내려면 기온상승을 포함한 기후변화에는 적어도 수 십 년이, 해수면 상승에는 수 세기가 걸린다. 그래서 경제적으로 여유가 있는 선진국은 지구온난화의 피해에 어떻게든 대응을 하겠지만 개도국은 기후변화의 피해를 회피하는 것이 사실상 불가능하다. 이러한 이유로, 경제적 능력이 부족한 국가일수록 지구온난화 대책 중에서 적응대책의 중요성이 더욱 크게 부각될 것이며 선진국가도 장래에 필연적으로 닥칠 기후변화를 효율적으로 회피해 가기 위해서는 적응대책을 필요하다.

〈기후변화 적응 대책〉

기후변화협약이 추구하는 궁극적인 목적(2조)은, "인위적 활동이 기후시스템의 변화를 가져오지 않는 수준까지 대기 중의 온실가스 농도를 안정화 시키는 것인데, 이 안정화 수준은 생태계가 자연에 적응하고, 식료품 생산이 위협을 받지 않는 정도이어야 한다. 또 이는 경제개발이 지속가능하게 유지되면서 달성할 수 있어야 한다는 것"이다.

적응대책에 대해서는 각 국이 취해야할 대책·조치의 하나로써, 기후변화협약과 교토의정서에 규정되어 있다. 말하자면, 교토의정서 2조(정책과 조치)에는 각 국에 공통적인 정책 가운데 적응 대책으로서는 기후변화를 고려한 지속가능한 농업의 촉진을 언급하고 있다.

적응이라는 용어는 생태계, 생물기상, 건강분야 등에서 다양한 의미로 사용되고 있다. 이를 대별해 보면, 생물의 유전적인 변화를 유발하는 적응(유전적 적응)과 개체와 그 군집에 나타나는 적응(비유전적 적응)이 있다. 여기서 다루는 지구온난화 적응대책은 비유전적 적응의 문제인데, 과거에 다루었던 생물과 생태계, 인간개체의 적응만이 아니라 사회·경제시스템이 기후변화에 장래에 예상되는 문제 또는 사후적으로 대응하는 경우도 포함해서 적응이라고 간주한다.

지구온난화 대책으로서의 적응대책은, 현재 진행되고 있고 장래에도 지속될 것으로 예상되는 온난화에 대해서 자연생태계와 사회시스템의 기능과 체제 전체를 조절함으로써 그에 대응해 가고자 하는 것이다. 적응은 말하자면 인간이 새로운 환경에 자동적으로 익숙해져 가는 것과, 에어컨 등의 공조시설을 정비하여 여름철 더위에 대응하는 행동과 같이 계획적으로 수행하는 것이다. 적응을 정의할 때에는, "누구 또는 무엇"이 "무엇에 대해서", "어떤 과정과 형태"로 적응할 것인가를 고려할 필요가 있다.

과거의 지구온난화 영향, 적응, 취약성 등의 관계를 나타낸 것이 <그림 4-1>이다. 적응대책이 제대로 수립되어갈 것인가의 여부는 기술의 진보, 제도의 정비, 자금의 이용가능성, 정보, 사회적 수용성에 의존한다. 선진국에서는 농업, 수자원 등의 관리된 시스템에 대한 이용 가능한 적응대책이 진척되고 있지만, 개도국에서는 경제적 이유로 해당 분야의 기술도입이 이루어지지 않든가 적절한 관련 정보가 제공되고 있지 못한 실정이다. 이러한 문제를 해결하기 위하여 국제 사회에서는 선진국이 개도국에 해당 기술을 이전하는 문제가 검토되고 있다(IPCC, 1994, 2000, 2007).

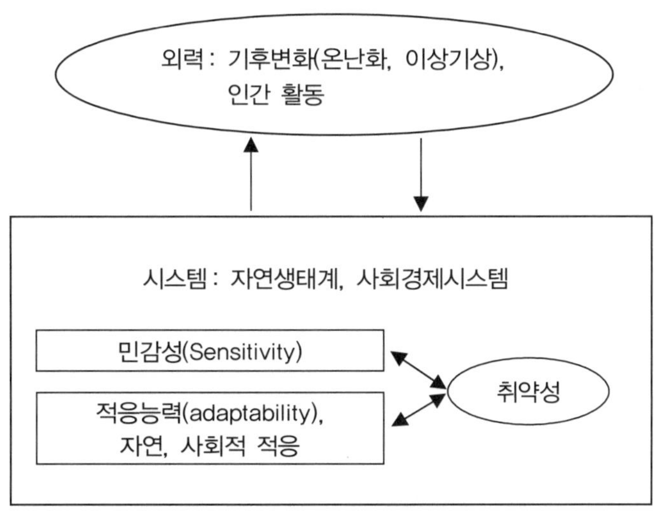

그림 4-1. 영향·적응·취약성의 관계

4.1.2 각 분야의 적응대책과 평가

(1) 적응 option의 분류

적응평가연구에 있어서는, 적응 option의 리스트 업과 그것의 포괄적인 평가·선택이 이루어진다. 적응 option의 비교평가를 위해서는, 각 option의 비교평가를 위해서는 각 option의 적절한 표현과 분류가 필요하다. <그림 4-2>에는 대책시기와 실효성(performance) 등의 관점에 의한 적응 option의 특징과 분류의 예가 나타나 있다.

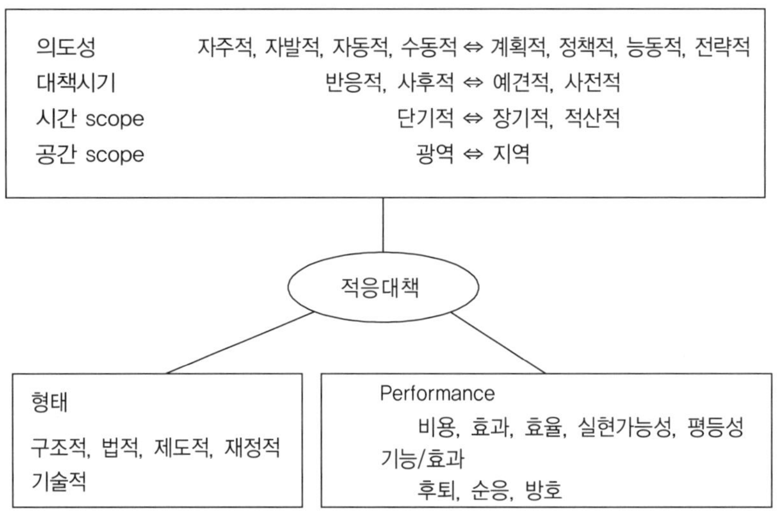

그림 4-2. 적응대책의 특성 분류

적응대책의 분류로서는, 의도성(의도적으로 계획된 것인가, 아니면 자동적으로 이루어진 것인가의 문제)과 시의성(사후적인가 예측의 문제인가)에 의한 유형의 나눔이 많이 이루어진다(Smit et al., 1999; Smith et al., 1996을 기초로 제작). 또, 기상·기후재해에 대한 개별 주체의 대응행동의 선택에 주목한 적응대책의 분류도 있다.

적응대책에 대한 효과평가는 비용, 편익, 공평성, 효율성, 실행 가능성 등의 기준

표 4.1 적응대책의 유형화 사례(JPCC 3차 보고서, 2003)

		사전적 적응	사후적 적응
자연생태계			◦ 성장기간의 변화 ◦ 생태계 구성요소의 변화 ◦ 동·식물의 이동 (고위도, 고지대로의 이동)
사회체제	개인	◦ 보험에 가입 ◦ 안전기준을 높여 가옥을 건설	◦ 농경기술의 개발 ◦ 보험 납입금의 변경 ◦ 공조 설비 설치
	공공	◦ 조기경보시스템(홍수, 열파) ◦ 새로운 건축기준과 설계 표준 설정 ◦ 안전을 고려한 재배치에 대한 인센티브	◦ 보증금, 보조금의 확보 ◦ 새로운 건축기준의 시행

에 기초하여 이루어진다. <표 4.1>은 자연, 사회체제 별, 사전적·사후적을 축으로 적응대책을 분류하고, 사례를 나타낸 것이다(Klein et al., 1997a, b를 바탕으로 작성).

(2) 적응 option

IPCC의 2차보고서 발간 이래로, 지역 차원의 지구온난화 영향에 관한 특별보고서를 거쳐, 적응연구의 중요성이 인정되고 있다(IPCC, 1996, 1998a, b, 2001, 2007). 각 분야에 있어서 구체적인 적응 option 이 제시되고 있는데, 그것의 많은 부분은 미래 예상되는 기후변화에 대해서만이 아니라 현재 상태에서도 편익이 기대되는 것들이다. <표 4.2>는 적응을 수행하는 주체(집단/개인)별로 분류된 건강에 미치는 영향에 대한 적응 option이다(Klein and Tol, 1997 a, b).

<표 4.3>에서는 농업 영향에 대한 적응 option을, 적응대책의 형태별로 정리해 두었다. <표 4.4>는 연안지역의 영향에 대한 option을 정리한 것이다(Misawa and Harazawa, 2000). <표 4.5>에는 수자원의 영향, 특히 갈수와 수질악화에 대한 적응 option을 정리해 두었다(Klein and Tol, 1997b). 갈수에 대해서는 수요측면의 기술과 공급측면의 기술로 분류하여 제시하였다. 수질악화에 대해서는, 일반 오염물질과 해수침입에의 적응으로 나누어 나타내었다. 각 영향분야 전문가들의 연구 성과가

표 4.2 인간 건강에 관한 적응 option(Klein and Tol, 1977).

건강에 미치는 영향	집단차원의 적응대책	개인차원의 적응대책
열 스트레스	에어컨 건축물의 단열시공 도시녹지화	의료 지원 강화 각 가정의 냉방시스템
강풍	빌딩의 강도 강화 조기 경보시스템 방재계획	
홍수	홍수 방호시스템 이동성의 개선 하천정비	각 가정의 홍수 대처 능력 개선
동물매개의 질병	매개 동물의 제어 예방 의료 활동 강화 건강감시·관리계획 환경관리	방충활동 확대
물/식료품 매개의 질병	물 공급 시스템의 개선 물 정화기술 개선 살균기법의 개선 예방 의료 활동 강화 건강감시·관리계획 환경관리	각 개인의 청결 관리
식물화분에 의한 알레르기	알레르기 경보시스템	항 알레르기제의 섭취

집적되어 감에 따라서 적용 option에 관한 정보도 집적되어가고 있지만 아직은 적응 평가 기법을 실제로 적용하고, 최적의 option을 제시하는 단계에까지는 이르고 있지 못하다. 향후 이 분야의 성과를 리스트 업 하여 갈 때에는 비용, 효과, 현실성 등에 관한 정보도 아울러 정비해가야 하는 것이 과제이다.

표 4.3 농업 부문의 option(Misawa and Harazawa, 2000)

적응 분류	적응 option
물·토양의 보전	토양침식의 제어를 용이하기 위해 밭의 세분화 토양침식의 제어를 위해 과도한 경작을 회피 토양침식을 억제하기 위해 주변 식생관리 유량을 억제하기 위해 등고(等高)경작 물이용의 억제와 토지보전을 위해 윤작 물이용의 억제와 토지보전을 위해 휴경
토질의 개량	관개 스케쥴을 개량함으로써 염해(鹽害)를 개선 알카리 토양의 개선 토양의 비옥화
경작활동	경작시스템의 변경(輪作, 間作) 증발산을 억제하기 위해 플라스틱 필름 도입 잡초의 억제 곡물의 식재 간격 넓히기 토지이용 유형의 변경 경작 준비기간을 단축하기 위한 기계 이용 파종시기의 조정 씨앗을 보다 깊게 심기 열 스트레스에 강한 작물의 재배 염해 스트레스에 강한 작물의 재배 물이용 효율이 높은 작물의 재배
물이용의 효율	스프링클러 – 관개 파이프 관수로 배수 시스템 관개 스케쥴의 조정
경제적 정책	절수에 인센티브를 주는 규제의 시행 자원의 효율적 사용을 권장하는 법률의 정비 재해원조/복구계획 보험 고효율의 관개시스템에 보조금 무역정책
신기술 연구에의 투자	신 종자, 신 비료, 관개 기술의 개선 농업의 취약성에 관한 연구지원 침식과 사막화를 방지하기 위한 식재에 관한 연구지원 열/갈수 스트레스에 내성이 있는 작물 개발연구 지원 해수면 상승에 따른 연안지역의 방호

적응 분류	적응 option
인프라 건설	저수지, 관개수로의 건설 장거리 물 수송 프로젝트
교육과 인지	농민들에게 지식 전수 소비자와 사회에 문제 인지
토지관리	토양침식을 억제하기 위한 식재 토지이용계획 토질의 향상 사막화의 억제
수자원 관리	보다 정확한 수자원 감정 지하수의 보호 물의 리사이클 관련의 법률 정비 수질오염을 규제하는 법률 정비
농가 차원의 추가적 적응대책	물이용 효율을 최적화하도록 시비 농약과 잡초의 제어 병해충 예방 온실 경작 적지(適地) 경작
정부차원의 추가적 적응대책	이민 도시화 대책 시량 수입의 증가 휴경지에 다년생 식물의 식재
인간행동	

표 4.4 연안지역의 적응 option

적응 분류	적응 option
후퇴	연안지역에 가까운 지역의 개발을 피한다. 조건에 따라서 개발을 포기해 간다. 정부보조금 지급으로 개발 회피
순응	최악의 영향을 피하기 위한 선진적 계획 토지이용 · 건축기준의 변경 생태계의 방호 위험지역에 엄격한 규제 방재보험
방호	hard technology – 방어벽의 설치 soft technology – 사구, 습지의 복원 – 식림

표 4.5 수자원의 적응 option

<table>
<tr><th colspan="2">수자원의 영향</th><th>적응 option</th></tr>
<tr><td rowspan="2">갈수대책</td><td>수요측면</td><td>– 물이용 효율이 높은 기술의 선택
– 적정한 물이용을 권하는 경제적·법적 수단
(적절한 가격설정, 소유권)</td></tr>
<tr><td>공급측면</td><td>– 저수용량을 높이는 기술
– 증발산, 누수에 의한 손실을 감소시키는 기술
– 유역간의 물수송
– 배수의 재이용</td></tr>
<tr><td rowspan="2">수질대책</td><td>오염물질</td><td>– 오염물질 배출의 규제와 제어
– 유량 증가에 의한 오염물질 희석
– 여과</td></tr>
<tr><td>해수의 침입</td><td>– 방호벽
– 하구로 염수의 침입이 없도록 하천유량을 조정
– 해수침입을 막는 인공장치
– 해수침입에 내성이 있는 작물의 재배로 전환
– 취수구를 보다 상류로 이전</td></tr>
</table>

(3) 적응대책의 평가방법

자동적인 적응대책의 평가는 영향평가 모델 중에 자동적인 적응 과정을 표현하여 수행한다. 계획적인 적응의 평가기법으로, Klein and Tol(1997a, b)은 적응대책 비용과 경감되는 기후변화 영향을 금전적으로 비교하는 비용편익 분석과 금전평가에 적절하지 않은 경우에 어떤 목표 수준의 손실경감을 달성하기 위하여 필요한 대책비용을 산출하고, 대책의 타당성을 검토하는 비용효과분석, 복수의 평가축에 기초하여 정책의 유효성을 검토하는 분석 등을 제시하고 있다.

(4) 적응평가 사례 – 일본

일본의 경우에도 적응평가가 적용된 연구사례는 매우 적다. 그 가운데서 찾아볼 수 있는 몇몇 사례를 소개하면 다음과 같다. 삼림생태계에 대해서는 기온상승에 따라 자연림이 고위도로 이동(자동적 적응)해 가는 문제에 대한 검토가 이루어지고 있다. 농작물 생산의 품종전환과 재배 시기의 변경을 통한 적응에 대해서 호리에(Horie et al., 1996) 등은 벼를 대상으로 평가하여, 북해도에서 만생종을 선택하고 모내기를 앞당기면 생산량을 최대 50% 증산시킬 수 있을 것으로 예상한 바 있다. 동북지방에서는 같은 방식으로 생산량을 10% 정도 증산할 수 있을 것으로 예상되었다. 하지만 서남부 지역에서는 생산량 증산이 기대되지 않았다. 벼 이외의 곡물에 대해서는 Kiyono(1995)가 CERES 모델을 이용하여 밀과 옥수수를 분석하였다. 기후변화는 농작물의 성장에 직접적으로 영향을 미칠 뿐만 아니라, 잡초의 성장 패턴을 바꾸어 간접적으로 영향을 미치기도 한다. 잡초의 성장 패턴에 미치는 영향에 관한 연구가 수행되어, 잡초 관리를 통한 적응대책을 위한 정보를 얻고 있다. 작물 생산의 측면에서 적응에 부가하여, 국제적 또는 지역적인 공급 안정(비축과 유통) 제도의 구축이라고 하는 식량안보를 통한 적응대책도 수행되고 있다. 하지만, 그 효과에 대한 정량적인 평가를 수행한 연구는 거의 없다.

4.1.3 도시의 적응대책

오늘날 도시열섬현상이라고 일컬어지는 도시의 열 스트레스가 전 세계적으로 사회적 문제로 대두되고 있다. 그래서 이것을 개선하고자하는 연구가 활발하게 이루어지고 있다. 이 문제는 지역에 따라서 그 원인은 다르더라도 온난화가 도시 지역에서 선행적으로 그리고 보다 강하게 나타나고 있는 사례라는 점에서 공통점이 있다. 그 대책은 지구온난화 시의 적응대책과 공통점이 많은 것으로 생각된다(그림 4-3).

온난화 대책 중에는, 그것을 추진해가면 필연적으로 도시 열 환경 개선대책을 추진한 것과 같아지는 경우가 많다. 또, 도시 열 환경 개선대책에는 대기오염대책, 도시경관정비의 기능을 동시에 가져오는 것이 많다. 따라서 이런 대책들을 체계적으로 정리하여 종합적인 열 환경 대책으로 추진하는 것이 중요하다.

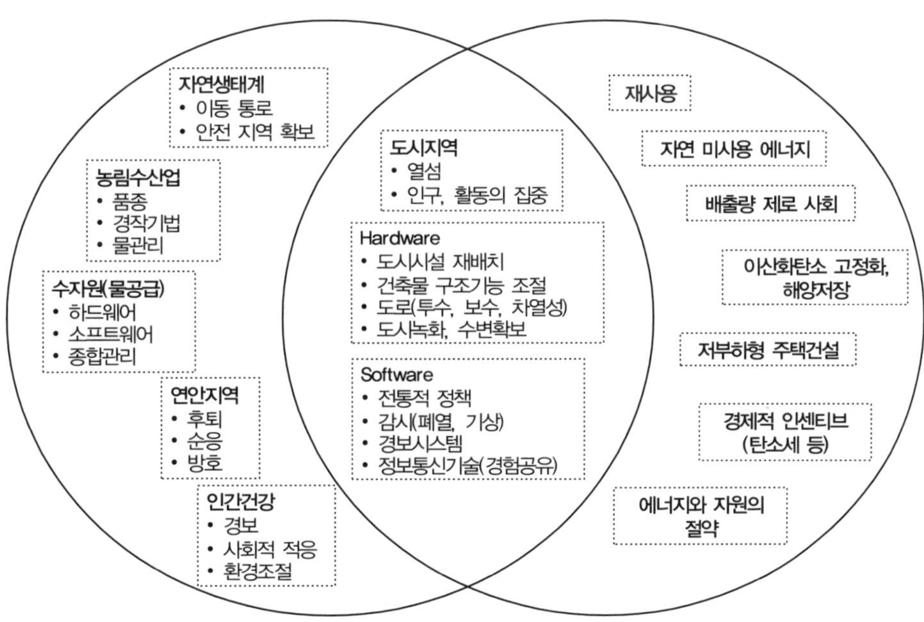

그림 4-3. 지구온난화에 대한 저감대책(mitigation)과 적응대책(adaptation)

〈도시 지역의 온난화 적응대책으로서의 도시 열 환경 개선대책〉

도시 열 환경 개선대책 가운데 가장 일반적인 것은 도시의 국지적인 열 환경을 개선시켜 도시의 고온화를 막는 것이다. 하드웨어적인 대책으로는, 인공배열의 삭감, 지표면 피복의 개선, 도시구조의 개선 등이 있다(그림 4-4).

또 소프트웨어적인 대책으로는 다음과 같은 점을 고려할 수 있다.

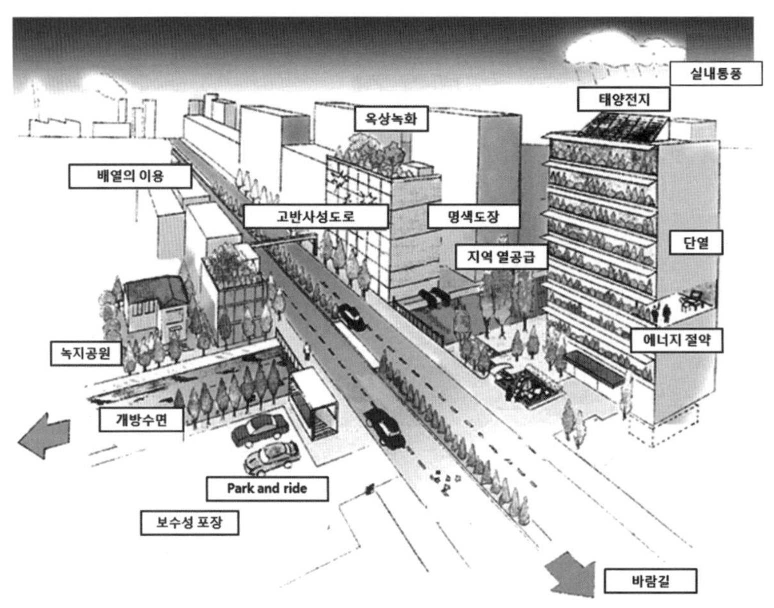

그림 4-4. 주요한 도시열섬 억제 대책

(a) 지역 환경계획, 도시 마스트 플랜 반영

지역 기본계획에, 위에서 지적한 하드웨어적인 대책 추진을 반영해갈 필요가 있다. 이들 기본 계획에 기초하여 기본적인 실시계획(행동 계획)의 단계에서 보다 구체적인 실시항목을 반영시켜간다.

(b) 환경영향평가와의 관계

환경영향평가에서, 시설정비(대책 도입효과)에 의한 "체감 기온의 변화", "인공

배열량" 등을 평가 항목으로 한다. 즉, 도시 열 환경의 평가지표, 평가기준, 평가기법을 구축할 필요가 있다.

(c) 기초자료의 수집

각 시책효과에 대한 정량평가에 필요한 자료를 정비해 갈 필요가 있다. 자치단체의 환경정보 시스템 중에서 도시 열 환경 관련의 감시 항목이 강화되어져야 한다. 비교적 수집하기 쉬운 자료로는 인공 배열량 분포와 도시의 기상자료 등이 있으며, 기후지도(Klimaatlas)의 정비 등도 필요할 것이다. 또, 현재의 녹지피복자료는 항공기 사진을 이용하는 것이 좋다. 도시 내의 소규모 녹지, 토지피복에 대한 조사도 필요할 것이다. 이런 자료는 지리정보시스템(GIS)로 관리하는 것이 효과적이다.

(d) 보급 개발

도시 열 환경에 관한 정보의 보급과 개발도 중요하다. 이것은 에너지절약 대책, 온난화 방지대책 행동의 일환으로도 활용할 수 있다. 개발대상은 시민, 사업자, 자치단체 담당국도 있다.

(e) 평가기법의 개발

대책 메뉴의 정리, 개별 대책의 도입효과를 평가하는 기법을 명확화, 도시 열 환경 평가기법의 명확화, 개별 대책의 평가기법과 도시 전체에 대한 종합 평가기법의 개발이 필요하다.

(f) 계획 책정

지역환경계획, 지구온난화 방지계획, 도시정비계획 등, 각각의 지역 시책에 도시 열 환경대책을 반영하는 노하우를 일반화할 필요가 있다.

이러한 전략을 채택하여 도시열섬 억제 대책을 적극 도입하고 있는 독일과 일본의 사례를 살펴보도록 하자.

(1) 독일의 도시열섬 억제대책

독일은 주로 내륙 도시를 대상으로 여름 철 열 스트레스 완화와 겨울철 대기오염 부하량 감축을 목적으로 도시계획을 위한 기후해석을 널리 활용하고 있다(Ichinose, 1999). 기후해석으로부터 도시계획에 대한 "어드바이스 맵"이 산출되는데, 도시계획자가 법적 구속력을 갖는 B-plan(지구 상세계획 · 건축계획)을 작성할 때에 참조하고, 그 내용을 B-plan에 반영시키도록 권장되고 있다. 그 결과, "바람의 길"로 대표되는 도시기후보전을 배려한 도시계획상의 시책이 이루어지고 있으며, 그 성과가 나타나고 있다. "바람의 길"로 대표되는 독일의 환경 공생형 도시계획 기술(특히, 도시 열 환경 제어)에 대해서, 요약해서 표현하자면 다음과 같다. 상세한 바람 조사에 기초하여 청정한 기류를 시가지로 도입시키기 위하여, 독일 특유의 엄격한 도시계획 제도를 구사하여 도로, 공원, 삼림, 건축물 등의 재배치를 포함한 도시정비계획이 진행되고 있다. 구릉지에서 야간 복사냉각으로 생성되어 시가지를 지나 불어나가는 냉기류는 열섬과 대기오염의 문제에 대해 천연의 환경완화 기능을 발휘한다.

근래, 일본에서도 바람의 길을 도시 마스트 플랜에 반영하는 지자체가 나오고 있지만, 바람의 길을 확보할 필요성에 대한 논의는 충분하지 못한 실정이다. 말하자면, 일본 대도시의 대부분은 해안지역에 입지하여 독일의 내륙도시에 비하여 풍속이 강해서 대기오염 대책으로서의 의의는 그다지 커지 않다. 하지만 여름철 열 스트레스는 일본의 많은 도시에서 문제로 대두되고 있기에 해풍을 적절히 도입하는 등, 일본 형 "바람의 길"을 검토할 필요가 있다. 독일의 내륙도시는 연중 바람이 약하여 대기오염에 약하기에 시가지의 환기 기능을 확보하는 문제가 중요하게 다루어져야 하는 상황에 있다.

도시기후 보전을 고려한 도시계획을 실현하기 위한 일반적인 절차 가운데, 기후학자가 맡아야 할 부분은 기후해석이다. 독일에서는 기후해석이 이루어지고 보고서가 나오고 있는데, 그림의 범례(다음에 기술할 Klimatope의 분류체계 등)와 해석의 과정에서 이용되는 환경요소(기후요소와 대기오염 물질)는 도시마다 상세한 점에서는 차이를 보이지만, 기후해석이 이루어지는 공통된 과정을 정리하면 다음과 같다.

(a) 기상자료의 수집·정리

대상지역 내에 수개 지점에서 수십 개 지점에 기온과 바람을 포함한 기상자료를 얻을 수 있는 관측 망을 설치하여 기후자료를 얻어 각 기후요소별로 분포지도를 작성한다.

(b) 기본적인 공간 정보의 수집·정리

토지이용과 인구밀도, 대기오염 부하 발생량 등의 자료를 기후요소와 중첩시켜 다양한 공간정보를 제공한다.

(c) 수치계산과 풍동실험에 의한 현상의 재현

관측 자료의 보완, 또는 현상의 이해를 위하여 수치계산(지상 풍계와 기온 분포, 대기오염 농도의 공간 분포) 결과도 도시기후의 해석에 이용된다. 또 인간에게 큰 의미를 갖는 것은 단순한 기온보다는 PET(Physiologically Equivalent Temperature)나 PMV(Predicted Mean Vote) 등의 체감 지표이다. 따라서 도시열섬 현상자체도 기온보다는 이러한 지표로 나타내어야 한다는 주장도 대두되고 있다.

(d) 기후기능 맵의 작성

위에서 기술한 3가지 과정으로 얻은 정보를 통합하고, 국지규모의 기후에 미치는 영향에 따라서 지역을 구분한다. 이 지역구분의 단계에서 자주 사용되는 방법이 기후구분(Klimatope)를 작성하는 일이다. Klimatope란, Biotope에 가까운 개념이다. 즉, "균질한 미기상학적 특징(기온, 습도, 풍속 등)을 나타내는 공간"이라고 해석된다. 이를 제작하는 데에는 경관(Landschaften)분류와 항공기 관측에 의한 지표면온도 등이 참고자료로 이용된다. Klimatope의 종류로서는, 삼림, 녹지공원, 정원이 붙어 있는 독립주택지역, 중심시가지, 공업지역 등이 있다. 구역 구분의 결과는 기후기능분석지도(Klimafunktionskarte)로 정리되어진다. 또 여기에는 교외에서 중심시가지 지역으로 불어 들어오는 냉기류가 "바람의 길"로 표현되는데, 이 지역은 시가지의 통풍 개선전략을 세울 때에 중점적으로 보전해야할 지역이 어디인지를 한 눈에 파악되도록 표현된다.

이는 도시계획 수립 시에 냉기류의 풍향을 따라서 녹지를 교외에서 도심지를 향하도록 식재를 한다든가, 냉기류의 흐름을 방해하는 건축행위를 피하도록 하는 것에 이용된다.

(e) 도시계획에 어드바이스 맵을 작성

기후기능분석지도를 바탕으로, 지역마다에 장래의 도시계획 처방전이 주어진다. 이것을 지도로 표현한 것이 도시계획에의 "advice map"이다. 이 지도에도 처방전으로 구역구분을 행하는 형태를 취하고 있는데, 범례에는 "부근의 거주 지역에 있어서 국지적인 기후보전 기능이 높아 개발로부터 지켜야할 녹지"와 "당분간 좀 더 개발을 하더라도 기후와 대기오염에 관해서는 영향이 적을 것으로 판단되는 시가지" 등이 있다.

도시계획자는 법적인 구속력을 가지고, 건물의 형상을 규제하는 지구상세계획을 입안할 때에 이 advice map을 참조하도록 강한 권고를 받고 있다(의무 사항은 아님.).

(2) 일본의 도시열섬 억제 대책

〈도시열섬현상의 정의〉

열섬현상이란 도시화에 의한 지표면 피복의 인공화(건물과 아스팔트 포장면 등의 증가)와 에너지소비에 수반된 인공배열(건물 空調와 자동차의 주행, 공장의 생산 활동 등에 수반되는 배열)의 증가로 지표면의 열수지가 변화하여 발생되는 열적인 대기오염으로 도심부의 기온이 교외에 비하여 섬처럼 높게 형성되는 현상을 말한다.

열섬현상을 유발하는 요소에는 지표면 피복이 변화함으로써 반사와 복사량에 변화가 생겨 지표면과 대기 간에 대류현열과 증발잠열의 변화, 인구와 산업이 집중함에 따른 인공배열의 증가와 그것의 방출 형태, 도시를 순환하는 해륙풍 등의 기후조건 등 많은 요소가 관여되고 있다.

〈열섬 평가를 위한 검토 대상과 규모〉

열섬현상과 그 대책을 검토하는 경우에 대상의 규모가 중요하다. 열섬현상 그 자체는 당해 도시의 전체를 커버할 수 있는 5-50만분의 1 규모로 파악되는 것이지만, 그 대책을 검토하는 경우에는 규모가 큰 도시형태의 개변에서부터 지표면 피복의 개선, 인공배열의 삭감 등 5백분의 1 이하의 대단히 상세한 규모에 이르기까지 논의가 미친다. 이 조사에서는 규모를 4개로 나누고, 그 가운데 제1, 제2계층을 중심으로 검토를 하고자 한다.

표 4.6 열섬평가를 위한 검토 대상과 규모

계층	스케일의 기준	검토의 관점	지 표
1	1/500,000 ~ 1/50,000	도시 전체의 열섬현상을 파악한다. □ 도시전체의 형태	도시와 교외간 기온차 풍향풍속
2	1/30,000 ~ 1/3,000	열적 · 기후적 특성에 의해 等質인 지역이 분류된다. □ 도시계획 등	기온분포 대기열부하량
3	1/2,500 ~ 1/1,000	국지적인 고온화, 통풍저해 등의 개별적인 문제가 지적된다. □ 지구종합계획 등	국지적인 기온분포 국지적인 풍향풍속
4	1/500 ~ 1	개개의 건물 주변에서 체감적인 열환경의 문제가 지적된다. □ 건물계획 등	체감지표

〈현상의 파악〉

일본 전체로는 지구온난화로 기온이 100년간에 약 1℃(평균기온) 상승하였지만, 동경의 평균기온은 약 3℃ 상승하였다. 또, 동경의 일최고기온의 연평균치는 같은 기간에 약 2℃ 상승하였는데 일최저기온의 연평균치는 약 4℃ 상승하였다. 상승폭이 큰 일최저기온에 대해서는 동경도심부와 주변 도시들에 대해 최근 100년간의 변화를 비교해 보았다. 주변 도시의 상승이 2℃ 전후인 데에 대해서 동경 도심부는 그것의 2배의 빠르기로 상승하고 있어, 관동 평야에 위치한 도시의 최저기온이 상승하고 있는 중에서도 동경 도심부의 열섬현상이 매우 현저함을 알 수 있다.

〈영향의 파악〉

열섬현상에 의한 도심부의 고온화는, 열사병의 증가와 벚꽃의 개화시기의 변화 등에 영향이 나타나고 있음이 이 조사에서 밝혀졌다. 동경 도내의 1984년~2001년간의 하계(7월~9월)에 고온과 일사병으로 병원에 실려 간 사람의 수와 매년 30℃ 이상이 나타난 시간 수와의 관계를 나타낸 것이다. 이것을 보면, 30℃ 이상이 나타난 시간 수가 증가하면 실려 간 사람의 수도 증가하는 관계에 있는 것을 알 수 있다.

에너지 소비의 면에서는 하계의 냉방사용에 의한 전력에너지의 피크수요가 증가하여 도시 전체의 에너지 효율이 저하하고 그에 수반하여 이산화탄소 배출량이 증대될 우려가 있다.

또 열섬현상이 도시의 대기오염을 조장하고 있다는 지적도 있다. 겨울에는 열섬현상이 현저한 날에 도심부의 질소산화물 농도가 상승하는 것이 확인되었다. 이것은 겨울철에 야간에서 아침에 걸쳐 도시의 상공에 역전층이 형성되고, 이로 인하여 덮개로 덮여진 dust-dome 상의 혼합층이 형성되기 때문에 도시 내에서 배출된 대기오염물질의 확산이 저해되기 때문이라고 판단된다. 또 여름철 광화학 옥시던트에 의한 광역 대기오염에 도시의 열섬현상이 관여하고 있을 것으로 여겨지기도 한다.

〈열섬현상의 요인〉

도시화가 진전됨에 따라서 건물과 도로가 정비되고 이로 인하여 자연적인 피복이 감소한다. 그리고 생화양상의 변화와 정보사회의 도래 등에 따라서 도시에 많은 양의 에너지가 투입되어 인공열의 방출이 증가되고 있다. 이들 지표면 피복의 변화와 인공열의 증가가 열섬현상을 촉진하고 있다.

[지표면 피복의 변화]

녹지와 수면이 기온저감효과를 가져오고 주변에 저온의 청정한 공기를 제공하는 기능이 있다는 것은 많은 관측결과로 명확히 규명되고 있다. 숲을 포함한 자연적 피복을 동경의 도시개발이 본격화되기 이전의 상황(1930년대)과 현재의 상황을 비교해 보았다. 1930년대에는 동경 23구의 평균으로 70% 이상을 점하고 있던 나지와 초지가 현재에는 40% 이하로 변해 있는데, 이것이 대류현열의 증가를 가져오고 있다.

또 아스팔트 등의 인공적인 피복은 열용량이 커서, 낮에 일사를 받아 축적한 열을 야간에 방출하기 때문에 야간의 기온을 상승시키는 하나의 요인이 된다.

[인공열의 증가]

인공열에는 공조(空調) 등 건물에 기인하여 발생하는 건물배열, 자동차의 주행에 수반된 자동차 배열, 공장 등의 생산 활동에 수반되어 발생하는 공장 배열 등이 있다. 동경 23구 전체를 살펴보면 건물배열이 약 50%를 점하고, 자동차 배열이 40%, 공장배열이 10%를 점하고 있다.

<그림 4-5>는 일평균의 인공열(현열+잠열)의 분포를 나타낸 것이다. 동경 23구의 인공열 평균은 31W/m^{2}인데 이것은 동경의 8월 평균 전천일사량의 18%에 상당한다. 또 도심 3구와 Ikebukuro, Shinjuku, Shibuya의 3개 상업 업무시설이 집적되어

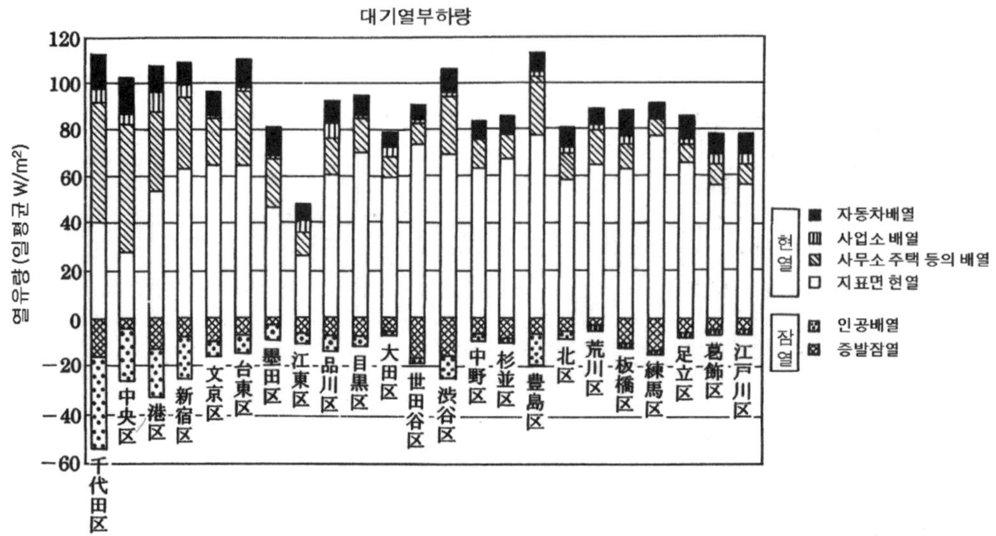

그림 4-5. 23구별 일평균 현열 · 잠열의 분포
(대기열부하량 : 환경성 열섬 실태 해석 조사검토 위원회, 2001)

있는 지구에서는 100W/m²을 넘고 있으며, 그 중에는 200W/m²를 넘는 곳도 보여 열섬현상에 적지 않게 기여하고 있는 것으로 판단된다.

〈도시의 형태〉

도시에 있어서 열섬현상의 억제에는 대류현열과 인공열을 삭감하는 것과 동시에 가열된 공기를 효율적으로 환기시켜 도시 내의 기온이 상승되지 않도록 하는 것도 중요하다. 많은 고층건물이 밀집해 있는 곳에는 통풍이 저해된다든가 야간의 복사냉각이 방해받는다는 사실이 알려져 있다.

중장기적으로는 대기의 열부하량이 많은 지역을 중심으로 대류현열과 인공열을 억제하도록 배려함과 동시에 지역의 바람 흐름을 고려하고 나아가서 녹지를 확보하는 등, 쾌적한 도시환경을 형성하도록 하여야 한다.

〈열 환경으로 본 도시의 기후해석〉

현상으로서의 기상(기온, 풍속 등), 요인으로서의 지표면 피복과 대기의 열부하량의 분포 등을, 목적에 따라서 지도상에 중복해서 나타냄으로써, 검토하여야할 문제를 보여줄 수 있다. 말하자면, 열대야일수가 가장 많은 지구는 Otemachi등의 도심부이지만 영향을 받는 야간인구는 주변부로 이동해 있다. 열대야의 완화를 향한 대책을 효과적으로 수행하기 위해서는 야간의 열부하 발생량이 많은 지역뿐만 아니라 주변의 주택지 등에도 적극적으로 대책을 강구할 필요가 있다.

이때 유효해지는 것이 아래와 같은 기후해석도이다. 여기서는 예로서 야간에 대기 열부하량(현열)이 많은 지구를 바람 상황 등과 함께 나타내고 있다. 이것들을 중복해서 봄으로써 고온에 폭로되는 인구가 많고 열부하가 높은 지구부터 대책을 강구하는 것이 효과적일 것으로 판단된다.

즉 문제의 명확화와 이것에 대처하기 위한 기초정보의 해석을 통해서 열섬대책의 문제를 명확히 할 수 있다.

〈수치실험에 의한 열섬대책의 검토〉

열섬대책은 인공적인 지표면 피복의 개선, 에너지절약과 신재생에너지의 활용에 의한 인공열의 삭감, 중장기적으로는 도시 내에 방출되는 열을 효과적으로 발산시킬 수 있는 도시형태의 구축이라는 3가지로 크게 나눌 수 있다. 본 조사에서는 동경23구를 대상으로, 여름철에 있어서 "열대야의 삭감"과 "주간의 고온화 완화"를 목표로 하여, 도시의 건물형상 변화를 수반하지 않는 단기적인 대책으로서 지표면 피복의 개선과 인공열의 삭감을 중심으로 UCSS(Urban Climate Simulation System)를 이용해서 상세 및 간이 시뮬레이션을 수행해서 효과적인 열섬대책에 대해서 검토하였다.

1단계: 현황의 파악(열섬현상의 파악)

UCSS의 상세 시뮬레이션 시스템을 이용하여 동경23구의 현황과 1930년대의 대기 열부하량의 일변화를 평가해 본 결과, 1930년에 비하여 주간(7:00 ~ 18:00)의 대기 열부하량(현열)이 약 50% 증가하고 있다.

증가요인을 구별로 나누면(일평균), 千代田區 등의 도심부에서는 증가분의 80% 정도가 인공열이지만, 世田谷區 등 주택용도가 많은 지구에서는 증가분의 60% 이상이 지표면 피복의 인공화에 의한 대류현열로 이루어져 있다.

2단계: 요인으로 본 도시의 유형화

열섬대책을 효율적으로 진행하기 위해서는 “어디에”, “어떤 시책”을 실시할 것인가가 문제이다. 시책에 따라서는 적용가능한 장소가 한정된다든가 또는 목표와 지역에 따라서 효과가 높은 시책에도 차이가 있을 것으로 판단된다.

본 조사에서는, 동경 23구를 대상으로 토지이용, 건물용도에 따라서 수변지역, 인공피복지역, 주택지역, 업무지역, 주택과 업무가 혼재해 있는 혼합지역의 5개로 분류하고, 또 건물은 용적률에 따라서 주택, 업무계열, 혼합영역을 각각 2개로 분류해서 합계 8개의 지구로 분류하였다.

3단계: 각 유형의 열특성 파악과 대책지구의 추출

각 지구의 열특성을 보면, 포장과 건물 등으로 지표면피복의 인공화가 진행되고 있는 지구일수록 대류현열이 많이 방출되고 있는 것을 알 수 있다. 또, 업무계와 혼합지역에서는 냉방사용 등으로 인공열이 많이 배출되고 있다. 본 조사의 검토에서는 다음과 같은 관점에서 대책지구를 추출하였다.

표 4.7 지역별 도시 열섬의 억제 방안

목표	주택지역	업무계 지역
열대야의 삭감	야간 대류현열의 삭감	야간 인공열의 삭감
낮의 고온화 완화	주간 대류현열의 삭감	주간 인공열의 삭감 주간 대류현열의 삭감

그 결과, 열대야 대책이 중요하며 대류현열이 많은 "주택 밀집지구", 주간의 인공열이 많은 "업무계 고용적(高容積)지구", "주택·업무 양지구의 특징을 가진 혼합밀집지구"의 3개를 대책지구로 정하였다.

면적으로 하면, 주택밀집지구는 동경 23구의 약 20%, 업무계 고용적지구와 혼합밀집지구는 각 10% 정도로, 대책대상지구의 합계 면적은 동경 23구 면적의 약 40%에 해당한다.

4단계: 대책의 검토

열섬대책에는 "지표면 피복의 개선", "인공열의 삭감", "도시형태의 개선"등이 있는데 지역별로 각 대책이 실시되었을 시에 기대되는 효과를 정량적으로 평가하여 우선순위를 하여 정하여 정책의 실행에 반영한다. 열섬 대책의 각각에 대해서는 다음의 <동경의 이상기상과 도시열섬 억제대책, 2005의 요약>에서 소개하기로 한다.

일본의 기온상승의 속도는 우리나라와 마찬가지로 점차 현저히 빨라지고 있어 범사회적인 문제로 대두되고 있다. 일본의 경우 본격적으로 기온이 관측된 1898년 이래, 1990년에 1위의 고온이 기록되었고, 2004년에 2위의 고온이 기록되었다고 한다. 또 온실가스 증가로 인한 지구온난화 속도는 1.06℃/100년으로 평가되고 있는데(일본기상청, 2005), 이것은 IPCC 4차보고서(2007)에 기술되어 있는 전 세계 평균(0.74℃/100년)에 비하여 1.5배정도 높은 값이다. 그런데 대도시의 기온상승은 이보다도 현저히 높게 나타난다.

<그림 4-6>에 제시된 바와 같이 동경의 기온상승속도는 3.0℃/100년으로 평가되고 있으며, 전국 6대 도시의 평균적 기온상승도 2.4℃/100년에 이르고 있다. 이것은 전 세계 평균에 비하여 동경은 약 4.5배, 6대 도시 평균은 3.5배에 이르는 매우 높은 값이다. 대도시 지역의 기온상승 속도가 이처럼 빠른 것은 지구온난화에 도시열섬의 효과가 합쳐졌기 때문이고, 대도시의 기온상승의 원인은 온실가스 증가로 인한 지구온난화속도보다 도시열섬의 영향이 2~3배나 높다. 일본의 지구

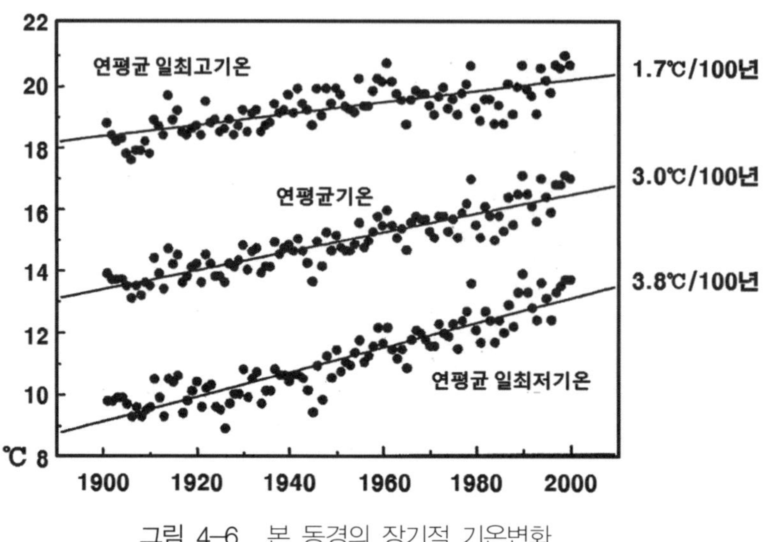

그림 4-6. 본 동경의 장기적 기온변화

온난화속도가 지구평균보다 높은 것으로 평가되지만, 그 차이는 0.3℃/100년 정도로 도시열섬의 영향에 비하면 매우 미미한 수준에 지나지 않는다.

이러한 배경에서 일본의 도시열섬 억제대책은 도시의 환경 쾌적성 향상뿐만 아니라, 지구온난화에 대한 대표적인 대응전략으로 선택되어 추진되고 있다. 일본에서 추진되고 있는 대표적인 도시열섬 억제대책은 다음과 같다.

(a) 하수와 해수를 이용한 도심 열의 교외로의 수송

도시에서 발생한 열을 도심의 대기 중으로 배출되는 것을 억제하여 교외로 배출시키자는 발상이 추진되고 있는데, 이를 "도시의 열 배출·처리시스템"이라고 한다. 도심부에 건축물이 밀집되고 지역 냉난방 시스템이 도입되고 있는데, 이곳에서 배출되는 폐열을 모은 온배수를 동경만으로 운반하여 냉각시키는 방식을 검토하고 있다.

우선적으로 동경에서도 가장 인간 활동이 밀집되어 있는 동경 역 부근에 위치한 3개구를 대상으로 "도시 폐열 처리시스템" 도입이 계획되고 있는데, 이 시스템의 도입에는 약 410억 엔 정도의 비용이 예상되고, 그 효과는 현재 냉난방시스템이 가동되고 있는 좁은 영역 내에서는 약 0.3℃ 그리고 동경 역 주변 약 $36km^2$에 걸친 전 영역에 대해서는 약 0.1℃의 기온 하강이 예상된다고 한다. 약 410억 엔의 투자를 통하여 0.1℃의 기온하강을 가져올 수 있다는 이 사업의 성과에 대한 평가 결과에 대해서 일본에서는 경제성이 있는 유용한 사업이라는 결론을 내리고 있다. 그 이유는, 0.1℃의 기온 하강은 매우 미미한 것으로 생각하기 쉽지만 그것은 지구온난화로 인한 기온상승 속도를 10년이나 늦출 수 있는 양이라는 것에 있다. 우리나라에서는 어떤 도시를 대상으로 도시 녹지화나 수변지대 건설을 수행하였을 경우에 주변의 기온을 수 ℃ 정도 낮출 수 있는 효과가 예상된다는 연구용역 보고서가 횡행하지만 그것은 가능한 문제가 아니다. 실제로 광역을 대상으로 기온을 약간 낮추는 것은 매우 어려운 문제이다.

(b) 도로 포장재의 개선

도로를 덮는 아스팔트 포장이 도시의 열섬현상을 심화시키는 중요한 요인이 되고 있다. 아스팔트는 태양에너지를 반사하는 비율이 낮아서 낮 동안에 표면이 태양복사에너지를 열에너지로 변환시키는 양이 많다. 그래서 여름철 낮에 아스팔트 도로면의 온도는 60℃를 훨씬 상회하게 된다. 뿐만 아니라 아스팔트는 토양보다 열전도도가 약 30배 정도 커기 때문에 낮 동안에 표면의 열이 지하 깊은 곳까지 전달되어 저장된다. 그 결과 아스팔트 포장도로는 천연의 토양보다 열저장 기능이 매우 큰 특성을 갖는다. 또 아스팔트 포장 면은 불투수성이기 때문에 토양의 물이 증발되지 않아 주간의 표면온도는 더욱 높게 나타나게 되는 것이다.

유럽, 일본, 우리나라와 같이 인구밀도가 높은 지역의 대도시에서 아스팔트 포장도로가 차지하는 면적비율은 약 20%에 이르고 있어 포장도로가 유발하는 도시기온 상승의 비중은 매우 높은 수준에 있다. 이러한 문제를 해결하기 위하여 일본에서는 이미 1993년에 민관공동연구 체제를 구성하여 도로포장재의 개선을 위한 기술개발연구가 이루어져 왔다.

이 사업단에서 개발한 대표적인 포장재가 차열성포장재와 보수성포장재이다

(그림 4-7). 태양복사에너지의 약 50%는 가시광선의 영역에 분포하고 나머지 50%는 사람의 눈이 감지할 수 없는 적외선 영역에 분포한다. 차열성 포장재는 일반 아스팔트와 마찬가지로 가시광선 영역의 복사에너지는 흡수하도록 고안하였기 때문에 사람의 눈을 편하게 해주는 검은 색을 띤다. 하지만 사람의 눈이 감지하지 못하는 적외선 영역의 태양복사에너지를 모두 반사시킴으로써 한 낮에도 표면온도가 천연의 토양과 비슷한 정도로 낮게 나타난다.

보수성포장재는 아스팔트 내에 대량의 물을 머금을 수 있는 특수재질을 넣어 강수 시에 빗물을 흡수하였다가 맑은 날에 증발시킬 수 있도록 하였다. 비가 장기간 오지 않을 경우에는 도로에 물을 뿌려 주어야 한다. 보수성 포장재가 충분히 물을 머금게 되면 약 1주일 정도는 증발 기능을 발휘할 수 있다. 일본에서 차열성 포장재는 도심지인 긴자와 니혼바시 일대에 보급되어 있다. 보수성포장재는 일본 국회의사당 주변 도로 일대에 설치되어 있다. 차열성포장재와 보수성포장재의 열 특성은 <그림 4-8>에 제시하였다. 일반 아스팔트에 비하여 한낮에 10℃ 이상 표면 온도가 낮게 나타나는 것을 확인할 수 있다.

그림 4-7. 열성 포장재와 보수성포장재의 원리 [(a) 차열성, (b) 보수성)]

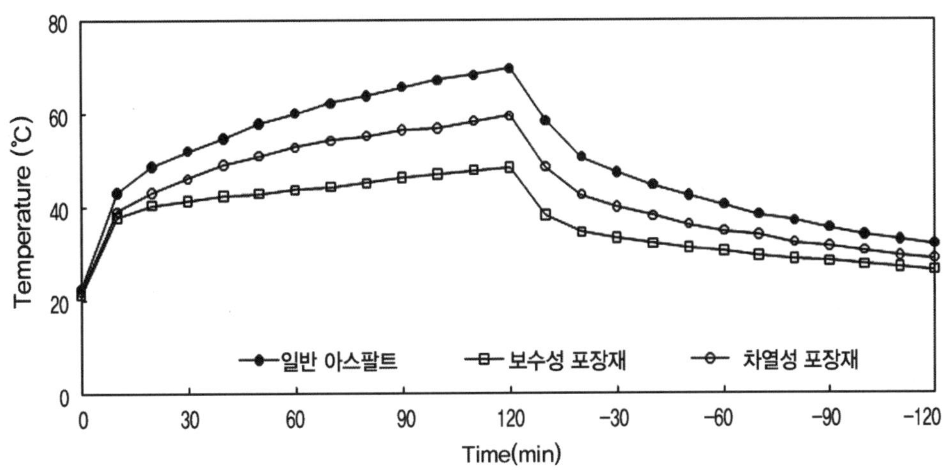

그림 4-8. 차열성 포장재와 보수성포장재의 열적 특성

(c) 옥상 녹화

도시열섬을 완화할 수 있는 대책으로, 인공열의 배출 사감, 토지피복도의 개선(인공구조물로 덮인 피복 상태를 자연 상태로 복원), 도시구조의 개선, 에너지절약형 생활양식의 도입 등을 생각할 수 있다. 옥상 녹화는 토지피복의 개선책에 해당한다. 옥상녹화에 의한 구체적인 효과로서는 식물이 갖는 증발산작용으로 대기로부터 기화열을 빼앗기 때문에 기온을 낮추는 효과가 있다. 또 옥상에서 실내로 이동하는 열의 유입량을 줄이는 효과, 열을 많이 축적하는 특성이 있는 콘크리트로 태양에너지가 입사하는 것을 차단하여 열 환경의 악화를 방지하는 효과 등이 있다. 실제 자료로서는 일본 국토교통성의 옥상정원을 대상으로 관찰한 사례가 있다. 여름철 낮(13～15시)에 옥상녹화가 이루어지지 않은 옥상표면의 온도는 57.7℃이었는데, 녹화가 되어 있는 표면의 온도는 35.7℃, 식재 기반 하면의 온도는 29.2℃로 나타났다. 그리고 벽면녹화의 경우에는 옥외면 표면에서 최대 200㎉/㎡·h 의 일사량 유입이 있은 경우에 벽면녹화가 이루어진 경우에 벽면에 도달하는 일사량은 1/4 이하로 감소한 것으로 관측되었다.

옥상녹화나 벽면녹화가 나타내는 부가적인 효과로는, 도시열섬으로 유발되는 도시 특유의 도시형 집중 호우 시에 우수를 저장하고 유출을 억지시키는 효과, 이산화탄소, 질소산화물 등의 대기오염물질을 흡수하는 효과, 심리적 안정감을 주는 효과 등을 들 수 있다.

일본에서 옥상녹화와 벽면녹화가 본격적으로 주목을 받게 된 것은 동경도가 자연보호 조례에 기초하여 2000년 4월부터 옥상녹화를 권유하게 된 것이 계기가 되었다. 1년 후인 2005년 4월부터 동경도는 개정 조례를 통하여 1000㎡(공공시설은 250㎡) 이상의 건축부지에 대해서 신축 또는 증개축할 때에 옥상녹화 계획서를 제출하도록 하였다. 지상의 경우에도 총부지 면적에서 건축물이 차지한 면적을 제외한 면적의 20% 이상(건물의 경우엔 옥상면적의 20% 이상)을 의무적으로 녹화하도록 하였다.

옥상녹화를 통한 효과로는, 2003년에 발표된 일본 국토교통성이 실시한 시뮬레이션 결과에 의하면, 동경도심부(100㎢)에 녹화가 가능한 지역 1,137ha(이중 503ha가 옥상녹화)에 녹화가 실현되면 도시의 평균기온이 약 0.3℃ 내려갈 것이라고 한다.

(d) 도시공원의 확대

도시 내에는 주변에 비하여 저온이 형성되어 있는 공간도 존재한다. 이것을 냉섬(cool island)라고 한다. 냉섬으로 존재하는 장소의 대부분은 대규모의 공원이다. 일본 동경의 대표적인 냉섬 공간으로 신주쿠 교엔이 있다. 이곳의 면적은 약 53ha로 대단히 넓은데, 공원의 대부분은 잔디와 숲으로 이루어져 있으며 동경 시민들의 휴식공간의 역할을 하고 있다. 이곳을 대상으로 이루어진 관측결과에 의하면 여름철에 공원 내외 간의 기온차는 약 3℃에 이르렀다. 그리고 공원 내에서 형성된 저온의 공기가 인접한 주거지로 이동되는 것이 확인되었는데, 공원의 공기가 영향을 미치는 범위는 약 80～90m에 이르는 것으로 평가되었다.

도시의 기온과 대기오염의 완화에는, 산지로 둘러 싸여 있는 내륙 분지 형 도시의 경우에는 산곡풍, 해안도시는 해륙풍이 중요한 역할을 한다. 하지만 산지와 해안으로부터 멀리 떨어져 있는 도심의 경우에는 자연의 바람 혜택을 받기가 어렵기 때문에 이 경우에는 도심에 대규모 녹지 공원을 형성하여 대기오염의 정화와 도시기온의 하강 효과를 강화할 필요가 있다.

(e) 도시구조의 개혁

〈거리가로수 식재와 신소재 건축자재의 보급〉

도시 열환경을 완화시킨다는 관점에서 보면 거리가로수를 확대하는 것은 대단히 유효하다. 거리가로수의 보급은 도시 전체의 기온하강에 미치는 영향보다는 가로수 주변의 좁은 영역에서 열 환경을 개선하는 데에 큰 역할을 한다. 예로서, 여름철 낮에 나무 그늘 아래서는 양지에 비하여 체감온도가 10℃ 이상 낮아진다(R. Ooka, 2005). 또 거리가로수는 인간의 심리적 안정에도 기여하고, 도시화재 발생 시에는 그린벨트가 되어 불이 번져가는 것을 막아주는 역할을 한다고 한다(R. OoKa, 2005).

건축자재에 미세한 기공을 만들어 보수력을 높인 "보수성 건축자재"와 벽면과 옥상에서 태양광에 대한 반사율을 높여 표면온도를 낮추고 건축물이 열을 저장하지 않도록 하는 노력이 이루어지고 있다.

이처럼 도시구조를 바꾸어 열섬을 완화시키는 데에는 사회적 투자가 많이 이루어져야하고 그것은 세금과 규제가 부과되어지는 것을 의미하기에, 도시민에게 동의를 구하는 절차가 활발하게 이루어져야 한다는 점이 또 다른 어려움이라고 한다.

〈바람 길의 활용〉

내륙지역에 위치한 독일에서는 산곡풍을 활용하는 것이 전제가 되지만, 섬나라인 일본은 해륙풍을 이용한다는 점을 염두에 두고 있다. 산곡풍이나 해륙풍과 같은 바람도 자원으로 인식되고 있다. 일본에서는 기후자원이라는 용어를 사용하고 있는데, 특히 농업이나 도시계획 분야에서는 바람, 일사량 등을 자연자원으로 인식하여, 이를 효율성 높게 활용하는 방안을 고려하고 있다.

낮에 기온이 낮은 해풍을 도시 내부로 유도하면 도심의 기온상승을 완화시킬 수 있으며, 야간에는 도시에 인접해 있는 산의 사면이나 계곡지대로부터 불어 내려오는 냉기류를 도심으로 유도해 들이면 도시 내부에 축적되어 있는 열을 냉각시킬 수 있고 대기오염을 완화하는 효과도 가져올 수 있다.

지상에 요철이 없는 경우가 공기 흐름에 유리하므로 건축물의 배치를 효과적으로 하는 것이 바람의 통풍을 원활하게 하는 데에 가장 중요한 포인트이다. 일본 동경에서는 니혼바시 일대의 도시재개발 계획에 해풍의 통로를 배려한다는 점이 중요한 포인트가 되고 있는데, 이것이 도시개발에 바람 길의 개념이 실제로 반영되는 최초의 사례라고 한다.

(3) 우리나라의 도시열섬의 현황과 억제대책

〈도시의 높은 기온상승 속도〉

우리나라에는 기상청의 기상월보에 관측 자료가 기재되어 공개되고 있는 기상관측소의 수가 약 70여 개소에 이르지만, 장기적 기후변화의 평가에 이용할 수 있는 지점의 수는 한정되어 있다. 우리나라의 기상관측은 1904년에 일본 중앙기상대의 임시관측소가 인천, 부산, 목포, 원산의 4곳에 설치되면서 시작되었다. 그래서 일반적으로 이용되고 있는 과거 100년 동안의 기후변화를 파악할 수 있는 우리나라의 기상관측 지점은 불과 3곳에 불과하다. 그리고 80년 이상을 대상으로 할 수 있는 지점은 서울, 대구, 광주, 강릉을 포함해서 7개 지점이다. 전 세계적으로 기온상승이 빠르게 진척되기 시작한 최근 30년 동안의 자료를 포함하고 있는 지점은 60개소에 이르지만 기상월보에 자료가 실리는 지점의 수는 48개소이다. 이 중에서 도시화 효과가 상대적으로 작은 것으로 인정되는 인구 10만 이하의 지역에 위치한 관측소는 24개 지점이다.

김해동 등(2009)은 장기간(30년 이상)의 기상관측자료를 보유하고 있는 지역을 대상으로, 도시화의 정도가 크다고 생각되는 7개 대도시(서울, 대전, 대구, 부산,

광주, 인천, 울산)와 도시화의 영향이 비교적 적다고 생각되는 인구 10만 이하의 24개 지점(속초, 울릉도, 울진, 추풍령, 완도, 강화, 양평, 인제, 홍천, 보은, 부여, 금산, 부안, 임실, 남원, 장흥, 해남, 고흥, 문경, 의성, 거창, 합천, 산청, 남해)의 지상기온의 장기적 변화경향의 차이를 조사하였다.

그 결과는 <표 4.8>과 같았다.

표 4.8 기온상승 속도(단위; ℃/년)

지역	분석 기온	연평균	봄	여름	가을	겨울
대도시	일평균기온	0.030475	0.03917	0.01262	0.022003	0.048107
대도시	일최고기온	0.030475	0.046794	0.011943	0.023187	0.023187
대도시	일최저기온	0.029157	0.035034	0.012808	0.023263	0.045524
소도시	일평균기온	0.015798	0.018555	-0.00349	0.015621	0.032511
소도시	일최고기온	0.016514	0.024204	-0.00823	0.015481	0.034607
소도시	일최저기온	0.013054	0.009532	0.003808	0.016801	0.022076

이 결과를 살펴보면, 일평균기온, 일최고기온, 일최저기온 모두 대도시 지역의 기온상승 속도가 도시화의 진척이 느린 지역보다 약 3배정도나 높은 것으로 나타났다. 특히, 겨울의 기온상승률이 다른 계절에 비해 높게 나타났으며, 봄의 기온상승률도 점차 높아져 가는 추세를 보였다. 이는 Parker등[14]이 지적하고 있는 바와 같이 지구의 기온상승 경향은 4계절 중에서 겨울에서도 겨울과 봄에 더욱 현저한데, 이러한 경향은 우리나라의 변화경향과도 일치하는 것으로 확인되었다. 최근 30년 동안에 나타난 기온상승 속도는 대도시 지역의 경우에 약 3.05℃/100년, 도시화가 느린 지역은 약 1.58℃/100년에 이르는 것으로 평가되었다. 이를 IPCC 4차보고서[6]에 제시되어 있는 최근 25년간의 전 지구 평균기온의 기온상승 속도(약 1.77℃/100년)과 비교해 보면 인구 10만 이하의 지역은 지구평균과 거의 비슷하거나 약간 낮은 정도이고, 대도시의 경우는 지구평균보다 약 2배 정도 높은 것으로 평가된다. 따라서 한반도의 높은 기온상승의 원인은 온실기체 증가로 인한 기온상

승 못지않게 도시화의 영향이 큰 비중을 차지한다는 것을 추정해 볼 수 있다.

〈대도시의 여름철 이상고온 현상 다발〉

또 60년 이상의 관측치를 보유하고 있는 6개 지점을 도시화가 많이 이루어진 지역(서울, 부산, 대구, 인천)과 상대적으로 개발이 적게 이루어진 지역(목포, 강릉)으로 나누어 도시화가 이상기온의 발생에 미치는 영향을 조사하였다. 관측이 이루어진 초기 30년 이후의 기간에 대해서 각 월에 대한 차이(해당연도의 월평균 기온-초기 30년의 월평균 기온)가 초기 30년 치에 대한 표준편차의 2배 이상인 경우를 이상고온 혹은 이상저온으로 정의하였다. 이것은 일본 기상청을 포함한 관련 기관에서 이상기온의 분석에 널리 사용하고 있는 방법이다.

우리나라의 6지점(서울, 부산, 대구, 인천, 목포, 강릉)을 대상으로 이상고온이 나타나는 횟수를 더하여 발생횟수의 변화를 <그림 4-9>에 나타내고, 장기적 변화 경향을 보기위해 5년 이동평균을 나타내었다. 전반적으로 이상고온이 출현 횟수는 상승경향에 있고 1990년대 이후에는 급속한 상승경향이 나타나는 것을 볼 수 있는데, 1990년대 후반부터 2000년대 초반의 이상기온 발생횟수는 1930년대에서

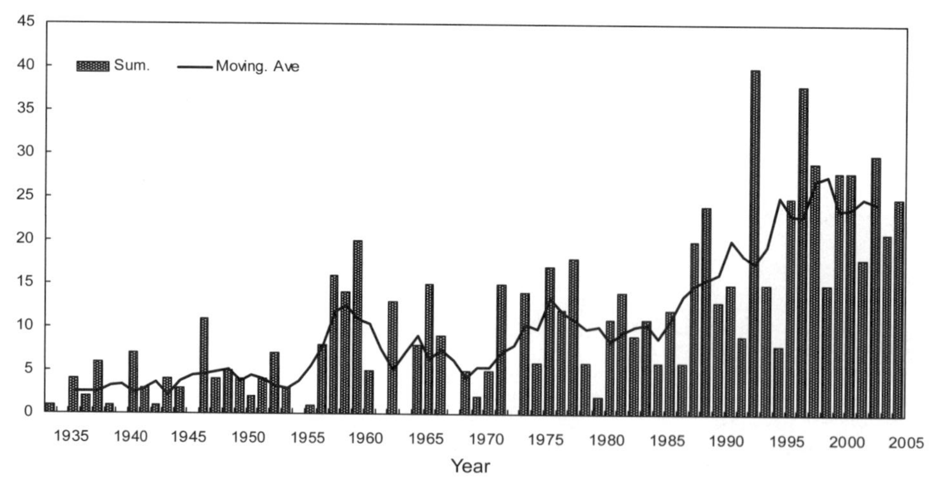

그림 4-9. 우리나라 6개 지점의 연간 이상고온 발생일수의 경향(1935~2006).

1940년대에 비하여 4～5배에 이르는 것을 알 수 있다.

또 각 지역별 특성을 상세히 제시하기 위하여 <그림 4-10>에 각 지역별 발생횟수를 나타내었다. 대상 시기의 초기에는 차이가 거의 없었으나 도시화가 급속하게 이루어진 1980년대 이후에는 도시화가 된 지역(서울, 부산, 대구, 인천)의 이상고온 발생횟수가 그렇지 않은 도시보다 상대적으로 많고, 또한 1990년대 이후에는 급격하게 발생횟수가 증가하고 있는 것을 볼 수 있다.

도시화의 영향이 배제된 기온상승 속도를 평가하기 위하여 기상자료 세트

대도시

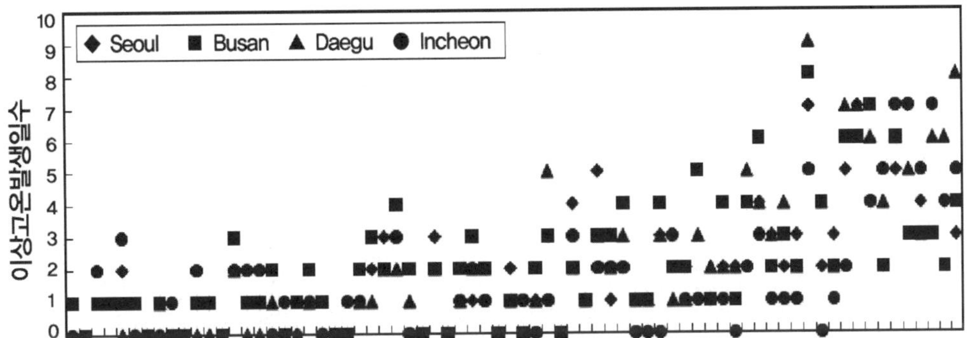

Year

소도시

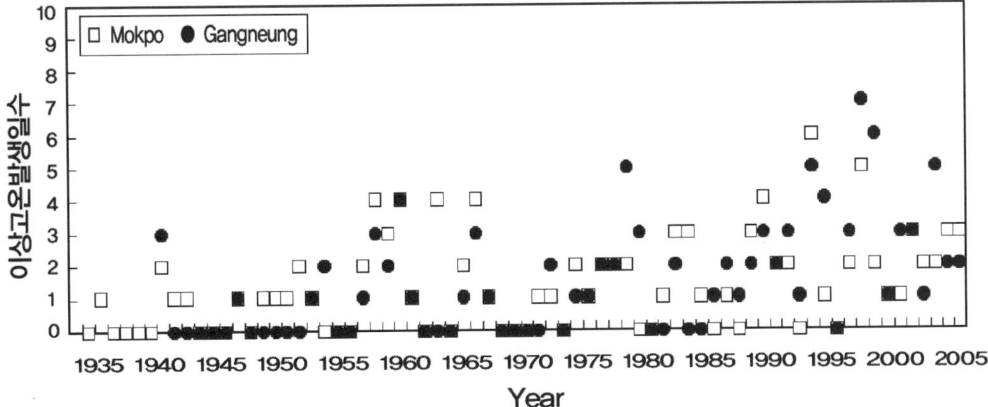

Year

그림 4-10. 우리나라 대도시와 소도시의 이상고온 발생 경향의 차이(1935～2006).

를 마련을 위한 작업에 앞서서 대도시와 개발이 늦은 지역 간의 기온상승 속도와 이상기온의 출현의 차이를 서로 비교하여 보았다. 이를 위하여, 기상청의 31개 일평균기온, 일최고기온, 일최저기온의 장기적인 변화 경향을 1차 회귀분석을 통하여 조사하였다. 그 결과, 다음과 같은 사실을 확인할 수 있었다.

첫째, 최근 30년 동안에 나타난 기온상승속도는 일평균, 일최저 및 일최고기온 모두가 대도시가 개발이 늦은 지역보다 약 3배 정도 빠른 것으로 나타났다.

둘째, 기온상승은 계절적으로 다르게 나타났는데, 겨울철이 가장 높았다. 또 봄철의 기온상승 속도가 점차 빨라지고 있는 것으로 나타났다.

셋째, 최근 30년 동안에 나타난 기온상승속도를 100년으로 환산해 보면, 대도시 지역은 약 3.05℃/100년, 개발이 늦은 지역은 약 1.58℃/100년으로 평가되었다. 따라서 이를 최근 25년을 대상으로 평가된 지구평균의 기온상승속도(1.77℃/100년, IPCC 4차 보고서)와 비교해 보면 대도시 지역은 지구평균보다 약 2배 빠르지만, 개발이 늦은 지역은 지구평균과 거의 같은 수준에 지나지 않았다.

넷째, 70년 이상의 기상관측자료가 있는 5개 기상관측지점을 대상으로 이상고온의 발생일수 변화경향을 조사해 본 결과 우리나라의 이상고온 발생일수는 1970년대 이래로 빠르게 증가하고 있는 것이 확인되었다. 그리고 이상고온일수도 도시화가 급속하게 이루어진 지역(서울, 대구, 인천)이 그렇지 않은 지역(목포, 강릉)보다 훨씬 빠르게 증가하고 있다는 것이 확인되었다.

이러한 사실로부터 우리나라의 기온상승과 이상고온일의 증가는 주로 대도시를 중심으로 나타나고 있다는 것을 확인할 수 있다. 지구온난화는 도시열섬화 효과를 제거한 기온상승 속도로 평가되기 때문에 우리나라의 실질적인 기온상승속도는 지구평균과 거의 같은 것으로 판단된다. 하지만 우리나라는 도시화의 비율이 매우 높기 때문에 우리나라 국민들이 체감하는 기온상승 속도는 지구온난화 속도보다도 실제로는 훨씬 높을 것이다. 따라서 향후 우리나라도 지구온난화 대응정책으로 도시열섬화를 억제하여 기온상승 속도를 조절하고자 하는 정책을 비중 높게 추진하여야 할 것으로 판단된다.

〈지자체의 적응대책 추진 가능성과 과제〉

<표 4.9>에 일본을 포함한 세계의 지자체에서 지향하고 있는 일반적인 적응대책을 요약하여 제시하였다. 지자체에서 추진 중인 지구온난화 대책은 에너지 관련 대책이 주류를 이루고 있다. 아직은 우리나라뿐만 아니라 선진 외국에서도 적응 부문의 대책에 관심이 적은 실정이지만, 지자체가 수행하기에는 저감대책보다 오히려 적응대책을 감당하기가 더 합당할 것이라는 지적이 많다(Nakaguchi, 2000). 지자체는 지구온난화의 영향이 본격화하기 이전에 미리 각 지자체를 온난화에 강한 지역으로 탈바꿈하도록 노력하는 것이 바람직할 것이다. 이를 위해서는 정부, 연구자, 지자체와 시민들의 협력 하에 대책이 추진되어야 하는데, 이때 다음과 같은 점에 유의할 필요가 있다.

○○중앙정부는 중앙에서 적응대책을 종합적으로 추진하고, 각 부문에 해당하는 지자체에 정보를 적극적으로 알려 구체적 행동을 하도록 유도하여야 한다. 연구자는 지역 차원에서의 온난화 영향에 관한 연구를 구체화하여 어떤 대책이 수립되고 추진되어야 하는지를 지자체에 적극적으로 제언할 수 있어야 한다. 지자체는 지금까지 지자체가 수립하여온 종합 계획, 환경기본계획, 로컬 아젠다(Local Agenda), 온난화 대책 지역추진계획에 저감대책뿐만 아니라 적응대책도 적극 포함

표 4.9 적응대책의 바람직한 방향(Nakaguchi, 2000).

정책 유형	정책의 방향	정책의 내용
온난화 대책의 종합화	적응대책의 종합화(온난화 적응 기본계획의 책정, 사업실시 가이드라인의 작성)	바람직한 토지이용, 구조물 규모, 배치, 물순환시스템의 제시
사업자의 행동	적응대책의 솔선 수행	청사의 구조, 근무형태의 조정
계발과 지원	온난화에 적응한 경제활동과 라이프스타일의 제안	농업개량 보급지도, 생활양식 적응강좌 등의 개최
인프라의 정비	바람직한 토지이용, 구조물의 규모, 배치, 물순환시스템의 실현	도시시설 정비, 녹지정비, 배수설비, 하천 개수 등

시켜 가도록 하여야 한다. 나아가서 지자체는 시민과 사업자들에게도 온난화 영향에 대해 적응대책을 준비해 갈 수 있도록 적극 홍보하여야 한다.

한편, 시민과 사업자들은 온난화 영향을 인식한 바탕 위에서 자신들의 생명과 재산을 지키기 위한 대처 방안을 스스로 준비해 감과 동시에 지자체와 협력하여 온난화에 강한 지역을 만들기 위해서 감당해야할 책임을 다하고자 하는 자세를 가져야 한다.

지자체는 지역 차원의 온난화 대응책을 수립하여 추진해 가는 데에 필요한 규제와 경제적 지원 등의 정책을 동원할 수 있는 수단이 중앙정부에 비하여 현저하게 제한되어 있다는 사실이 온난화 대응책을 주도하기 어려운 현실적 제약조건이 되고 있는 것이 현실이다.

이러한 제약에도 불구하고 지자체가 할 수 있는 역할로서는, 사회자본 정비를 적극적으로 수행하는 일에서 찾는 것이 효과적일 것이라고 한다(Nakaguchi, 2000). 지자체의 정책에서 적응대책을 사회기반시설의 정비사업의 하나로 설정하여 기존 사업을 온난화에 대한 적응성에 맞추어 바꾸어가는 것이 필요하다는 것이다.

〈지방자치단체의 지구온난화 대응〉

(1) ICLEI 기후보호도시(CCP) 프로그램

ICLEI는 원래 “International Council for Local Environmental Initiatives”라는 이름에서 출발하였지만 환경문제에 한정하기보다는 지속가능성을 전반적으로 다루는 것이 바람직하다고 보고 ”Local Governments for Sustainability : ICLEI"로 변경하였다. ICLEI는 유엔 산하기구는 아니지만 유엔과 협력하여 전 세계 지방자치단체들의 환경, 나아가 지속가능한 발전을 도와주는 기능을 하고 있다. 이 기구가 운영하는 많은 프로그램 중에서도 “기후보호도시(CCP: Cities for Climate Protection) 프로그램”은 지구온난화 ams제에서 도시의 중요성을 인식하고 도시 차원에서 행동에 나서고자 하는 노력이라는 측면에서 중요한 프로그램이다. 도시차원에서 온실가스 배출을 줄이자는 최초의 프로그램인 CCP는 중앙정부의 움직임보다 빠르게 속도를 냈고, 구체적인 성과를 거두고 있다. 오늘날 이 프로그램에 참가 중인 도시는 전 세계적으로 680여개에 이르고 있다.

지구온난화의 진행을 억제하기 위한 세계적인 지역차원의 노력인 이 프로그램(CCP)의 모태는 1991년부터 1993년까지 실시된 ICLEI의 "도시 이산화탄소 감축 프로젝트"였다. 이를 바탕으로 ICLEI는 보다 광범위한 도시를 대상으로 적용할 수 있는 "CCP 프로그램"을 출발시켰다. ICLEI는 CCP 프로그램에 참여하는 지방자치단체가 온실가스 감축 목표를 달성할 수 있도록 각종 기술적인 방법들과 최신정보를 제공한다. 기후변화의 문제를 대기 질, 에너지 비용, 교통 혼잡, 폐기물 관리 및 지역사회의 생활환경과 연관해 지원하고 있다. 이 프로그램에 참여하는 도시는 다음과 같은 5단계에 따라 총괄적인 기후변화행동 계획을 수립하게 된다.

■ 지자체 기후 행동계획 수립단계

1단계 지자체의 에너지 개요(profile) 개발

온실가스 배출 저감목표를 설정하기 위해서는 우선 특정의 온실가스의 발생원, 발생량, 발생과정을 파악하여야 한다. 또 그것의 삭감목표(언제까지 얼마를 줄일 것인가?)를 설정하기 위해서는 기준 연도를 적정하게 책정하여야 한다.

2단계 에너지 사용 및 온실가스 배출량 산정

시간의 경과에 따라서 에너지 사용과 온실가스 배출량이 어떻게 변해갈 것인지를 정확도 높게 추정할 필요가 있다. 이는 지역사회의 에너지 체계의 변화가능성 등을 예측하게 해주고, 그에 따른 사전 준비를 가능하게 해주기 때문이다.

3단계 온실가스 감축을 위한 기존의 행정조치 목록화 작업

온실가스 감축에 기여할 수 있는 기존의 여러 행정수단(예, 녹색상품 구매촉진법, 교통혼잡세 등) 및 사업들(예, 고효율 가로등 설치, 도시녹화 사업 등)을 정리하

여 목록을 만든다. 기존 활동을 극대화할 수 있으면서 부족한 부분이 무엇인지 파악하여야 한층 더 효과적인 대안을 만들어 낼 수 있다.

4단계 온실가스 감축목표의 수립

조사된 지역의 현황을 바탕으로 감축 목표를 설정한다. 목표 수립을 위해서는 장래 배출이 예상 온실가스 양을 바탕으로 시나리오를 수립하여야 하며, 가정, 상업, 수송, 산업 부문에 걸친 연료의 형태와 조치의 통합, 이산화탄소, 메탄 등 다양한 온실가스에 대한 통합적 접근이 요구된다.

5단계 온실가스 감축을 위한 정책과 프로그램의 실행

지방 정부가 감축목표를 이행할 수 있도록 하는 실질적인 프로그램이나 정책이 없다면 지방정부가 내건 정치적 약속은 지켜질 수 없을 것이다.

■ 지자체 기후변화 정책 수립과 시행의 과정

일단 계획을 수립하면 계획된 대로 실천이 되고 있는지의 여부와 그 결과를 주의 깊게 모니터링 할 필요가 있다. 따라서 지자체는 기후변화 정책수립과 시행 과정에서 다음과 같은 5단계를 따르게 된다. 이러한 과정은 다음에 소개할 외국의 사례에서 공통적으로 반영되고 있음을 알 수 있다.

1. 에너지 소비량과 온실가스 배출 총량의 조사 및 추정
2. 온실가스 배출저감 목표의 설정
3. 지자체 행동계획 수립 및 의회 승인 획득
4. 온실가스 저감 정책 및 조치의 실행
5. 결과의 모니터링과 평가 및 수정

■ 지방정부가 온실가스 배출을 줄이는 방법

지방정부가 권한 범위 내에서 가장 손쉽게 추진할 수 있는 것은 지방정부의

청사 등 시설의 운영 및 관리영역이다. ICLEI의 CCP사업 결과에 따르면 많은 지방정부 관할 설비, 수송수단 등을 통해 상당량의 온실가스가 배출되고 있고, CCP 프로그램에 참여한 후 대부분의 지자체에서 상당한 감축을 달성하고 있다고 한다. 무엇보다도 민간 부문의 감축노력을 이끌어내기 위한 모범을 보이기 위하여 지방정부 자신들이 배출하는 온실가스를 감축하는 것이 중요하다. 지방정부가 온실가스 배출을 줄이기 위해 이행할 수 있는 방법은 다음과 같다.

◦ **규제 :** 지방정부는 자신의 구역 내 어디든 새로운 구역의 최소 거주밀도를 강제하거나, 보행자나 자전거 통행에 더 친화적인 도로 기반을 조성할 수 있는 조례, 규정, 규칙, 허가 등을 제정하거나 개정할 수 있다.

◦ **경제적 수단 :** 일련의 세금, 요금, 행정적 부과금 등을 통해 소비자들의 행동에 영향을 줄 수 있다. 주차나 도로 이용에 대해 고율의 요금을 부과함으로써 사람들이 자가용 이용을 줄이고 대중교통 이용을 촉진시킬 수 있다. 또한 교외 지역으로 확산을 부추기는 정부 보조금을 없앰으로써 더 조밀하고 에너지 집약적인 방식으로 변화되도록 유인할 수 있다.

◦ **소비자교육 :** 지방정부는 사람들에게 가장 가까이 있는 정부이다. 따라서 광고, 환경마크 부여, 전화 안내서비스, 가정 방문, 상점 안내 센터 등을 통하여 생활양식의 변화를 촉진하는 유용한 정보를 제공할 수 있다.

◦ **인프라 투자 :** 도로, 대중교통체계, 하수도, 물 공급 설비 등 상당한 투자를 할 수 있다. 밀도가 높은 지역이 인프라도 덜 필요하게 되므로 전통적인 지역개발로 상당한 자본 비용을 절감할 수 있다. 이렇게 절약한 비용을 에너지소비를 절약할 수 있는 대중교통과 같은 인프라 구축에 투자함으로써 지방정부는 온실가스 배출을 최소화하는 인위적 환경을 만들 수 있다.

(2) 기후변화 억제 노력에 나서고 있는 모범적인 지방정부의 실천 사례

(a) 런던

1999년에 리빙스턴 런던시장은 지속가능한 개발에 모범이 되는 도시가 되는 것을 시정의 주요 목표로 하였다. 이런 정책에 따라서 대중교통 활성화 정책을 강력하게 추진하였다. 혼잡통행료(congestion charge)제도도 그 정책 중 하나다. 2003년에 도입된 이 제도에 따라서 월요일부터 금요일까지 런던 시내 중심부(Central London)로 진입하고자 하는 모든 차량은 5파운드의 요금을 지불하여야 한다. 혼잡통행료로 거둔 세금은 전액 대중교통의 질 향상을 위하여 사용된다. 이와 같은 노력을 통하여 1년 만에 시내 중심부로 진입하는 교통량이 18%나 감소한 것으로 나타났다. 그리고 차량의 정체는 30%나 개선되었다.

런던은 세계 최초로 2006년 12월에 연료전지 버스 3대를 도입하였다. 또 2008년 2월부터는 대기오염 배출량이 많은 트럭, 버스, 택시가 특정 구간 내로 진입하면 벌금을 부과하는 방안도 수립하였다. 이에 앞서 2002년에는 전 세계에서 최초로 런던 전체의 생태발자국을 분석하였다. 생태발자국이란 음식, 옷, 에너지 등의 생산 및 쓰레기 처리 등 현재의 물질적 삶을 유지하는 데 소요되는 토지면적을 나타내는 수치로, 인간이 살아가면서 자연에 남기는(=부담 지우는) 발자국을 말한다. 이것은 런던이 향후 경제적 성장과 사회적 통합, 그리고 환경 및 자원 소비에서 근본적인 개선을 달성하기 위한 전초작업으로 필요한 것이었다. 분석 결과, 런던 시민 1인당 생태발자국은 6.63 글로벌 헥타르로 평가되었다. 이것은 지구가 감당할 수 있는 1인당 생태발자국(2.18)보다도 3배 이상에 달하는 수치다. 이런 추세라면 런던이 지향하고 있는 “지속가능한 도시”는 불가능하게 된다. 생태발자국 분석을 바탕으로 런던은 모든 시민이 자신의 생태발자국 면적을 35%씩 줄이는 운동을 벌이고 있다. 어느 부문에서 얼마만큼 줄여야 하는지 아주 명확하게 목표를 세웠다. 그것은 아래와 같다.

■ 가스 사용량을 9.5MW에서 6.24MW로 감축하기

■ 가정에 소형(11m^2 규모)의 태양광발전장치 설치하기

■ 매년 3000km 덜 이동하기, 또는 3500km를 차 대신에 자전거로 이동하기

■ 육류 70% 줄이기

■ 음식물쓰레기 100kg 줄이기

■ 로컬 푸드 운동에 동참하기

: 지역에서 생산되는 신선하고 가공되지 않은 음식 40% 더 소비하기

■ 쓰레기 1톤 줄이기

: S. Hammer교수(미국 컬럼비아대학교)의 평가

런던은 교통, 폐기물, 물, 건축, 토지이용 등 에너지와 관련된 정책을 체계적이고 통합적으로 운영하는 아주 드문 세계의 메가시티이다. 어느 도시든 공무원들의 특성상 “통합 운영”이라는 것은 어려운 것인데, 런던에서는 자치권을 다시 회복하면서 조직 자체를 효율적으로 만들어 통합적으로 에너지 관련 정책을 운영할 수 있게 된 점이 높게 평가된다.

(b) 시애틀

이 도시의 온실가스 감축 정책은 크게 2가지로 나누어 볼 수 있다. **하나는 배출가스 중 약 50%를 차지하는 교통관련 배출량을 줄이는 것**이다. 미국에서 2번째로 큰 항구를 소유하고 있는 시애틀은 육상 및 해상 교통을 합쳐 교통 부문의 배출량이 2012년에는 35억 여 톤에 이를 것으로 예상되고 있다. 특히 디젤 차량과 디젤선박이 문제의 중심이었다. 시애틀 시가 소유하고 있는 디젤 차량은 전부 하이브리드 차량과 바이오디젤 차량으로 바꾸었고, 2007년부터는 시애틀의 일반 주유소에서도 바이오 디젤을 판매하고 있다. 선박도 디젤 대신에 바이오 디젤을 사용하도록 유도하고 있다.

이와 함께 교통정책을 담당하는 킹 카운티와 협력하여 대중교통 체계를 지속적

으로 보완하고 있다. 시애틀의 시 중심부에는 무료 탑승 구역을 지정하고, 주말에는 싼 값의 일일 승차권(Day pass)을 도입하여 자가용 사용을 억제하고 있다. **또 하나의 정책 방향은 에너지 효율 향상 및 온실가스 저 배출 기술**을 시의 전략 산업으로 육성하는 것이다. 이를 위해 시애틀 시와 워싱턴 주, 시민단체 및 청정기술 관련 기업은 "번영을 위한 파트너십 대안"이라는 협치 기구(governance)를 구성하였다. 에너지 효율 향상과 온실가스 저 배출 기술의 육성으로 경제도 향상시키면서 온실가스 배출도 감축하는 "청정 기술단지" 조성이 그들의 비전이다.

마이크로소프트, 아마존 닷컴 등이 자리 잡고 있는 시애틀 지역은 미국에서 실리콘벨리 다음가는 첨단 기술 도시로 유명한데, 환경 관련 기술은 시애틀 지역 및 워싱턴 주가 육성하는 5개 첨단기술(항공우주, 환경, IT, 생명공학, 물류 및 국제무역) 가운데 하나이다. 시애틀 지역에는 약 500개의 환경서비스 기술 관련 회사가 있고, 이들 회사들은 2만 5천명의 인력을 고용하고 있다. 시애틀 시를 포함한 워싱턴 주는 이미 2000년에 약 2억 달러의 환경기술을 수출하는 실적을 올리고 있다. 마이크로소프트사를 퇴임한 빌 게이츠도 대체연료인 에탄올에 관심을 갖고 투자를 하고 있다고 한다.

(c) 시카고

미국 동북부 내륙지역에 있는 시카고는 전통적으로 블루칼라들의 터프한 도시로 인식되어온 산업 중심 도시이다. 시카고는 1989년에 Richard Dali 시장이 취임을 계기로 미국에서 가장 친환경적인 도시를 만든다는 비전을 세웠다. 이를 달성하기 위한 방법으로 도시녹지화, 자전거 인프라 확충 등을 통해 온실가스 감축을 설정하였다.

그 중에서 가장 주목받고 있는 분야는 옥상녹화 사업이다. 시가 우선적으로 시청 옥상을 녹색 숲으로 만들었고, 맥도널드, 월마트, 애플사 등의 민간 기업이 호응하였다. 2005년 한 해에만 60여개의 옥상 공원이 만들어졌다. 이러한 노력의 결과, 오늘날 시카고의 옥상녹화 총면적은 미국의 다른 모든 지역의 옥상 녹화면적을 합한 것보다도 더 넓다고 한다.

시카고의 또 다른 자랑은 시카고 녹색기술센터이다. 북미대륙에서 LEED기준 그린빌딩 최고 등급을 받은 건물이 3개 있는데, 이 건물이 그 중의 하나이다. 신축이 아닌 리모델링한 건물로 최고 등급을 받은 유일한 건물이다. 1952년에 건립된 이 건물은 건축쓰레기 재활용 공장이었는데, 1996년에 공장이 폐쇄된 후 이 건물 주변은 쓰레기장으로 방치되고 있었다고 한다. 시카고 시가 이 건물을 구입하여 리모델링한 것이 2003년이었다. 태양광 발전시설, 지열에너지 활용시설을 갖추었고, 옥상 정원에 우수 재활용 장치도 갖추었다. 이 건물을 리모델링하는데 쓰인 재료는 대부분 재활용 제품이었다고 한다.

시카고는 재생에너지 분야에서도 선도적 위치에 있다. 이 도시의 목표는 시에서 운영하는 시설물의 25%를 재생에너지로 충당하는 것이다.

(d) 멜버른(오스트레일리아)

호주에서 저탄소 실천도시로 가장 주목받는 도시는 멜버른이다. 멜버른은 2020년까지 온실기체 배출량 순증가분을 제로로 만드는 것이 목표이다(Zero Net Emission by 2020). 이 프로젝트의 핵심정책은 3가지이다.

첫째는 혁신적인 건축물 설계를 통하여 건축물의 이산화탄소 배출을 삭감하는 것이고, 둘째는 재생가능에너지의 확대보급, 그리고 셋째는 탄소의 포집과 저장을 통하여 2020년까지 배출량 순증가분 제로를 달성하겠다는 것이다.

건축물 디자인을 저탄소구조로 유도하는 정책은 대단히 유용한데, 그 이유는 대부분의 도시에서 배출되는 이산화탄소의 약 1/3은 건축물에서 기원하기 때문이다. 2006년에 준공된 멜버른 시의회 건물은 멜버른 시의 건축물 정책을 집약해서 보여주는 건물이다. 호주의 그린 빌딩 인증(Green Star) 제도에서 최고 등급을 받은 첫 번째 건물이다. 태양을 향해서 움직여 감으로써 태양광발전을 극대화시킨 태양광 지붕, 태양이 지면 자동으로 신선한 공기를 끌어들여 건물을 냉각시켜주는 냉방시스템을 갖추고 있다. 풍력 터빈, 태양전지, 가스열병합 발전기가 전력을 공급하고, 인근의 하수를 재처리하여 화장실 용 물이나 냉각수로 재활용된다. 이런 방식으로 기존 건물에 비하여 에너지 사용을 87%, 용수를 72% 적게 사용하면서도 100% 신선한 공기를 공급할 수 있다고 한다.

멜버른 시의 도시계획법은 모든 사무용 신축 건물들이 에너지 효율을 개선해 온실가스 배출량을 줄이고 태양열을 이용한 냉난방을 설계하고 우수를 재활용하는 한편, 인근 건물의 일조권을 보호하도록 배려하고 있다. 분기마다 개최되는 멜버른 포럼에서는 지속가능성 원칙을 달성하기 위한 건축 기준을 마련하고 부동산 및 재산권 정책을 개발하기 위한 상업용 그린 빌딩을 관한 토론이 진행되고 있다고 한다.

재생가능에너지 확대 보급, 탄소 포집과 저장기술 활용도 유용하다.

(e) 후쿠오카 현

후쿠오카 현에서는 "후쿠오카 현 지구온난화 대책 추진 방침" 하에, 이하와 같은 기본 방침을 정하였다. 이 중에는 온실기체의 총배출량을 감축한다는 목표를 제시하고 있는데, 특히 이산화탄소에 대해서는 1990년 대비 2010년까지 11.3% 삭감한다는 목표를 제시하고 있다. 이산화탄소 배출량에 대해서는 대략 3년마다 현 내의 배출량을 파악하고 환경백서에 공개할 것을 선언하고 있다.

또, "지구를 지구온난화로부터 지키기 위하여 에코라이프를 추진하자"는 팜플랫을 작성하는 등의 노력을 통하여, 현 민에 대한 지구온난화 방지대책의 보급 개발 등도 실시하고 있다.

◆ 후쿠오카 현 지구온난화 대책 추진 대강의 기본방침

- 중앙정부가 수행하는 대책에 부가하여, 현 독자의 대책을 추진함으로써 배출량의 삭감 목표를 달성하도록 노력한다.
- 대책에 대해서는, 그 추진상황을 정기적으로 확인함과 동시에, 시의 적절하게 수정한다.
- 온난화 대책과 직접 관계가 없는 것처럼 보이는 기존의 사업, 시책에 대해서도 온난화 대책의 관점에서 재점검함과 동시에 새로운 추진전략을 세운다.

◆ 온난화 대책의 체계

1. 이산화탄소 배출 억제 대책의 추진

(1) 생활방식(Life Style) 개선의 촉진
- 현 민 참가형의 보급 개발의 촉진
- 환경교육의 추진
- 정보의 제공

(2) 삼림정비 · 녹화 등의 추진(삼림 등의 보전과 정비)
- 도시 녹지화의 지속적인 촉진
- 삼림자원의 유효 이용 방안

(3) 인프라 구축 등에 의한 이산화탄소 배출 억제형 사회의 추진
- 자연, 이용되고 있지 않은 에너지의 활용방안
- 이산화탄소 배출이 적은 도시
- 지역구조의 형성
- 효율적인 교통과 물류의 촉진

(4) 폐기물 배출억제의 추진

2. 이산화탄소 이외의 온실기체 배출억제 대책의 추진
- 메탄의 배출억제 대책 추진
- 아산화질소(N_2O)의 배출억제 대책
- HFC, PFC, 육불화황산의 배출억제 대책의 추진

3. **종합적 추진 지원 대책**

(1)partnership에 의한 효과적 추진 지원

- 시민, 사업자, 행정이 협력체제 구성
- 환경 봉사단체 등과의 협력 체제 구축

(2) 사업자의 자발적인 실천체제 촉진

- 현과 市, 町, 村의 솔선수범 실천
- 사업자에 대한 지원과 지도 등

(3)재정적 지원에 의한 보급

(4) 추진체제의 정비

(5)정부, 다른 지자체와의 연계, 협력

(6) 연구개발의 추진

(7) 국제협력의 추진

(f) 사가 현

사가 현에서는 2003년도에 "지구온난화 방지대책"을 종합적이고도 계획적으로 추진해가는 것을 목적으로 하는, 온난화방지를 위한 지역차원의 대책을 밝힌 **"사가 현 지구온난화방지 지역계획"**을 수립하였다. 이 계획은 2004년부터 2012년까지를 대상 기간으로 하는 온실기체 삭감목표를 담고 있다.

지구온난화방지를 위한 시나리오로서는 중점대책을 설정하고, "step by step" 방식의 접근을 제시하고 있다. 또, 사가 현의 온실기체 배출 특성과 지역특성을 감안하여 다음과 같은 6개 중점항목을 설정하고 있다. step by step에 대해서는, 2004년부터 2006년까지를 "제 1단계", 2007년부터 2009년까지를 "제 2단계", 2010년부터 2012년까지를 "제 3단계"로 구분하여, 감축 목표의 달성 상황을 점검해가면서 필요한 대책을 추가해 가는 것으로 설정되어 있다.

제 1단계 : 2004~2006

중점대책

① 자동차 운행을 적정수준으로 저감시키는 중점대책

② 지역의 신재생에너지 이용을 촉진시킬 수 있는 중점대책

③ 가정에서 지구온난화방지를 위해 실천할 수 있는 중점 대책

④ 산업, 사업 활동에 분야에서 지구온난화 방지를 위해 실천할 수 있는 중점대책

⑤ 삼림을 이용한 이산화탄소 흡수 원을 육성하는 중점대책

⑥ 환경교육, 학습의 추진

⬇ 중점 대책의 평가와 수정(2006년)

제 2단계 : 2007~2009

중점대책의 지속적인 추진과 새로운 대책의 추가

⬇ 중점대책의 평가와 수정(2009년)

제 3단계 : 2009~2012

중점대책의 지속적인 추진과 새로운 대책의 추가

중점 항목의 구체적 사례

① 자동차 운행을 적정수준으로 저감시키는 중점대책

- 저연비(低燃費)차의 구입을 촉진한다.
- 공회전 금지 등의 Eco-drive를 정착시킨다.
- 바이오연료로의 전환을 통한 자동차용 화석연료의 사용억제
- 버스와 철도 등의 대중교통 이용을 촉진한다.
- 자전거 이용과 도보를 장려한다.
- 동력 중심의 생활을 탈피할 수 있는 마을가꾸기를 추진한다.

② 지역의 신재생에너지 이용을 촉진시킬 수 있는 중점대책

- 지역 신재생에너지 이용 촉진을 위한 보급, 개발활동을 추진한다.
- 풍력발전시스템의 도입을 촉진한다.
- 바이오매스 자원을 활용한 에너지변환시스템의 도입을 촉진한다.

- 공공시설과 대규모 사업소에 태양광발전시스템의 도입을 촉진한다.
- 주택용 태양광발전시스템의 설치를 촉진한다.
- 소형 수력발전시스템의 도입을 촉진한다.
- 해양온도차발전과 바이오매스 이용기술 등의 연구개발을 지원한다.

③ 가정에서 지구온난화방지를 위해 실천할 수 있는 중점 대책

- 에너지절약 활동의 실천을 지원한다.
- 에너지절약형 기기의 구매를 촉진한다.
- 주택의 에너지절약 성능의 향상을 촉진한다.
- 가정용 home energy management 시스템의 도입을 촉진한다.
- 에너지자원 절약, 폐기물 감량 화 활동의 실천을 지원한다.

④ 산업, 사업 활동에 분야에서 지구온난화 방지를 위해 실천할 수 있는 중점대책

- 에너지 절약진단을 지원한다.
- 온실기체 배출억제형의 기술, 설비의 도입을 지원한다.
- 대규모 사업소, 건물의 에너지관리를 철저히 한다.
- 중소기업과 지역산업을 탈 온난화 형으로 전환시켜간다.
- 에너지절약형 공공시설로의 전환을 추진한다.
- 환경친화형 사가 현 행동계획을 착실히 실천한다.
- 삼림 등의 이산화탄소 흡수 원 확보에 관계되는 대책을 착실히 추진한다.
- 건전한 삼림을 지키고 키우는 임업을 진흥시킨다.
- 안전하고 재해에 강한 현 만들기를 추진한다.
- 자연환경을 보전하고, 인간미 넘치는 공간을 창조한다.
- 환경교육, 환경학습의 추진에 관계되는 대책을 착실히 추진한다.
- 다음 세대를 배려한 환경교육을 추진한다.
- 각 세대(世代)가 이해하고, 체험할 수 있는 환경학습을 추진한다.
- 지구온난화에 관한 환경정보를 제공한다.

(g) 나가사키 현

나가사키 현에서는 이산화탄소 등의 온실기체에 의한 지구온난화를 방지하기 위하여, 지구온난화대책의 추진에 관한 법률에 기초하여, 현의 사무와 사업에 관계되는 온실기체 배출 억제 등의 조치에 관한 계획으로서 제 1차 나가사키 현 온난화대책 실행계획을 책정하고 있다. 제 1차 계획기간은 2000년부터 2004년까지 이고, 계획은 5년마다 개정하는 것으로 되어 있다. 계획의 목표 설정에는 다음과 같은 점을 고려하고 있다.

- ◆ 지구온난화 방지 교토회의에서, 일본은 온실가스 배출량을 "2008년부터 2012년의 제1 공약기간에 1990년 대비 6% 삭감"을 약속하고 있다는 사실
- ◆ 일본은 1997년도의 이산화탄소배출량이 12.3억 톤이어서 1990년 배출량에 대하여 9.4% 증가하고 있다는 사실
- ◆ 이러한 관점에서 2012년도까지는 현재보다 약 15% 정도 삭감하여야 한다는 사실 이상으로부터, 가장 새로운 자료가 얻어지는 시점을 기준 년으로 하여, 당초의 5년간에 삭감해야할 이산화탄소 배출량의 약 50% 정도를 삭감하는 것으로 하여 삭감비율을 7.4%로 설정하였다. 또, 목표달성의 구체적인 방침으로서는, 이하의 항목을 설정하였다.

목표달성의 구체적인 방침

(1) 환경을 배려한 제품의 구입
- 에코 마크와 그린 마크 등 환경 마크가 표시되어 있는 것이나 그와 동등의 제품 구입
- 저연비 차의 구입
- 재활용 용지의 구입 등

(2) 에너지사용량과 물품 사용량의 감축
- 양면 복사 등에 의한 용지 사용량의 감축
- 휴식시간에 소등과 불필요한 조명의 소등, 미사용 시에 컴퓨터 끄기
- 냉난방의 적절 온도관리(냉방은 28℃ 이상, 난방은 19℃ 이하)
- 자동차의 공회전 중지 등에 의한 에너지 사용량 감축
- 절수의 장려

(3) 폐기물의 배출량 삭감과 자원화
- 용지 사용량의 삭감
- 제품과 사무용품의 장기 사용
- 용지 류, 캔류, 페트 류 등의 자원화

(4) 시설의 정비, 관리에 대한 배려
- 자원과 에너지의 절약 형 시설 설비의 도입
- 녹지화 사업 추진

(5) 시설 등의 해체에 수반된 자원화
- 철저한 분리수거에 의한 자원화

(6) 현이 발주하는 공사에 대한 배려
- 나가사키 현 환경기본계획의 사업별 배려지침에 근거한 공사의 실시

(h) 쿠마모토 현

쿠마모토 현에서는 1996년에 책정한 "쿠마모토 현 지구온난화 대책 지역추진계획" 및 2001년 6월에 책정한 "쿠마모토 현 지구온난화 방지 행동계획"에 기초하

여, 지구온난화 대책을 추진하고 있다. "쿠마모토 현 지구온난화 방지 행동계획"에서는 이하의 2개 목표를 설정하고, 양자를 병용하여 2010년까지 온실가스를 1990년 대비 6% 삭감하는 것으로 목표를 세웠다.

◆ 2010년까지 1998년도 온실기체 배출량 14,708천 톤에서 21.5%(3,157천 톤) 감축한다. (이는, 1990년 대비 3.6% 감축에 상당)

◆ 삼림에 의한 이산화탄소 흡수량을 1990년 수준으로 유지(1990년의 흡수량보다 288천 톤 증가 : 1990년 총 배출량의 2.4% 상당의 증가)

목표 달성을 위한 구체적인 행동계획은 다음과 같다.

〈쿠마모토 현 지구온난화 방지 행동계획〉

▸ **사업 부문의 대책**

- 에너지와 자원절약 대책의 추진
- 친환경 제품의 개발, 생산, 판매의 촉진
- 환경보전 형 농업의 촉진
- 그 이외, 다면적인 환경배려의 촉진

☞ **사업부문이란,** 제조업, 농림수산업, 전기와 가스 공급업, 광업, 건설업, 도소매업, 서비스업 등 전 산업의 사업 활동을 대상으로 한다.

▸ **생활부문 대책**

- 에너지와 자원의 절약 대책 추진
- 환경 공생형 주택의 보급
- 市町村의 시책 추진

☞ **생활부문이란,** 가정을 중심으로 한 일상 생활을 대상으로 한다.

▸ **운수 · 교통 부문의 대책**

- 공회전 중지 등 Eco-drive의 추진
- 대중교통과 자전거 이용 촉진
- 저연비 차량, 저공해차의 보급 촉진

- 물류의 효율화 및 교통지체의 완화

☞ **운수 · 교통 부문이란,** 자동차, 자전거, 오토바이, 철도, 선박 및 항공기를 대상으로 한다.

▸ **폐기물 부문 대책**

- 폐기물 대책의 종합적인 시책 추진
- 쓰레기 감량화의 추진
- 리사이클의 추진
- 폐기물의 적정 처리의 철저한 준수

☞ **폐기물 부문이란,** 배출되고 있는 모든 폐기물을 대상으로 한다.

▸ 이산화탄소 흡수원 대책

- 삼림의 보전과 정비의 추진
- 현에서 생산된 목재의 이용촉진
- 자연환경 보전과 보호에 의한 녹화의 추진
- 도시녹화, 녹지 보전의 추진
- 그 외, 녹지화의 추진

▸ 공통적 횡단적 대책

- 환경교육, 환경학습의 충실화
- 온실기체 배출이 적은 사회기반의 정비
- 국제협력의 추진

(i) 서울

서울은 "친환경 서울 선언(2007년 4월)"을 준비하면서 우리나라의 지자체로서는 최초로 온실기체 배출량 산출과 장기적 감축목표를 설정하였다. 서울시의 감축목표는 2020년까지 2000년 기준 25% 삭감하는 것이며, 신재생에너지의 사용비율을 10%까지 확대하는 것이다.

우리나라의 국가감축목표는 2009년 11월에야 처음으로 제시되었기에, 서울시의 감축목표 제시는 중앙정부보다 2~3년 정도 빨랐다는 점에 큰 의의가 있었다. 서울의 감축목표에 대해서, 시민단체의 견해는 우리나라 지자체 수준에서 선도적이고 야심찬 기후변화 대응대책이었다는 좋은 평가를 내리면서도 교통 수요관리 대책이 미흡하다는 지적이 있었다.

런던이 중심이 된 C40에 서울시도 2회째부터 참가하였고, 3회 대회를 유치하여 2009년 에 개최하면서 서울시의 의지를 대외적으로 과시하기도 하였다.

대도시의 온실가스 감축 부문에서 반드시 들어가야 할 것이 교통과 건축인데, 이는 이들 2개 부문이 차지하는 비중이 대체로 70% 이상으로 크기 때문이다. 이런 배경에서 서울시는 2007년 8월에 "서울 친환경 건축기준"을 발표하고, 시행에 들어갔다. 서울 시내 공공 건축물을 신축, 증축, 개보수할 때에는 표준 건축공사비의 5% 이상을 신재생에너지 시설에 투자하여야 하고, 5만m^2 이상의 도시개발 사업과 주거환경 정비사업 등을 추진할 경우에는 에너지 사용계획서를 의무적으로 작성하여야 한다는 것이 주요 내용이다.

이 기준이 본격적으로 시행되면 신축건물은 최소 20%, 기존건물은 최소 10%의 에너지절약과 온실가스 감축이 가능해질 것으로 서울시는 예상하고 있는데, 서울시는 2020년까지 현재 건물 부문에서 발생하는 온실가스의 약 16%인 200만 톤을 감축하겠다는 목표를 제시하고 있다. 서울시의 친환경 건축기준은 "서울특별시 예규"이고, 법률화된 것은 아니다. 그 이유는 국가의 친환경 건축 관련 법령이 없는 상황에서 조례를 먼저 제정할 수 없어 고육지책으로 만들었기 때문이라고 한다. 이런 점에서 서울시의 온실가스 감축 노력은 오히려 중앙정부보다 앞서가고 있다는 좋은 평가를 받고 있다.

또 강남구는 2007년 8월에 "기후변화 대응 종합대책"을 작성하였다. 에너지, 교통, 자동차, 자원 및 폐기물, 자연환경보전 등 분야별로 대응전략을 추진하여 2010년까지 2006년 대비 에너지 사용량을 10%, 온실가스 배출량을 29만톤 감축한다는 목표를 제시한 바 있다. 구체적으로는 건축 부문에서 민간의 자발적인 온실가스 감축을 유도하기 위하여 "에너지 절약 전문기업(ESCO) 사업"에 참여하는 기업과 공동주택을 대상으로 종부세 감면 등 인센티브를 주기로 하였다. 교통 부문에서도 천연가스 순환 셔틀버스를 운영하고 천연가스 충전소 확보, 하이브리드 차량 등 저공해 자동차의 조기도입, 자전거 도로 네트워크 구축 등이 제시되었다. 아울러 쓰레기 감량, 재활용, 폐기물 종합처리시설 건립을 통해 폐기물을 줄이고 생활권 녹지 늘리기, 생태하천 복원 등 자연환경을 보전하는 계획도 담았다.

(j) 대구

대구광역시는 2006년에 "솔라시티 2050 계획"을 세웠다. 지역차원에서의 지속가능한 에너지 체제를 구축할 수 있는 단기 및 중장기 정책방향을 제시하고, 전지구적 기후변화협약에 대비하는 지역 차원의 계획으로서는 선구적이었다는 평가를 받고 있다. 이 계획에는, 2005년에 대비하여 2015년까지 15%, 2030년까지 30%, 2050년까지 50%를 감축한다는 의욕적인 목표가 제시되어 있다. 하지만 대구광역시 차원에서 공식적으로 제시된 온실가스 감축 목표는 2009년 현재까지도 제시된 바가 없다. 그래서 대구시는 솔라시티에 걸맞는 역할을 제대로 하지 못하고 있다는 질책에 자주 노출되어 오고 있다(정혜진, 2007). 대구뿐만 아니라, 우리나라 대부분의 지자체는 아직 "기후변화 대책"을 제대로 수립하고 있지 못한 실정에 놓여있다는 것이 현실적인 상황이다. 에너지관련 정책과 물·폐기물 관련 정책이 있고, 환경 종합대책도 있지만 이를 기후변화 대응이라는 통합적 시각으로 바라보려는 노력이 부족한 것으로 평가된다.

4.1.4 취약성의 평가

(1) 취약성 평가의 의의

생태계와 사회시스템의 취약성은 시스템이 가지고 있는 기후변화 등의 외력에 대한 감수성(또는 저항성)과, 외력에 대한 적응력에 따라서 결정된다. 감수성이 둔감, 또는 저항력이 큰 경우와 적응능력이 큰 경우에는 기후변화 등의 외력의 변화에 잘 대응되지만, 그 반대의 경우에는 큰 피해가 유발된다. 특히 오늘날에도 인간 활동의 영향으로 절멸의 위기에 처해있는 생물종은 더욱 심각한 악영향을 받게 될 것이다. 사회시스템은 도시시설, 물, 에너지 공급시설 등의 인공적인 환경에 의해 보호받기 때문에 기후변화의 영향을 직접 받는 생태계나 생물 종에 비하면, 취약성이 낮다. 하지만 선진국에 비하여 개도국은 사회시스템이 제대로 갖추어지지 못하였기 때문에 다양한 분야에 걸쳐 취약성을 안고 있다(IPCC, 2001).

온난화가 이미 시작되었으며, 향후 진행속도가 더욱 빨라질 것으로 예상되고 있어(IPCC, 2007), 취약성에 대한 효과적인 보완 시나리오를 작성하기 위해서는 우선 현 시점에서 온난화에 취약한 생태계와 생물 종 및 인간의 활동 분야와 지역을 파악하여 각 부문의 취약성을 정량화하는 과정이 조속히 이루어져야 한다. 이를 바탕으로 적응대책을 수립하고 실시할 때에도 해당 분야의 취약성 평가가 미리 준비되어 있으면 시급한 분야부터 대책을 우선적으로 실시하는 등, 효과적인 대응전략을 수립할 수 있을 것이다. 하지만 전 지구적으로 지구온난화 연구가 활발하게 진행되고 있지만, 아직은 선진국에서도 적응분야에 대한 평가기법과 영향에 대한 적응을 종합적으로 취급하는 취약성 평가기법이 아직 확립되어 있지 못하다. 따라서 향후 지구온난화에 대한 적응분야를 효과적으로 수립하기 위해서는 이 분야에 대한 기술개발이 적극 추진되어져야 할 것으로 판단된다.

(2) 취약성과 역치(한계적 부하 량; threshold)

취약성 평가와 관련해서 생물 종과 사회시스템이 외력에 견딜 수 있는 한도(限度), 즉 역치에 관한 연구가 이루어지고 있다. 예로서, 산호초가 유지될 수 있는 해수면 상승속도, 온도 상승 속도에 관한 연구와 같은 것이 이에 속한다. 환경변화의 속도가 역치를 넘어서면 산호초는 해당 해역에서 사라지게 된다. 이러한 역치에 대해서 IPCC도 큰 관심을 갖고 관련 분야의 workshop을 개최하는 등 과학적 지식을 축적하는 데에 노력하고 있지만 아직 해당 분야의 기술이 현장에 적용되기에는 갈 길이 먼 실정에 있다.

역치로 사용되는 값은, ①절대 값(수온 등), ②변화속도, ③영향이 나타나기 이전의 축적량, ④ ①~③의 복합적 영향이다. 이에 관한 사례가 <표 4.10>에 제시되어 있다.

표 4.10 기후 외력(온난화, 자연의 변동성, 이상기상)에 대한 역치 조사의 사례 N. Mimura and H. Harazawa, 2000).

취약분야	대상, 시스템	역치	비고
자연생태계	고산식물, 맹그로브 숲	0~2℃ (해수면 상승 10~15cm)	이 정도의 변화에도 적응할 수 있다는 연구결과도 있다.
농림수산업	벼	개화 시 35℃를 넘으면 고온 장해	
해양환경 인프라, 사회시스템	산호초 모래사장	1~2℃ 수온상승에도 백화현상 1m의 해수면 상승으로 90% 이상 감소	
인간의 건강	고령자	일최고기온이 33~35℃를 초과하면 사망 급증	
경제시스템	각국 경제	2~3℃ 이상	2~3℃까지는 분야별, 지역별로 편익이 증가할 수도 있음

4.1.5 향후의 과제

온난화 대책으로서는 우선 이산화탄소를 포함한 온실가스의 배출량을 감축하여 지구온난화의 원인을 제거하고자 하는 국제적 노력에 동참하는 것이 중요하다. 하지만 이미 대기 중의 온실가스 농도가 지구온난화의 진척에 충분할 정도로 높은 수준에 도달해 있고 이들 온실가스가 대기로부터 소거되기까지는 긴 시간이 필요하고, 현실적으로 조속히 온실가스 배출량을 감축할 가능성이 낮기 때문에 지구온난화의 영향이 점차 강하게 나타날 것이라는 점은 현실로 받아들여야 한다(JPCC, 2003).

따라서 이러한 현실에서도 지속가능한 삶을 확보하기 위해서는 취약성의 평가를 바탕으로 적응대책을 수립하는 일이 중요하다.

(1) 연구과제

향후 취약성 평가가 유용성을 갖기 위해서는 다음과 같은 연구가 추진되어져야 한다.

① 농업 분야

◦ 국제무역에 의한 적응을 감안하여 농업 부문의 환경변화가 경제 영역에 미칠 영향의 평가
◦ 선진적인 관개기술의 도입으로 물이용 효율을 개선하고 농작물 품종 개량을 포함한 기술의 진보를 고려한 영향의 평가
◦ 평균적인 기후변화에 부가하여, 기후의 변동성의 증폭에 따른 불확실성까지 고려한 농작물의 최적 파종(이식)일의 개선 등

② 수자원

◦ 강수의 계절변동을 평준화하는 데에 기여하는 저수지, 댐 등의 합리적 설치와 운용
◦ 물이용 부문에서 절수기술의 도입효과 분석

③ 자연생태계

◦ 온난화에 취약한 생태계, 생물종의 평가기술의 개발과 적용
◦ 취약한 생태계와 생물종의 모니터링
◦ 절멸 위기종의 보전방법

④ 인간의 건강

◦ 폭염이 건강에 미치는 영향평가
◦ 열파 발생예보 및 경보시스템의 개발

⑤ 전 분야에 공통으로 요구되는 과제

◦ 적응 능력에 관련된 사회경제에 관한 DB구축

◦ 적응평가기법의 개발
◦ 분야마다의 적응 대책 사례 발굴과 평가
◦ 적응대책과 저감대책을 혼합한 정책의 개발
◦ 적응대책에 관련된 지식의 집약화와 공유화를 위한 정보 정비

(2) 적응대책의 효율적 수행을 위한 행정지원 부문의 과제

적응, 취약성의 평가에 대해서는 아직 일본을 포함한 선진국에서도 기술개발의 필요성이 제기되고 있는 수준으로 향후 이루어져야할 영역이라고 말할 수 있다(Harazawa et al., 2003; Teranishi et.al., 2007). 그래서 온난화 영향과 그 대응책으로서의 적응대책에 관한 이해가 아직 부족한 상황에 있기에 아래와 같은 과제의 해결이 요구된다.

◦ 적응대책에 관한 인식의 향상(정보제공, 실례)
◦ 환경계획, Local Agenda21의 구체화
◦ 주민, 기업, NGO단체를 적응대책의 수립과 실행에 적극 동참하도록 유도

지난 1990년대는 과거 1000년 동안에 가장 무더웠던 기간으로 평가받고 있다. 아울러 지구온난화 속도는 1980년대 이래로 더욱 빠르게 진척되고 있다. 특히 아시아 지역의 온난화 속도가 빠르고, 온난화와 태풍 및 엘니뇨현상과의 관련성이 있는 것으로 지적되고 있다. 또 온난화의 영향이 세계 각지의 빙하와 해빙 및 동식물에 나타나기 시작하였다는 연구논문이 제출되고 있다(IPCC, 2001, 2007).

이러한 배경에서 지구온난화 대책으로서의 저감대책과 적응대책의 추진에 중앙정부와 지자체가 본격적으로 참여하여야 할 시대가 도래된 것으로 판단된다.

〈참고문헌〉

- 정혜진, 2007, 착한 도시가 지구를 살린다, 녹색평론사, pp.81-150.
- 최병철, 김규랑, 김지영, 2007, (주)푸른길, p.175.
- 일본 환경성, 2005, 열섬현상에 의한 환경영향에 관한 조사 검토업무 보고서, pp.77-138.
- Mikami, T., 2005, 동경의 이상기상, MOOK, pp.23-98.
- Moriyama, M., 2004, Heat Islandの對策と技術, 學藝出版社, pp.147-191.
- 김맹기, 강인식, 곽종흠, 1999, 최근 40년간 한반도 도시화에 따른 기온 증가량의 추정, 한국기상학회지, 35, 118-126.
- 김경환, 김백조, 오재호, 권원태, 백희정, 2000, 한반도 기온변화에 나타난 도시화 효과 검출에 관한 연구, 한국기상학회지, 36, 519-526.
- Lowry, W.P., 1977, Empirical estimation of urban effects on climate: A problem analysis, J. Appl. Meteoro., 16, 129-135.
- 栗原弘一, 2007, 最近の異常氣象·氣候變動の特徵, 天氣, 54, 607-611.

4.2 사회기반시설에의 영향과 대책

4.2.1 서론

21세기 기후변화는 자연 및 인간의 사회경제시스템에 모두 영향을 줄 것으로 예상되고 있다. 여기서는 지구온난화와 기후변동이 인간의 활동에 의한 사회·경제시스템에 미치는 영향을 검토하였다. 기후변화로 인하여 직접적인 영향을 미치는 요소로는 기온상승과 더불어 해수면 상승, 연안역의 파랑변화, 태풍 변화 및 강수 변화 등을 파랑영향을 미치는 요인으로는 온난화에 수반되는 해수면 상승과 기온 상승, 강우의 변화, 태풍의 변화 등을 고려할 수 있다. 이들 기후변화 및 변동에 의하여 영향을 받는 시스템은 주로 인간이 구축하여온 사회기반시설 및 사회·경제활동이다.

우리나라의 경우 국토의 약 67%가 산악지대로 구성되어 있어 대부분의 인구와 산업시설이 연안역을 중심으로 평탄한 곳에 집중되어 있다. 연안역을 중심으로 한 인구집중과 더불어 산업시설의 특성상 항만, 도로, 산업단지, 발전소, 관광단지(해수욕장) 등이 해안에 집중되어 있다. 최근에는 해안이 갖는 어메너티의 가치 상승으로 송도신도시, 새만금 개발, 골프장 및 관광단지 등 다양한 개발이 연안역으로 집중되고 있다. 이와 같은 연안역 개발압력은 최근 연안역개발특별법 제정으로 이어져 연안역 개발이 가속화될 정망이다. 이와 같은 우리나라의 연안역 개발 경향은 21세기 가속되고 있는 기후변화 및 기상변동에 추가적인 압력으로 작용할 것으로 예상된다.

본고에서는 우리나라의 사회경제시스템의 연안역 집중화 특성을 감안하여 연안역의 취약성에 주안점을 두었다. 기후변화 영향평가와 관련하여 사회경제적 시스템에 대한 정량적인 연구결과가 부족한 상황에서 정성적인 연구결과 등을 파악하고자 하였다. 주요 내용으로는 기후변화에 따른 해수면 변화와 파랑, 태풍, 강수 등에 대하여 검토하였으며 이들 변화가 줄 수 있는 연안역의 영향을 조사하였다.

더불어 지구온난화의 영향은 사회 인프라 (해안도로, 주거, 산업단지, 항만 등), 관광 및 건설업 등 제한적인 분야에 잠재적인 영향을 파악하려고 하였다.

4.2.2 현황 및 영향

A. 연안 역

1) 현황

우리나라는 삼면이 바다로 둘러싸여 있으며 우리나라는 국토면적에 비하여 해안선이 11,351.6km로 비교적 길다. 해안에서의 기상·해양 조건은 지역에 따라 다르기 때문에 우리나라의 해안은 다양한 지형으로 구성되어 있다. 대표적인 자연 해안으로는 모래해안, 자갈해안, 암석해안, 해안절벽, 진흙해안, 갯벌 등을 포함한다. 동해안의 경우 비교적 단조로운 해안으로 사빈 및 암반이 발달되어 있으며, 남해안은 리아스시식 해안으로 만이 발달되어 있고, 서해안은 경사가 완만하고 매우 큰 조석 활동으로 조간대 및 갯벌이 발달되어 있다. 우리나라 해안의 인공화 (전체 해안의 18.5%로 2104.4km) 는 비교적 빠른 속도로 진행되고 있다. 최근 발표된 국립환경과학원 (2009)의 조사연구에 의하면 서해안의 경우 간척 등의 개발로 인하여 1910년대 는 국토면적 3,500km에서 2000년대에는 약2,100km로 약 40%가 감소한 것으로 보고하고 있다. 지역적인 인공해안 비율은 경북 (4.6%), 제주(5.6%), 경남 (7.0%), 강원 (9.7%)로 비교적 적으나 전북(40.0%), 경기 (38.5%), 울산 (33.4%)로 매우 큰 것으로 나타나고 있다. 이들 해안중 도서지역을 제외하면 인공해안비율이 크게 증가하는 것으로 나타나 있다. 인천시의 경우 도서지역을 포함하면 18.3%로 전국평균치와 유사하나 도서지역을 제외하는 경우 해안선 123.9km 중 약 1%인 1.1km만이 자연해안선인 지역도 있다.

우리나라에서는 해안침식 유형별로 분류하여 해안침식을 모니터하여 해안의 이력을 조사하는 시스템을 구성하고 있다 (국토해양부, 2009). 이와 같은 해안침식

이력조사는 국가적 차원에서 침식지역을 조사·관리를 용이하게 함으로써 중앙정부차원의 종합대책 수립 시에 기본 자료로 이용이 수월하다. 연안침식 이력조사는 조사대상지역의 지역현황 및 개발현황, 침식이력변화 및 정도를 파악하기 위하여 기상, 조석, 조류, 수문, 하천, 지형 및 개발현황, 사진촬영 및 해빈단면측량, 표층퇴적물분석, 항공사진분석 등 다양한 항목에 대한 조사를 수행하고 있다 (국토해양부, 2009), 더불어 우리나라에서 발생하고 있는 해안침식유형은 연안지역의 지형학적 특성에 따라 구분하고 있다. 해안지형은 그 구성 물질에 따라 사질해안, 점토질해안, 암석해안, 인공해안으로 분류된다(Brid, 1996). 일반적으로 침식대상지역을 사빈유무를 기준으로 1차로 분류하고 있다. 백사장 지역은 배후지의 사구가 존재하는 여부에 따라 백사장침식과 사구포락 지역으로 구분한다. 백사장이 없는 지역은 호안의 유무에 따라 토사포락 지역과 호안붕괴 지역으로 구분하고 있다. 이에 따라 우리나라에서는 연안지역의 지형적 특성에 따라 백사장침식, 사구포락, 토사포락, 호안붕괴의 4가지 침식유형으로 분류하고 있다.

대부분의 해안 지형에서 공통적으로 생각할 수 있는 기후변화 영향은 해안침식의 심화이다. 예를 들면, 해안선 전체 길이의 약 5%를 차지하는 모래 해안에서는 최근 현저한 침식 경향을 보이고 있으며, 해안 침식은 이미 중대한 문제로 인식되고 있다. <표 4.11>은 최근 우리나라 사빈해안의 침식현황을 나타내고 있다. 2008년 기준으로 전체 조사지역 120개소 중 A등급은 9개소, B등급은 60개소, C등급은 35개소 그리고 D등급은 16개소로 나타났으며, 이 중 C등급 이하는 51개소로서 전체의 42.5%를 차지하였으며 예방적 연안정비사업의 수요대상지역에 반영 필요가 있는 D등급은 16개소로서 약 13.3%에 달하는 것으로 파악되고 있다 (국토해양부, 2009). 우리나라 해안은 해안지형의 특성에 따라 다양한 형태로 침식이 발생하고 있다. 동해안의 경우는 백사장 침식(강원도, 경북해안)이 가장 많으며, 남해안의 경우는 토사포락 및 호안붕괴가 가장 많고, 서해안은 사구포락(태안반도, 신안군) 및 토사포락(전남 무안군 등)이 주를 이루고 있는 것으로 조사되고 있다.

표 4.11 연도별 연안침식 이력조사 평가 결과

구분	A등급	B등급	C등급	D등급	총개소	침식심각율 (D등급/총개소)
'04년	–	25	29	8	62	12.9%
'05년	2	33	21	6	62	9.7%
'06년	2	30	16	14	62	22.6%
'07년	9	57	34	20	120	16.7%
'08년	9	60	35	16	120	13.3%

※ A등급 : 양호, B등급 : 보통, C등급 : 우려, D등급 : 심각
※ 자료: 국토해양부 (2009)

현재 일어나고 있는 모래사장의 침식 원인은 각종 개발로 인한 하천으로부터의 토사 공급량의 감소와 해안 구조물의 건설에 따른 해안 퇴적물의 변화 등이 있다. 우리나라 해안은 기존의 개발 스트레스에 의한 해안침식에 부가하여 기후변화로 인한 해수면 상승과 파랑, 태풍 변화로 해안침식이 심화될 가능성이 높다. 현재와 다른 파랑 패턴이 형성되어 해안 표사의 양과 주방향이 변화, 강수량 변화에 따른 토사 공급량의 증감도 발생할 가능성이 있다.

기후변화에 따른 해안의 지형변화는 지형변화 예측모델을 적용함으로써 어느 정도의 예측이 가능하다. 그러나 예측의 입력 조건인 해수면 상승, 파랑, 바람, 태풍의 빈도 및 강도, 강수량 변화에 따른 토사공급량 변화 등이 기후변화에 어떤 변화를 보일 것인가에 대해서는 지역적인 차원에서는 불확실성이 높을 것으로 사료된다. 이외에도 지각 변동에 의한 해수면의 변화와 자연적인 기후변동에 의한 파랑 및 태풍 내습 빈도의 변화도 현실적으로는 일어나고 있다. 과거의 관측 중에서 참고가 되는 사례를 추출하여 온난화와의 관계성을 찾아내는 것도 중요하다.

우리나라의 경우 국토의 약 67%가 산악지대로 구성되어 있어 대부분의 인구와 산업시설이 연안역을 중심으로 평탄한 곳에 집중되어 있다. 연안역을 중심으로 한 인구집중과 더불어 산업시설의 특성상 항만, 도로, 산업단지, 발전소, 해수욕장 등 관광단지 등이 해안에 집중되어 있다. 우리나라 해안의 경우 곳곳에 항만이나

어항, 포구가 들어서 있다. 부산항, 광양항, 울산항, 인천항 등 무역항 28개, 주문진항, 구룡포항, 추자항, 거문도항 등 연안항 23개, 어선들이 이용하는 대규모 어항 총 105개, 연안어업 지원의 근거지가 되는 중형급 어항 총 313개, 어촌의 생활근거지가 되는 소규모 어항 총 373개, 기타 포구(비법정어항) 약 1,400여개 존재한다. 이들을 모두 합하면 우리나라 항, 포구 숫자는 모두 2,200여개에 이른다. 최근에는 해안이 갖는 쾌적성의 가치 상승으로 송도신도시, 새만금 개발, 골프장 및 관광단지 등 다양한 개발이 연안 역으로 집중되고 있다. 이와 같은 연안 역 개발압력은 2008년 연안역 개발 특별법 제정으로 이어져 연안 역 개발이 가속화될 정망이다. 이와 같은 우리나라의 연안 역 개발 경향은 21세기 가속되고 있는 기후변화 및 기상변동에 추가적인 압력으로 작용할 것으로 예상된다. 최근 조사된 자료에 의하면 (국립환경과학원 2009) 서해안 해안선 10km 이내의 토지이용현황도 경작지와 주거지, 산업단지 등이 50% 이상을 차지한 반면 산림과 초지의 비율은 20%에 불과한 것으로 나타났다.

이와 같이 우리나라 연안지역은 대단히 고밀도로 이용되고 있으나, 태풍과 저기압에 의한 높은 파도와 폭풍 해일 등의 자연 재해 위험성을 항상 안고 있다. 예를 들면, 배후에 대도시가 집중되어 있는 부산, 마산, 목포, 군산 등 에서는 과거에 종종 대규모의 폭풍해일에 피해를 입어 왔다. 이 때문에 연안역의 보전 및 그러나 장차 온난화에 의해 해수면 상승과 높은 파도와 해일이 빈발하게 되면 연안역의 안전성은 크게 감소하며 재해 방재 계획의 증강이 요구된다. 또 매립지에서는 해수면 상승에 의해 지하수면 상승으로 지반 액화 위험성이 높아질 가능성도 나온다.

2) 영향

(1) 해안 지형 변화

지구온난화에 의한 해수면 상승은, 그에 대응한 새로운 평형 지형이 형성되고,

그 과정에서 대량의 침식이 일어날 것으로 예상된다. 해수면 상승은 비교적 좁은 범위에서는 일정하게 발생한다고 여겨지므로, 직접적으로는 퇴적물의 공급량과 이동에는 변화가 없다고 가정하여, 해안 가운데 방향의 종단 지형의 변화만을 해수면 상승의 영향이라고 볼 수 있다. 조 등(2009) 평형단면 이론에 근거하여 해수면 상승이 모래사장 해안의 침식에 미치는 영향을 정량적으로 평가하였다. 평가 결과 우리나라 전 해안에 대한 평균 후퇴율은 38cm 해수면 상승에 35.4%, 59cm 경우 52.5%, 75cm 인 경우 63.8%, 1m 인 경우 77.1%로 각각 증가하였다. 해역별로는 동해안의 경우 평균침식률은 38cm 해수면 상승에 20.7%, 59cm 경우 33.2%, 75cm 인 경우 42.7%, 1m 인 경우 56.6%로서 남해안 (36.5%, 52.4%, 62.8%, 75.4%) 및 서해안 (43.3%, 63.4%, 76.1%, 89.5%)에 비하여 낮게 나타났다. 해안침식 지역별 분포는 서해안과 남해안이 동해안 보다 상대적으로 더 취약하나 해수면이 상승할수록 전 해안이 취약한 것으로 나타났다. 이와같은 평가는 여러 가지 불확실성을 내포하고 있다. 먼저 방법론과 관련하여 해안침식의 시공간적 다양한 특성을 감안할 때 파동, 해수면 상승, 해안 단면 등으로 정량화하는 하는 것은 한계가 있을 것으로 사료된다. 더불어 연안표사 및 그 변동을 정상상태로 가정하는 것도 실제 상황과 크게 다룰 수 있다. 미래의 기후변화와 관련하여 해수면상승 효과만을 고려하였으나 기후변화에 따른 파동, 태풍 해일 등의 외력변화와 지역별 연직지반 운동 등을 고려하면 미래의 해안선의 형태는 매우 다른 모습을 보일 수 있다. 그러나 파동 및 태풍 강도가 증가하고 있음을 감안할 때 해안침식에 대한 압력은 이들 평가보다 더 크게 나타날 수 있을 가능성이 높다. 또한 사빈해안별 연직육지운동 및 강수패턴변화에 따른 퇴적물 유입량 변화 등은 해안선 후퇴 전진을 산정하는데 매우 어려운 요소로 작용할 것으로 사료되나 해안의 중요성을 감안할 때 향후 추가적인 연구가 수반되어야 할 것으로 사료된다. 더불어 인간의 각종 개발 해우이로 인한 영향들이 기후변화에 따른 영향들과 시공간적 차이를 두고 누적적으로 작용할 때 그 양상을 매우 복잡하게 나타날 수가 있다.

(2) 연안지역의 취약성

해수면 상승은 수질 변화, 생태계 변화, 생물다양성 감소 및 지하수 수질 악화 등의 자연 생태계에 대한 영향과 홍수 심화, 기수 인프라에 대한 영향, 수산업 및 양식에 대한 영향 및 수자원 이용에 대한 영향 등 사회·경제적 영향을 복합적으로 야기 시킬 수 있다. 해수면 상승이 사회경제적으로 중요한 연안시스템에 영향을 미칠 수 있으며 그 영향은 일차적인 영향과 이차적 영향으로 구분할 수 있다 (Nicholls and Klein, 2001). 해수면 상승의 일차적인 영향은 연안 저지대 및 습지의 범람 증대와 이동, 연안 침식 증대, 폭풍 해일 및 홍수의 위험 증대, 표층수 및 지하수의 염분 침투 등이다. 이들 영향들은 사회경제시스템에 다양한 경로를 통하여 부차적인 영향을 미칠 것으로 예상되고 있다. 먼저 생계 및 건강에 대한 영향으로는 범람, 폭풍 해일 및 홍수 등을 통한 생명에 직접적인 위협, 재산 및 연안 거주지의 손실, 관개 수질 저하, 연안 농작물 수확량 저하, 어류 및 조개 생육장, 산호초, 연안 석호와 같은 중요 생태계의 질 저하 및 손실에 의한 식량 생산력에 대한 위협, 식수 수질 저하, 주거질 저하, 이주와 관련한 건강 위험 증가와 매개 전염균 확산에 의한 건강 및 생활수준 저하 등의 영향을 받을 수 있다.

사회 기반 시설 및 경제 활동에 미치는 영향으로는 주요 사회 기반 시설 (항구, 연안 도로, 철도, 빌딩 등), 연안 산업 (석유 및 석유 화학 공장 등) 및 서비스 (관광)에 대한 위협으로 토지 및 건물 재산 가치 하락과 해수면 상승 영향에 대한 보호 비용 증대, 보험료의 증대, 정치적 제도적 불안 및 사회 동요 등을 유발할 수가 있다. 또한 직접적인 영향을 받을 주민 및 국가가 겪을 정치적, 경제적, 제도적, 문화적 스트레스도 상당히 클 것으로 예상되고 있다.

전 세계의 연안역의 저지대는 일반적으로 인간, 산업 및 인간 활동이 집중되는 곳이다. 세계적으로 연안역에는 주민이 집중적으로 분포하여 연안 30 km 이내에 세계 전 인구의 21%, 100 km 이내에 37%가 분포하고 있는 것으로 알려져 있다 (Cohen 등, 1997; Gommes 등, 1997). 세계인구가 53억이 되는 시점에서 세계 주민의 50～70%가 연안역에 거주하며 세계의 대도시중의 상당수가 연안역에 위치하고 있다. 게다가 많은 연안 지역에서 인구 및 경제성장률은 점증하는 도시화 경향에 따라 국가의 평균치를 상회하고 있다. 또한 연안역의 인구 집중으로 인한 활발한 경제 활동에 기인하여 세계 GDP의 상당 부분이 연안역에서 창출되고 있다 (Tuner 등, 1996).

이와 같은 연안역에서의 인간 활동은 세계적으로 습지 파괴와 같이 연안역에 심각한 영향을 주고 있으며 연안역에서의 다양한 사회·경제 활동은 태풍에 의한 범람과 같이 다양한 연안역의 위험을 이미 경험하고 있다. 이런 기존의 위험 요소에 부가하여 해수면 상승은 연안역에 심각한 영향을 미칠 수 있으며 지구온난화에 의한 다른 기후변화, 즉 태풍 유형의 변화, 강수 및 수문학적 변화 및 기온과 수온 변화와의 상호 작용을 통하여 다양한 악 영향을 미칠 수 있다.

현재 평균 4천 6백만 명의 인구가 매년 폭풍 해일에 의한 홍수를 경험하고 있으며 50cm의 해수면 상승이 일어나면 이 수는 9천 2백만 명, 1 m 해수면 상승은 1억 1천 8백만 명으로 이 수치가 증가할 것이다. 이 예측치에 인구성장 예측을 추가하면 그 수치는 훨씬 증가할 것이다. 많은 연구 결과 소형 섬 및 삼각주 지역들이 특히 1m 해수면 상승에 취약한 것으로 나타나고 있다. 적절한 완화 조치(방파제 건설 등)를 취하지 않는 경우 육지 손실은 이집트의 경우 1%, 네덜란드 6%, 방글라데시 17.5%, 마샬군도는 약 80%에 달하며 수천만 명의 주민이 거주지를 옮겨야하고 저지대 소형 군도 국가에서는 전 국토가 유실될 가능성이 있다(예, 투발루). 이와 같은 특성으로 인하여 연안역은 지구온난화 및 기후변화에 가장 취약한 부분 중의 하나로 평가되고 있다. Kitamura 등 (1993)은 1m 해수면 상승에 대한 일본의 인프라 시설의 유지 보호를 위하여 11조 5천 엔의 비용이 드는 것으로 추산하였으며 Mimura 등 (1993)은 전 일본 연안을 보호하기 위한 비용은 20조 엔 이상이 드는 것으로 추산하였다.

우리나라의 경우 해수면 상승 취약성 지수로서 해수면 상승에 따른 범람 면적과 범람 인구를 선정 연안의 사회경제시스템에 대한 영향평가를 수행하였다 (Cho 등, 2002)는 취약성 평가를 위한 해수면 상승 시나리오는 지구온난화에 의한 해수면 상승과 더불어 조석 및 태풍해일에 의한 상대적 해수면 상승효과를 고려하여 14개 시나리오를 사용하였다. 산출된 해수면 시나리오 중 조석 및 태풍 해일을 고려한 해수면 1m 상승에 대하여 한반도 최대 범람 가능 면적은 약 2,643 ㎢로서 한반도 전체 면적의 약 1.2% 정도가 취약한 것으로 나타났다. 위의 취약 지대에 거주하는 범람 가능 인구는 약 1,255,000명으로 한반도 전체 인구의 약 2.6%인 것으로 나타났다. 지리적으로는 서해안이 남해안과 동해안에 비하여 훨씬 더 취약한 것으로 나타났으며 서해안 중에서도 북한이 남한보다 더 취약한 것으로 나타났다.

B. 사회기반시설(infrastructure)

1) infrastructure란?

infrastructure란 사회의 공동 이용시설이며, 경제 사회 활동을 간접적으로 유지하는 역할을 한다. 도시 인프라에는 1) 도로·철도·공항·항만 등의 교통시설, 2) 수도, 가스, 전기 공급시설·환경위생·공원·교육·의료 등의 생활환경시설, 3) 제방·방파제 등의 재해 방재시설이 있다. 대부분의 사회기반시설은 도시지역에 있으며, 발전소와 댐과 같이 도시에 없더라도 도시 생활을 유지하기 위해 이용되는 시설도 있다. 따라서 만일 이런 도시 인프라들이 지구온난화에 의해 피해를 입었을 경우 그 시설 자체의 피해뿐만 아니라 인프라를 이용할 수 없게 됨으로써 생기는 파급 피해가 크다. <표 4.12>는 지구온난화와 그에 수반되는 기후 변동에 의해 도시 인프라에 생길 것으로 예상되는 영향을 나타내고 있다.

표 4.12 기후변화가 인프라에 미치는 영향 (Kasuda, 1995)

온난화의 직접영향 \ 인프라 시설		교통시설		생활환경시설				국토보전시설		기타
		항만	도로 철도 공항	상수도	하수도 배수	전력선 통신선	에너지 공급	해안보전	치산 치수	
정상적 변화	기온 상승		교통수요 변화 (특히 관광)	물 수요 변화			에너지수요 변화			
	해수온 상승	항만내동결 감소					발전소 효율 저하			
	해수면 상승	**파랑의 영향 증가, 침수, 고조, 해일 포텐셜 증가**	**연안입지 시설의 침수**		바다와 하구의 배수 효율 저하		**발전소·석유정재 시설소의 침수**	**파랑의 영향 증가, 침수, 고조, 해일 포텐셜 증가**		지하수위 상승·염수화 피해
	강수량 변화			물 공급량 변화	우수 유출량 변화		수력 발전소 운용 변화		하천범람·토사재해 포텐셜 변화	
	동결·적설 감소		교통개선, 재설투자 감소	물 공급량 변화					사면안정도의 변화	
비정상적 변화	태풍 등 기상재해의 발생 빈도 증가·규모 확대	**파고의 증대, 고조 포텐셜 증대**	**구조물의 풍하중 증대, 통행장해의 증가**	**물공급의 불안정화**	**공급피해에 대응**	**바람에 의한 절단 가능성 증대**		**파고의 증대·고조 포텐셜 증대**	**하천범람·토사재해 포텐셜 증대**	

* 진한 글씨는 주요 영향임

이 중에서 가장 심각할 것으로 예상되는 영향은 해수면 상승에 의한 연안역 범람과 홍수의 잠재적 위험이다. 우리나라와 같이 경제 활동들이 연안역을 중심으로 집중되어 있는 곳에서는 그 영향은 더 심각하다. 발전소 등의 에너지 공급 인프라, 항만과 공항 등의 교통 인프라, 폐기물 처리장과 펌프장 등의 생활환경 인프라의 대부분이 연안역에 있으며, 또 그것들을 연결하는 도로와 철도도 범람과 홍수의 피해에 노출될 수 있다.

2) 해안도로 및 주거시설

우리나라 대부분의 해안도로는 해안에 매우 인접하여 설치되어 있으며 배후에 주거시설 및 상업 시설이 입지하고 있는 경우가 많다. 이와 같은 특징은 해안의 사회경제적 이용 측면을 크게 강조하고 있어 해안의 생태적 기능 및 방제적 기능을 크게 훼손하고 있는 것으로 평가되고 있다(조등, 2006). 해안에 매우 인접하여 이설한 해안도로는 해안침식을 통한 해안사빈 유실 등 뿐만 아니라 범람으로 인한 인명 및 재산 피해, 지속적인 복구비용 문제, 주변 재산가치 하락 등 다양한 사회경제적 문제를 야기할 수 있는 것으로 평가되고 있다. 해안도로의 사회경제적 문제점은 기후변화에 더욱 취약할 것으로 예상된다. 예상되는 기후변화는 침식 증대, 도로 훼손, 범람 증대, 토사유입 및 산사태 증대를 통하여 도로의 기능 및 위험을 크게 증대시킬 것으로 예상되며, 도로의 기능을 유지하기 위해서는 현재보다 훨씬 많은 경제적 비용 또는 적응 한도를 초과할 수도 있을 것으로 예상된다. 이상을 고려할 때 현재의 사회경제적 문제점을 유발하고 있는 해안도로는 해안의 기능 중 생태적 및 방제적 기능의 지속성(sustanability)을 훼손하고 있으며 활용 측면의 지속성을 유지하기 위하여 사회경제적으로도 많은 비용을 지불하고 있는 실정이다.

피해사례로서 울릉도의 경우를 살펴보면 현재 울릉도는 섬을 중심으로 해안을 일주하는 해안도로가 가설되어 있다(그림 4-11). 울릉도 해안도로는 울릉도 해안의 입지상 급경사 해안에 위치하고 있어 해양으로부터의 파랑 등에 의한 피해뿐만 아니라 낙석, 산사태, 하천토사유입 등으로 인하여 도로유실, 매몰, 교통통제 등의 문제를 지속적으로 경험하고 있다. 울릉도 해안 일주도로의 사회·경제적 문제점은 최근 태풍피해를 통하여 크게 나타나고 있다. 최근의 태풍 피해 양상은 크게 2가지로 나타났다. 2003년의 태풍 매미 및 2004년의 태풍 메기의 통과 시에는 강한 파도 및 바람에 의하여 해안도로의 파괴 및 유실이 주로 발생하는 피해를 입었으며, 2005년 태풍 나비의 경우에는 폭우로 인한 산사태, 토사유입으로 도로가 매몰되는 피해를 주로 입었다. 울릉군에서 집계한 이들 태풍에 의한 해안 일주도로의 피해현황은 <표 4.13>와 같으며, 그 피해 복구에는 많은 비용이 소요되었다.

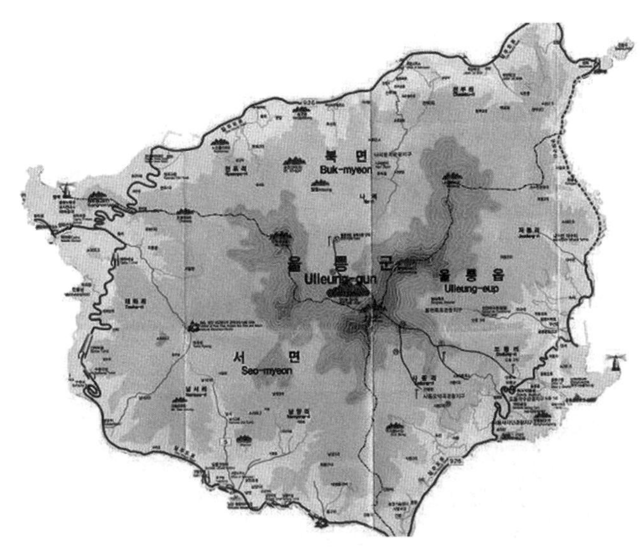

그림 4-11. 울릉도 해안도로 현황

표 4.13 최근 태풍에 의한 울릉도 해안 일주도로의 피해 현황(울릉군, 2005)

태 풍 명	매 미	메 기	나 비
연 도	2003	2004	2005
피해도로 연장(m)	3,955	835	7,427
복구액 (백만 원)	25,636	6,131	17,003

울릉도의 경우 해안 일주도로의 기능 마비로 교통이 통제되어 이용이 불가능할 경우 일부 지역 주민은 대체 도로가 없는 사정으로 인하여 많은 어려움을 겪고 있는 실정이다. 울릉도 해안 일주도로의 경우 지난 4년간 교통 통제일 수는 218일

로서 도로의 기능이 상당부분 제한되고 있는 실정이다. <표 4.14>은 지난 4년간 낙석, 산사태, 태풍 등으로 인한 해안일주도로의 교통 통제현황을 나타낸다.

표 4.14 해안일주도로의 교통통제 현황(울릉군, 2005)

발생 년도	낙석, 산사태에 의한 통제		태풍 등에 의한 통제		합 계	
	횟수(회)	기간(일)	횟수(회)	기간(일)	횟수(회)	기간(일)
2002	7	56	8	8	15	64
2003	5	9	7	43	12	52
2004	6	83	5	8	11	91
2005	0	0	1	10	1	10

그림 4-12. 태풍 매미(2003년)에 의한 해안 일주도로의 피해 현황

<그림 4-12>는 2003년 태풍 매미 내습에 따른 해안 일주도로의 피해상황을 나타내는 사진들이다. 사진에서 보는 바와 같이 해안도로의 일부 구간은 부분적으로 파괴된 반면 특정구간에서는 태풍 내습 후 해안도로의 흔적조차 찾아보기 어려울 정도로 파괴된 것을 알 수 있다. <그림 4-13>은 2005년 내습한 태풍 나비의 피해상황을 나타낸 사진들이다. 2005년 태풍 나비는 2003년 매미, 2004년 메기와는 달리 바람과 파도는 비교적 약한 반면 강한 폭우를 동반하였다. 그 결과 계곡 및 하천을 통한 대량의 토사 유입으로 도로가 매몰되는 큰 피해를 입었다. 이와 같이 울릉도 피해경험에서 알 수 있듯이 해안도로가 해안에 인접하여 가설되는 경우 해양으로부터 태풍 등에 의해 동반되는 파랑의 영향으로 바다로부터 받는 영향뿐만 아니라 폭우에 의하여 육지로부터의 영향도 받을 수 있음을 알 수 있다.

그림 4-13. 태풍 나비(2005년)에 의한 해안 일주도로의 피해 현황

<그림 4-14>는 태풍 및 폭우로 인한 토사 대량유입, 파도 등에 의한 해안도로 주변의 시설물(주거, 상가 등)의 피해 상황을 보여주고 있다. 해안도로가 해안에 인접하는 경우 태풍 등에 의하여 도로 자체의 훼손뿐만 아니라 도로 주변에 쉽게 형성되는 주거 및 상가 시설물에도 재산 및 인명 피해를 줄 수 있으므로 그 파장은 매우 크다고 할 수 있다.

그림 4-14. 해안도로 주변 시설물의 피해 현황

해안도로 및 배후 주거시설을 보호하기 위하여 요구되는 저감방안은 해안으로부터 이격하되 고파랑(태풍 등)에 의하여 영향을 받지 않는 범위까지 이격하는 것이 최선이며, 장래 기후변화를 고려하면 해안 쪽 완충지대를 추가로 확보하는 것이 요구된다. 해안도로로 인한 해안침식의 공학적 저감방안으로는 파랑의 영향을 저감할 수 있는 완경사 호안이 최적의 현실적 저감방안으로 사료되나, 이 방안은 해안의 생태적 기능과 사회경제적 특수성을 함께 감안하여야 한다. 또한 해안의 침식을 저감하기 위한 잠재 등을 설치하는 방안도 존재하나 공사비와 더불어 동 공법의 환경적 문제점을 감안할 때 해안도로 자체 만에 대한 저감방안으로 도입하기에는 어려움이 따를 것으로 예상된다. 현재 해안의 기능을 종합적으로 고려한 친수 공간(waterfront)에 대한 연구가 진행 중에 있어 추후 이에 대한 도입 여부를 검토할 필요가 있을 것으로 사료된다. 해안도로의 친환경적인 설계방향과 관련하여 신(2004)의 연구는 매우 유용하게 활용될 수 있다.

3) 연안역의 인프라 시설

지구온난화에 의해 해수면 상승과 태풍의 강화가 일어난다면, 높은 파랑과 해일의 발생 빈도가 증가할 것으로 예상된다. 또 해수면 상승은 지하수의 수위 상승과 해수 침투를 유발할 것으로도 생각된다. 그리고 이와 같은 변화를 통해 지구온난화의 영향이 연안역의 다양한 사회기반시설에 영향을 미쳐, 그들의 안전성과 기능의 저하를 가져올 것이다. 이 영향은 대단히 광범위한 지역에 전파될 것으로 예상되며, 그 영향의 정도에 따라서는 연안역에 집중하고 있는 인간의 사회 경제 활동에 심각한 영향을 미칠 것으로도 예상된다. 예상되는 영향 전파를 정리하고, 각각의 사회기반시설에 대한 영향평가 방법을 개발하는 것이 필요하다. 또 장차 심화될 가능성이 있는 자연재해에 대해, 현재의 방재 시설이 충분한지의 여부를 검토하는 것도 중요하다.

최근의 태풍의 강도 증가는 우리나라의 연안 인프라에 큰 영을 주고 있다. 최근 태풍으로 인한 파고는 대부분의 항만의 설계기준이 되는 50년 유의파고를 넘는 실정으로 향후 가속화되고 있는 기후변화에 매우 취약하다고 할 수 있다. 피해사례로서 부산신항의 경우 50년 유의 파고가 5.5m인 반면 루사 태풍시 5.6m(2002), 매미시 8.0m(2003), 위니아 시(2006) 5.2m로서 설계기준을 초과함으로써 항만의 기능을 위협하였다. 이들 태풍 내습시 항내 및 주변 인프라는 상당한 피해를 입은 것으로 보고되고 있다. 최근의 태풍 강도 증가는 항만에 대한 피해와 더불어 연안

그림 4-15. 해안에 인접한 녹산국가산업단지 전경

에 위치한 산업공단에도 피해를 주고 있다. 대표적인 사례가 부산 인근의 녹산 공단이다. <그림 4-15>에서 보여주는 바와 같이 녹산 공단은 해안매립을 통하여 조성된 국가산업단지 (면적6,971,000㎡, 약 900 공장입주)이다. 2003년 태풍 매미 내습시 태풍 해일 및 강수에 의하여 입주 공장 중 43% (388개소)가 피해를 입었다. 현재 이들 피해를 방어하기 위한 시설계획이 수립하고 있다. 그러나 이들 계획은 가속되고 있는 기후변화 및 기상변동에 효율적인지 여부에 대해서는 추가적인 검토가 필요하다고 할 수 있다.

지구온난화의 영향이 심각할 것으로 예측되면 대응방안을 조속히 강구하지 않으면 안 된다. 그러나 여기에서도 전제가 되는 지구온난화 예측 자체가 불확실하기 때문에 대응방안을 실시할지 여부에 대한 정책 결정의 판단은 어렵다. 이 중에서 태풍의 변화(빈도 및 강도)에 대해서는 현 단계의 예측 결과는 불확실성이 높은 것으로 평가되고 있다. 영향이 미치는 범위의 인구와 자산 가치 등으로부터 영향의 중대함을 나타내는 지표를 작성하거나, 몇 가지 온난화 시나리오에 기초하여, 예를 들어 방파제와 방호벽을 높이 쌓아올리는데 필요한 비용을 추산하는 것은 정책 결정을 위한 기초 자료가 될 것이다. 그러나 최종적인 정책 결정을 위해서는 불확실성을 고려한 사회 경제적 수법에 의한 평가방법의 확립이 요구된다.

해수면 상승에 대한 대응방안으로서는 「보호(protection)」, 「순응(accomodation)」, 「대피(retreat)」의 세 가지 종류가 있으나 연안역에 사회 경제 활동이 집중하고 있는 우리나라에서는 「보호(protection)」의 방식이 주로 적용될 것이다. 따라서 현재의 공학 기술을 바탕으로 한 유효한 방어 대책을 세워, 그 적용성 여부를 하나하나 검토해 갈 필요가 있다. 또 보호를 위한 단순한 대응책이 아니라 중장기적인 전략으로서 환경을 고려하며 부가가치가 있는 종합적인 대책에 대해서도 적극적으로 검토해야 할 것이다.

C. 관광 · 레크리에이션

기후변화에 가장 민감한 부분은 동계 스키장과 하계 해수욕장과 관련된 부분이다. 기후변화로 인한 기온 상승은 스키 시즌의 단축, 스키장 영업일 수의 감소, 인공제설비용의 증가, 방문객의 감소 등으로 스키산업에 악영향을 줄 것으로 예상된다. 이에 반하여 기온 상승은 해수욕장을 이용할 수 있는 기간의 증가, 동계 골프장이 기간의 증가 등을 통하여 긍정적인 영향을 유발할 수 있을 것으로 예상된다. 더불어 여름에 집중되어온 휴가 시즌이 춘계와 추계로 분산되며 해수욕장 중심에서 산과 계곡으로 관광시즌 및 관광 지역의 변화도 예상할 수 있다. 자연자원 (눈꽃 축제, 개화 축제 등)을 이용하는 관광도 그 영향을 받을 것으로 예상된다. 한편, 해수면 상승은 해수욕장 모래의 침식을 통하여 해수욕장에 영향을 줄 수 있으며 해수면 상승에 부과하여 태풍 및 파랑의 강도 증가는 선착장과 같은 해양오락시설에 피해를 증대시킬 염려가 있다. 최근의 태풍 및 강수 패턴의 변화는 관광산업에 악영향을 미칠 수 있다. 이들 영향으로는 관광자원의 직접적인 훼손과 더불어 기반시설 파괴, 관광수요 감소, 항공기 결항, 여행보험비용 증가 등을 예상할 수 있다. 해양수온 상승은 해수욕장의 이용시간의 긍정적 영향과 더불어 적조 증대, 해파리와 같은 유독성 생물체 출현 등으로 해양관광에 악영향이 동시에 제기되고 있다.

D. 건설업

우리나라의 경우 지난 96년부터 10년간 우리나라에서 발생한 자연재해 관련 피해액은 약 46조 원으로써 그 중 기상현상으로 인한 피해액이 18조 1700억 원을 차지하고 있다. 또한 복구비용도 27조 8600억 원이 소요된 것으로 나타나고 있다. 기상재해 중에는 태풍피해가 가장 크며 피해액은 전체의 57%인 10조 4000억 원을 차지했다. 다음으로는 (집중)호우가 5조 9800억 원(34%)으로 많았고 폭풍설 9100억 원, 대설 6700억 원, 폭풍 304억 원 등의 자연재해로 인한 경제적 손실이 있었던 것으로 조사됐다. 건설업은 기후변화에 직접적인 영향을 받는다. 예를 들어 강우 및 눈의 증가는 건설 활동의 생산성을 감소시킨다. 하계의 태풍 및 동계의 폭풍 강도 변화가 나타나고 있으며 이와 같은 변화는 주거 시설을 포함한 다양한 시설물의 피해를 증가함으로써 건설업일감을 증가시킬 수 있다. 게다가 해수면 상승에 의한 해안선의 침식, 구조물에 대한 해일 피해, 지반의 약화를 막기 위한 보호대책이 필요할 것으로 예상되며, 이것은 건설업에 있어서는 큰 수요를 창출할 수 있다.

4.2.3. 적응 대책

21세기 지구온난화에 의한 해수면 상승 예상치는 해수면 상승에 대한 적응 필요성을 강조하기에 충분하다. 이 문제는 다른 기후변화 영향 문제와 마찬가지로 장래에 다가올 영향을 감소시킬 수 있는 적절한 행동을 취할 것을 요구한다. 해수면 상승에 대한 계획적인 적응 전략은 크게 관리적 이주(managed retreat), 순응(accommodation), 방어 (protection)의 세 가지 전략으로 구분할 수가 있다(UNEP, 1996). 이들 중 방어 적응 전략은 크게 방파제와 같은 hard 기술과 사빈 보충과 같은 soft 기술로 다시 세분할 수가 있다(그림 4-16).

관리적 이주 방안은 모든 자연환경에 대한 해수면 상승 영향은 허용하고 인간에 대한 영향은 해수면 상승으로 영향을 받는 취약 지대로부터 후퇴함으로써 인간에 대한 영향을 최소화하는 개념이다. 순응의 방안은 자연환경에 대해서는 관리적 이주 방안과 같이 모든 영향을 허용하고 인간에 대한 영향은 연안역의 이용방식을 조절함으로써 해수면 상승 영향을 최소화하는 방안이다. 방어의 방안은 hard 또는 soft 기술을 이용하여 영향을 받는 지역을 보호함으로써 인간에 미치는 영향 및 자연 환경을 제어하는 방안이다.

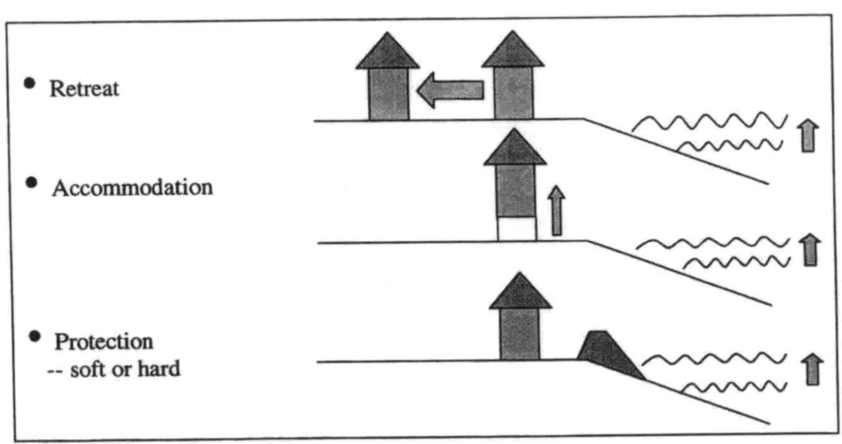

그림 4-16. 해수면 상승에 대한 적응방안 모식도
(자료: IPCC CZMS, 1990)

위의 세 가지 적응 전략은 다시 적응의 유형에 따라 자발적인 조절 (autonomous adjustment)과 전략적 행동 (strategic action)으로 구분할 수가 있다. 또한 위의 세 가지 적응 방안의 도입 시기에 관하여 예방적 (proactive)인 것과 반응적 (reactive) 것으로 구분할 수가 있다. 해수면 상승에 대한 적응방안 및 적응방안 별 유형과 도입 시기에 따라 구분하면 <표 4.15>와 같다. 지금까지 우리나라의 경우 연안 지역에는 주거지, 산업 시설, 도로 등과 같은 사회경제적 활동이 집중되어 있어 이들을 범람 등의 원인으로부터 보호하기 위하여 방어의 개념으로 주로 이 문제에 접근하여 왔다. 앞장에서 검토한 바와 같이 우리나라 연안역도 지구온난화에 따른 해수면 상승으로 잠재 위험성이 증가할 것으로 예상된다. 그러나 이러한 해수면 상승에 대한 잠재적 위협에 대한 방어만의 대처 방안은 효율적이지 못하며 위에서 언급한 세 가지 방안을 종합적으로 고려하는 것이 연안역의 취약성을 줄이면서 지속발전을 이룩할 수 있는 방안으로 사료된다.

표 4.15 해수면 상승에 대한 적응 방안 및 그 특성

적응 방안	적응 유형		적응 시기	
	자발적 조정	전략적 행동	반응적	예방적
관리적 이주				
• 취약지구 미개발	√	√		√
• 조건적, 단계적 개발억제		√	√	√
• 정부 보조금 폐지		√	√	√
• 가정되는 이동성		√		√
순응				
• 최악 영향 회피 선행 계획	√	√		√
• 토지 이용 변경				
• 건물 양식 변경	√	√	√	√
• 위협받는 생태계 보호	√	√		√
• 재해 지역 규제		√	√	√
• 규제 강화를 위한 재해 보험		√	√	√
방어				
1) hard 구조물 방법				
• 둑, 제방, 홍수제방	√	√	√	√
• 방파제, 방벽	√	√	√	√
• 방사제	√	√	√	√
• 이안제		√	√	√
• 방조문, 방조제		√	√	√
• 해수방어벽		√	√	√
2) soft 구조물 방법				
• 주기적 사빈 공급		√	√	√
• 사구 복원 및 조성	√	√	√	√
• 습지 복원 및 조성		√	√	√
• 조림(稠林)		√		√

자료: UNEP, 1996

1) 관리적 이주

관리적 이주 전략은 기본적으로 해수면 상승으로 취약성이 매우 큰 지역의 토지나 구조물을 포기하고 그곳의 주민 등을 점진적으로 다른 곳으로 이주하는 방안이다. UNEP (1996)는 관리적인 이주 방안으로 다음 네 가지를 제시하고 있다.

- 취약지구 미개발
- 조건적, 단계적 개발억제
- 정부 보조금 폐지
- 가정되는 이동성

해수면 상승에 대한 관리적인 이주 전략은 대응 전략 중 가장 효율적인 전략 중의 하나로 제시되고 있다. 이 전략은 해수면 상승으로 예상되는 지역과 이 지역의 경제성에 대한 사전 평가 토대로 사전 예방적(proactive) 차원에서 전략적 행위로서 취하는 전략으로 해수면 상승으로 인한 인간 사회의 피해를 최소화 할 수 있는 방안으로 사료된다.

그러나 관리적 이주 대응 전략은 그 사용에 있어 한계를 가질 수 있다. 먼저 해수면 상승에 관한 취약성 평가 결과 취약한 지역으로 나타난 곳이 도시 및 기간 시설 등 많은 투자가 이루어진 지역에 대해서는 이 전략만으로는 대처가 불가능한 경우가 생길 수 있다. 또한 우리나라와 같이 국토가 협소하고 주요 산업시설이 연안을 따라 많이 설치되어 있는 경우 이 방법만의 대응전략 수립은 효율적이지 못하다. 현재 해수면 상승으로 이미 영향을 겪고 있는 태평양의 섬나라들은 해수면 상승으로 인한 범람에 물리적 방어의 어려움과 막대한 경제적 비용 문제 등으로 이주 방안 외에는 대안이 없는 경우도 생길 수 있다.

이러한 경우의 대표적인 예가 2001년에 해수면 상승으로 인한 국토 포기를 선언한 남태평양의 섬나라 투발루의 경우이다. 남태평양에 9개의 섬으로 구성된 투발루의 경우 지구온난화로 인한 해수면 상승, 태풍 등에 의한 파동 등에 대하여 자국을 방어하는 것이 불가능하다는 판단 하에 자국의 영토 (24 ㎢)를 포기하고 자국의 국민 (1991년 기준 약 9천명)을 주변 국가로 이주하기로 결정하였다. 투발루와 같이 태평양 및 인도양의 섬나라의 경우 해수면 상승으로 인하여 일차적으로 위협을 받고 있는 국가들이 투발루의 결정을 볼 때 해수면 상승에 대하여 방어 및 순응의 방법만으로 대처가 쉽지 않은 단면을 보여주고 있다. 향후 해수면 상승 영향을 고려한 연안역 저지대에 대한 토지 이용 계획 수립은 연안역의 지속 발전과 밀접한 관계가 있는 것으로 사료된다.

2) 순응

해수면 상승으로 인한 피해에 대응하기 위한 전략의 하나인 순응의 방안은 말 그 자체가 의미하는 것과 같이 자연환경에 대해서는 영향을 허용하지만 인간에 대한 영향은 연안역의 이용 방식을 조절함으로써 해수면 상승 영향을 최소화하는 방안이다. 관리적인 이주 방안과는 달리 취약지역에 대하여 적절한 관리 및 이용 방안을 통하여 취약 지대를 포기하지 않고 지속적으로 활용하는 방안을 의미한다. UNEP (1996)에 의해 제시한 순응의 방안으로는 다음 여섯 가지가 있다.

- 최악 영향 회피 선행 계획
- 토지 이용 변경
- 건물 양식 변경
- 위협받는 생태계 보호
- 재해 지역 규제
- 규제 강화를 위한 재해 보험

순응의 대응 전략 중 연안역의 토지 이용 계획의 변경은 취약한 지역으로 파악된 지역에 경제적인 가치가 비교적 떨어지는 구조물을 설치하는 경우와 해양과 친화적인 용도로 토지 이용의 용도를 변경하는 경우를 포함할 수 있다. 전자의 경우는 주택보다는 주차장 등과 같이 경제적 가치 및 인명의 피해를 줄일 수 있는 구조물을 건축하는 경우이고 후자는 농경지 등과 같이 해수에 취약한 지대에 양식장이나 염전 등과 같이 해수와 밀접한 시설물을 유치하는 것을 포함한다.

건물의 양식 변경의 예는 건축물의 구조를 해수면 상승에 의한 영향을 감안할 수 있는 구조물로 바꾸는 것으로 건물의 높이를 높이는 방법이다. 이러한 건물

구조 양식은 이미 허리케인 등에 의해 해수 범람을 자주 받는 미국의 동부 및 남부에서는 흔한 건축 양식이다.

이들 토지 이용 및 건축 양식 변경을 통한 순응 방법 외에도 규제 및 보험을 통한 순응 방법도 제시되고 있다. 이러한 방법 중 해안의 위험을 완화시키는 데에 가장 많이 활용되는 법적 제도적인 방법 중의 하나가 미국의 연방재해관리국 (Federal Emergency Management Agency)에서 시행하는 범람보장프로그램 (National Flood Insurance Program: NFIP)이다. NFIP는 재정적인 보호와 동시에 재해 완화를 모두 다루는 프로그램이다 (National Research Council, 1995). 재정보호 프로그램은 영향평가 결과 범람 지역 및 범람 가능 지역 주택소유자와 사업자들에게 범람 보험 (flood insurance) 형태로 제공된다. 재해 완화 프로그램은 예상되는 재해에 대하여 건축 기준 및 건축 지역 규제 기준을 설정하여 구조적으로 접근하는 방법이다. NFIP는 해수면 상승과 같은 범람 문제에 대응을 위한 법적 제도적인 관점에서 선진국에서는 가장 실현성이 있고 유망한 방법 중의 하나로 인식되고 있다.

NFIP의 프로그램의 내용을 좀 더 구체적으로 살펴보면 보험료의 일부는 범람 재해 지역에 위치한 주택의 이전 및 재건축에 사용되어 대상 구조물 재배치와 재건설에 사용될 수 있도록 하고 있다. 또한 범람 취약 지대에 대하여 취약 구조물 이주 및 토지 이용 변경뿐 아니라 새로운 개발을 관리하기 위하여 보험 가입요건을 엄격히 제한하고 있다. 이에 따라 건축 표준, 건물 규정, 구역 제한을 설정하고 이 기준을 지키지 않는 경우 보험 가입을 불허하는 제도를 시행하고 있다. 이 방법은 미국뿐 아니라 영국에서도 사용되는 방법으로 해수면 상승 대응을 위한 매우 효율적인 제도로서 판단된다.

영국의 경우 보험사 자체가 범람에 대한 취약성 평가를 실시하여 보험 가입 및 보험료 기준에 참고하고 있는 것으로 알려져 있다. 또한 NFIP 프로그램은 보험 요율도 범람 취약지대에서는 새로운 발전 계획을 통제 할 수 있도록 조정 가능하도록 하고 있다. NFIP의 개념은 순응의 방안뿐만 아니라 관리적 후퇴의 개념도 동시에 포함하고 있는 포괄적인 프로그램으로 사료된다.

3) 방어

해수면 상승에 대응하기 위한 방어의 방안은 hard 또는 soft 기술을 이용하여 영향을 받는 지역을 보호함으로써 도시, 경제 활동, 자연 자원을 보호하는 개념이다. 방어의 개념은 가장 전통적인 방법으로 사용되는 개념이며 지구온난화로 인한 해수면 상승 문제가 발생하기 이전부터 파랑 및 해일 등에 대하여 연안역을 보호하기 위하여 가장 흔히 사용되어 왔던 방법이다. 삼면이 바다인 우리나라도 해안을 따라 방어벽 (새만금, 시화호 등), 어항 및 시설물에 대한 방파제 등이 다양하게 이미 설치되어 있다. 이러한 방어 시설의 방어 기준은 향후 지구온난화에 의한 해수면 상승으로 새로운 기준 설정이 요구될 것으로 사료된다. 방어 적응전략은 크게 방파제와 같은 hard 기술과 사빈 보충과 같은 soft 기술로 구분 할 수가 있으며 UNEP (1996)가 제시하는 각각의 방안은 아래와 같다.

가) hard 구조물 방법

- 둑, 제방, 홍수제방
- 방파제, 방벽
- 방사제
- 이안제
- 방조문, 방조제
- 해수방어벽

나) soft 구조물 방법

- 주기적 사빈 공급
- 사구 복원 및 조성
- 습지 복원 및 조성
- 조림(稠林)

해수면 상승 대응을 위한 hard 대응 구조물에는 선 구조(line structure) 개념의 1차원적인 방어 구조물과 분리 이안제나 인공 어초와 같이 2차원적인 방어 구조물로 구분할 수가 있다. 선 구조물은 어항이나 방파제 등을 건설하는데 사용되는 방법으로 방어의 개념을 고려할 때 지금까지 가장 많이 활용된 전략이다. 그러나 이러한 선 구조물은 범람만의 문제만을 고려할 때 그 위험을 줄이는 역할에는 효율적이나 건설비용이 매우 비싸며, 또한 유지비용도 크며 태풍 등과 같은 저기압 내습시 강한 파랑 등에 의해 손상될 수 있어 주기적인 유지 보수가 필요하다. 이와 같은 구조물은 인간과 해안과 격리시켜 경관적으로는 해양에 대한 시계 제한, 해수욕장과 같은 해안에 대한 접근을 차단하는 부작용도 동시에 존재한다. 이러한 구조물은 주변 해역의 유동 및 파랑을 변화시켜 해안선의 퇴적 및 침식에 영향을 주어 주변 생태계에 영향을 준다. 또한 구조물 주변에서 발생하는 침식 작용은 구조물의 안전을 위협하는 등 부작용도 매우 큰 것으로 알려져 있다. 이러한 선 구조물의 단점을 보완하기 위한 방어의 개념으로 현재 분리된 방파제와 인공 암초 적절한 배열을 사용하여 해변의 안정화 및 침식을 조절하는 방식이 일본 등 선진국을 중심으로 도입되고 있다. 이런 구조물들은 파동에너지를 감소시켜 연안역의 침식을 방지하는 역할을 한다. 그러나 이런 구조물 자체가 연안지역에서 모래를 생성하는 것이 아니므로 구조물 설치 시 사전 점검 및 계획이 필요하다.

해수면 상승에 대응하기 위한 soft 개념의 방어 기술 중 대표적인 것이 인위적인 연안 사빈 조성이다. 인공적으로 해변에 사빈을 조성하는 것은 해안선 보호를 위한 효과적인 공학적 대안인 동시에 사빈 복원의 주요한 기술로서 제시되고 있다(National Research Council, 1995). 기존 해변에 사빈을 공급하여 기존 사빈의 폭과 높이를 확대함으로써 파동에너지를 분산시킬 수 있으며 이로 인하여 해수면 상승을 포함한 해양의 물리적 운동에 기인한 해안선의 침식을 억제함과 동시에 태풍, 저기압, 지구온난화에 의한 해수면 상승에 의한 범람 피해를 막을 수 있다. 인공적인 사빈 해변 조성은 미국, 유럽, 오스트레일리아를 포함한 구미의 국가에서 해수면 상승의 영향을 포함하여 해양의 물리적 영향으로부터 자국의 연안을 보호하기 위한 가장 수용하기 쉬운 기술적인 방안 중의 하나로 평가받고 있다. 일본의 경우도 해안선 보호를 위한 방안으로서 대규모의 주기적인 해변 재조성 작업을 검토하는 단계에 있다. 일본에서는 1999년 발효된 해안보호법 (seacoast law)에 이러한 연안역의 방어 및 보호 개념을 수록하고 있으며, 이 법에서는 사빈 공급을 포함한 해안 조성이 해안선 보호의 기술적인 대안임을 제시하고 있다.

우리나라에서는 연안역의 사빈이 연안을 따른 각종 개발 사업으로 인하여 침식이 크게 일어나고 있는 것으로 판단된다. 우리나라에서의 사빈 보호는 주요 해수욕장을 중심으로 이루어지고 있으며 이는 단지 관장 자원의 보호를 목적으로 이루어지고 있다. 해안 사빈 및 사구가 가지는 연안역의 보호 및 방어 개념을 고려할 때 이들 해안 특성을 보호, 관리 및 복원하는 정책 수립 및 이행이 절실히 요구된다고 할 수 있다.

4) 연안통합관리

연안역의 적응 문제는 위에서 제시한 바와 같이 여러 단계의 반복적인 과정으로 접근 할 수가 있다. 더불어 기존의 연안역 관리 관행은 해수면 상승 문제에 악영향을 미칠 수 있으므로 기존의 정책의 점검이 필요하다. 따라서 해수면 상승 문제에 효과적으로 대응하기 위해서는 연안역에서 일어나는 모든 계획을 통합적으로 고려하는 것이 중요하다. 연안통합관리 (Integrated Coastal Management; ICM)는 해수면 상승 등과 같은 장기적인 문제나 오염 등과 같은 기존의 해양의 문제를 함께 다루는 가장 적절한 방안으로 인식되고 있다. 연안역 통합관리는 광범위한 주제를 다루고 있으므로 본 연구에서는 그 역사 및 개념에 대하여 간단히 소개하고자 한다.

연안역 통합관리의 중요성에 대한 인식은 1992년의 UN환경개발회의 (지구정상회의)나 1994년 세계연안회의와 같은 다수의 회의에서 이미 이루어졌다. 1992년 지구정상회의 이후 많은 국제기구들이 정확한 ICM 개념 정립 및 국제적인 가이드

표 4.16 연안통합관리 관련한 주요 원칙

구분		원칙
환경 및 경제발전과 관련된 원칙		• 세대 상호간, 세대 내의 공평성 원칙 • 발전 권리 원칙 • 예방원칙 • 오염자 부담 원칙 • 개방과 투명 원칙
해양과 연안의 특성과 관련된 원칙	연안역의 생물리적 자연과 관련된 원칙	• 해양 자원과 과정의 높은 이동성과 상호 연관성 때문에 기존의 육지 중심 관리 접근방법은 적절하지 않음 • 육지에 인접한 지역(사구, 해변, 맹그로브, 암초, 곶)은 침식과 해수면 상승에 매우 중요한 역할을 하며, 장기적인 지속성에 기여함. 이들의 탄성은 기후나 다른 변화에 대한 적응력을 유지되도록 유지되어야 함 • 해안 안정화 노력과 기반 시설물 건설은 "자연 설계"에 의해 강화되어야함 • 자연적 연안류 시스템 방지는 최소화되어야 함 • 희귀 및 취약 생태계의 생물다양성과 멸종위기종들은 보호되어야함 • 후퇴가 적응전략으로 고려되는 지역에 대해서 소멸 우려가 있는 종들과 거주지에 대한 이주 경로를 제공할 수 있는 노력이 필요함
	해양 공공 자연 및 연안/해양 자원, 공간 이용과 관련된 원칙	• 많은 국가들은 해양 자원이 공공 영토의 한 부분임. 국가들은 해양 및 해안 자원에 대해서 도덕 책무와 공평함과 갈등을 이루는 다양한 사용의 해답에 기초해 관리 • 연안/해양 지역과 자원에 대해서 원주민이 역사에 기초하여 요구하면 이를 인정해야하며, 그들의 거주가 보장되어야 함 • 거주지와 생활 자원은 생활과 관련 없는 다른 모든 자원에 우선하며 배타적이지 않은 사용은 배타적인 것보다 좋으며, 가역적인 것이 비가역적 사용보다 좋음 • 잠재적 충돌이 먼저 인식되어야하며 공공 질서를 보호하고 강조하는 공평한 해법이 과정에 의해 발전되어야 함. 해안 사회를 포함하는 것은 전체 ICM 과정에서 중요함 • 해양 또는 해수와 관련된 해안 지역의 새로운 발전은 그렇지 않은 것보다 우선순위를 갖도록 해야함 • 연안역과 해양문제 (연안류, 오염) 월경성 성격으로 인하여 국가간 협력이 필요함 • 해안지역의 기후변화에 대한 영향(침식 증가, 홍수, 염수 침입)은 ICM 프로그램 내에서 가장 효과적으로 관리됨. 기후변화에 적응하기 위한 효율적인 전략은 다른 국가적인 기후변화 수행 계획과 ICM의 통합을 통해 이루어짐
	위의 두 범주를 넘는 주제	• 해안 지역은 특별한 관리와 계획이 필요한 자원계임 • 물은 해안 자원 시스템의 주요한 요소임 • 지표수의 경계를 가로지르는 중요한 상호 작용은 전체 시스템(고지, 해안, 조수지역, 해안선 부근의 수계)의 이해와 관리를 필요로 함 • 해안 내륙의 활동은 해안 자원에 영향을 줌. 월경성 문제가 일어나는 지역에서는 문제를 효과적이며, 효율적이고 공평하게 처리하기 위해서 국가간의 공동 노력이 필요함

자료: Kojima, 2001

라인 개발을 위하여 많은 노력을 해오고 있다. 이들 중 OECD 가이드라인 (1993), World Bank 가이드라인 (1993), IPCC의 World Coast Conference Report (IPCC, 1994), UNEP 가이드라인 (1995) 등이 주요한 노력의 결과이다. 위와 같은 국제적인 ICM의 기준은 ICM을 도입하고자 하는 국가들에게 지침이 될 수 있기 때문에 올바른 기준 설정이 중요하다. 해수면 상승을 포함한 기후변화 문제를 ICM에 통합시키기 위하여 1997년 "Planning for Climate Change Through Integrated Coastal Management" 회의가 개최되었다. 이 회의에서 기존의 ICM 가이드라인을 정리 수정 보완하여 발표하였으며 이 가이드라인의 요약은 <표 4.16>과 같다(Kojima, 2001).

우리나라에서도 해양수산부를 중심으로 연안관리법 및 통합연안관리 계획이 수립되어 있다. 이러한 연안관리 계획이 21세기 새로운 환경변화 즉 지구온난화 및 해수면 상승에 대한 적절한 대응 방향으로 이루어 졌는가에 대한 점검이 필요하다고 사료된다.

4.2.4. 향후 과제

여기서는 연안 역을 중심으로 사회기반시설과 사회·경제시스템에 미치는 현황, 영향 및 적응 방안에 대하여 주로 정성적인 측면에서 검토하였다. 우리나라의 경우 기후변화에 따른 사회경제적 영향과 관련하여 매우 일부분에 대한 수행되어 있으며 관련 자료도 부족한 실정이다. 연안역의 취약성과 정량적으로 평가되어 있는 분야가 있는 반면 많은 부분에서 단편적인 검토에 머물러 있는 실정이다. 인간시스템에 대한 영향은 자연시스템에 대한 영향과 밀접한 관계가 있으며 자연시스템의 영향 단계를 지나 그 효과가 나타나기 때문에 해수면 상승과 같은 기후변화는 이들 요소에 의한 직접적인 영향 이외에도 다른 요소를 우회하거나 결합하여 2차적, 3차적인 부가적 영향을 무시할 수 없으며 간접적인 영향이 보다 큰 영향을 가져오는 경우도 많다. 따라서 통합적인 차원에서 사회경제적 영향평가의 필요성이 제기되고 있으며 이러한 점을 고려 할 때 향후 연구과제와 문제점으로는 다음과 같은 것을 들 수 있다.

먼저 영향 평가의 정확도는 기후변화 예측의 정확도에 의존하고 있기 때문에 신뢰성이 높은 예측 결과가 필요하다. 기후변화 예측 시 영향평가 대상에 따라 특정한 기상요소 및 시공간적 규모에 대한 자료를 필요로 한다(예: 계절 변화, 월별 강우량, 일사량 등). 따라서 기후변화 시나리오를 작성하는 그룹과 영향평가자 간의 긴밀한 협조체계가 필수적이다. 연안역의 취약성 평가는 해수면 상승과 더불어 파랑, 조석, 태풍 및 폭풍 등에 대한 기후변화 영향과 지각변동에 대한 정보를 필요로 한다. 따라서 이들 변화에 대한 연구 및 자료는 기후변화 영향평가를 위해서 매우 주요하다. 우리나라의 경우 해안에 인프라에 대한 간헐적인 연구를 제외하고 인프라에 대한 종합적인 영향평가는 매우 초기에 있다. 이를 위한 선행되어야 할 점은 먼저 인프라에 대한 자료 구축이 선행되어야 하며 동시에 평가 방법론이 정립되어야 한다. 이를 토대로 인프라에 대한 영향평가를 실시하고 설계 및 입지 기준을 정하고 이를 제도적(연안관리, 환경영향평가 등)으로 반영하는 것이 필요하다고 사료된다. 기후변화 영향평가는 기후자료에 대한 예측뿐만 아니라 인간의 사회경제적 활동 변화에 대한 예측도 동시에 이루어져야 한다. 수십년에서 100년의 미래에는 인구의 증감과 고령화, 산업 구조의 변화 등 사회 전반의 큰 변화가 예상되며, 이들을 전망하는 것도 기후변화 예측에 못지않게 불확실성이 존재하고 있다. 따라서 기후변화 및 사회경제 및 사회구조에 대한 양방향의 미래 예측이 기후변화 영향평가를 위하여 진행되어야 하며 이들의 상호작용도 함께 고려하여야 한다.

기후변화는 온실가스 감축을 통하여 기후변화 자체를 감소시키는 노력과 더불어 기후시스템의 관성으로 인한 영향의 불가피성을 고려할 때 기후변화 적응노력은 필수적이다. 기후변화 적응은 영향에 대한 평가를 통한 우리사회의 행동양식 변경을 통하여서 이루어진다. 이를 위해서는 인프라를 포함한 사회경제 시스템 전반에 대한 영향평가가 선행되어야 한다. 이를 위한 연안역을 포함하여, 주거시설, 사회기반시설, 산업 활동 등 전반에 대한 영향평가 계획이 수립되어야 할 것으로 파악되었다. 이는 연구자들의 개별적인 연구가 아니라 기후시나리오 작성에서부터 각종 데이터 기반 구축 등 국가차원에서 계획이 수립되고 평가가 이루어지는 체제(예 IPCC)가 조급히 이루어져야 할 것으로 판단된다. 더불어 기후변화의 과학적 불확실성을 감안할 때 기후변화 영향평가는 주기적으로 지속적으로 이루어지는 것이 바람직하다고 할 수 있다.

〈참고문헌〉

- 문일주, 2009, 연안해양환경포럼 발표자료.
- 조광우, 2009, 해수면 상승에 따른 취약성 분석 및 효과적인 대응정책 수립 (I): 해안침식 영향평가.
- 조광우 등, 2001, 지구온난화에 따른 한반도 주변의 해수면 변화와 그 영향에 관한 연구.
- 조광우 등, 2002, 지구온난화에 따른 한반도 주변의 해수면 변화와 그 영향에 관한 연구 Ⅱ.
- 조광우, 2005, 해안도로의 환경적 문제점과 개선방안.

4.3 기후변화의 문제와 사회적 대응

산업혁명 이래로 화석연료 사용의 급증으로 인해 대기 중 온실가스 농도가 증가하여 지구의 기온이 상승하는 지구온난화가 심화되고 있다. 그에 따른 기후변화로 혹독한 이상 기후가 빈발하여 인류의 지속가능한 삶을 위협하고 있다. 이에 대처하기 위한 국제사회의 노력이 지속되고 있으나, 지구온난화의 주범인 이산화탄소 배출량을 줄이는 성과를 달성하는 일은 여전히 힘겨운 과제로 남아있다.

오늘날 국제 사회는 인류가 지속가능한 삶을 유지하기 위해 반드시 해결해야 할 21세기 최대의 과제로 기후변화 문제의 해결을 설정하고, 온실가스의 감축과 미래에 다가올 기후변화에 적응해서 살아갈 수 있는 사회체제의 개선에 최선의 노력을 기울이고 있다.

이 글에서는 기후변화 문제의 심각성을 알아보고, 이에 대처해온 국제 사회와 우리나라의 노력을 소개한다. 아울러 제4차 기후변화협약 대응 종합대책에 제시된 우리나라의 기후변화 대응을 위한 각 부처별 노력과 재정지원 계획을 살펴본다.

온실가스 배출량과 기온의 상승추세와 전망

대기 중 이산화탄소(CO_2) 농도는 산업혁명 이전에는 280ppm 수준이었으나, 2005년에는 379ppm으로 증가하였고 그 이후에도 매년 약 2ppm정도씩 증가하여 최근에는 약 390ppm수준에 이르고 있다. 산업혁명 이전 800년 동안에 대기 중 이산화탄소 농도의 변화량은 20ppm정도에 불과하였다. 그러나 산업혁명이 시작된 1750년 이후로 이산화탄소 농도는 100ppm이상 증가하였다. 최근 수 십 년 동안 이산화탄소 배출량은 지속적으로 증가하였다(그림 4-16). 화석연료 사용으로 인한 지구 전체 연간 이산화탄소 배출량은 1990년대에 평균 6.4±0.4Gt/yr에서 2000~2005년에는 7.2±0.3Gt/yr로 증가하는 경향을 보였다. <그림 4-16>의 막대그래프는 1960년부터 2005년까지 전 지구 평균의 대기 중 이산화탄소 농도의 경년변동<그

림 4-16> 1960년대 이후 전 세계의 대기 중 이산화탄소 농도 증가량 추이: 1960~2005년 을 나타낸다. 최대 증가를 보인 해는 1998년으로 전년도에 비하여 약 2.5% 증가하였다. 반면에 1993년에는 전 년도에 비하여 약 0.7% 증가하는 데에 그치기도 하였다. 이처럼 대기 중 이산화탄소 농도 증가율은 세계 경제활동의 부침에 따라서 차이를 보이지만 매년 대기 중 이산화탄소 농도는 국제사회의 적극적인 노력에도 불구하고 더욱 빠른 속도로 증가하고 있다. 아울러 근래 이산화탄소 배출량 증가의 상당 부분은 개도국의 경제개발과 밀접한 관련이 있다. 특히 중국과 인도의 증가가 탁월하다.

한편 우리나라의 이산화탄소 배출량은 전 세계의 약 2% 정도이지만, 증가율은 중국에 이어서 2번째로 높은 수준에 있다(에너지관리공단, 2010).

이러한 이산화탄소 농도 증가로 인해 지구의 기온상승은 최근에 올수록 더욱 가파르게 상승하고 있다(IPCC, 2007). 온도계를 이용하여 기온을 측정할 수 있게 된 것은 1850년대 이후의 일이다. 1850년 이후부터 최근까지 기온상승 속도는 100년에 0.45℃정도인데, 최근 100년 동안을 대상으로 하였을 때의 기온상승속도는 100년에 약 0.74℃로 평가된다. 다시 최근 50년을 대상으로 평가하면 100년에 약 1.28℃, 최근 25년을 대상으로 하면 100년에 약 1.77℃로 점점 빨라지고 있다(IPCC, 2007).

우리나라의 온실가스 배출량은 경제개발이 시작된 1960년대 이래로 빠르게 증가해 왔는데, 그러한 경향은 2005년까지 이어졌고, 그 이후로는 증가세가 현저히 낮아지고 있음을 확인할 수 있다(그림 4-17). 그리고 우리나라의 기온상승은 지구평균에 비하여 2배 이상 빠른 것으로 알려져 있다(기상연구소, 2009). 하지만 우리나라의 기온상승이 지구평균보다 2배 이상 빠르다고 하는 해석은 신중하게 받아들여야 한다.

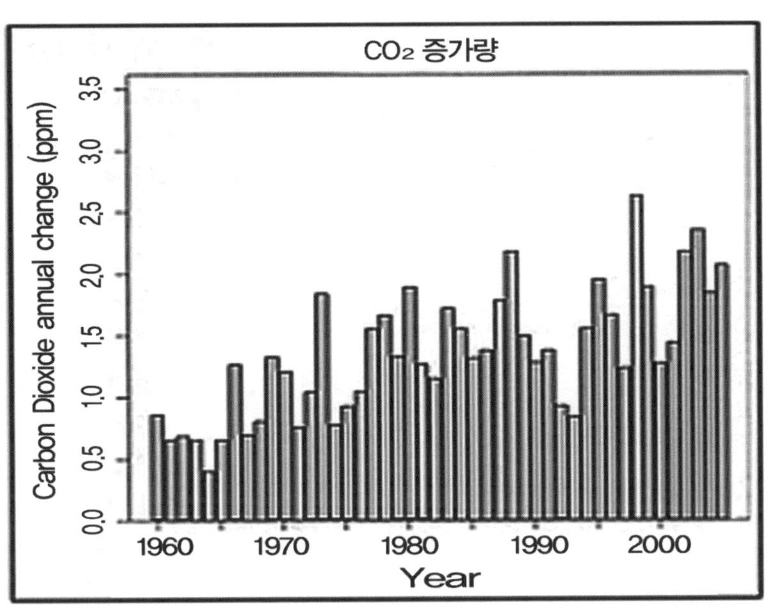

그림 4-17. 1960년대 이후 전 세계의 대기 중 이산화탄소 농도 증가량 추이

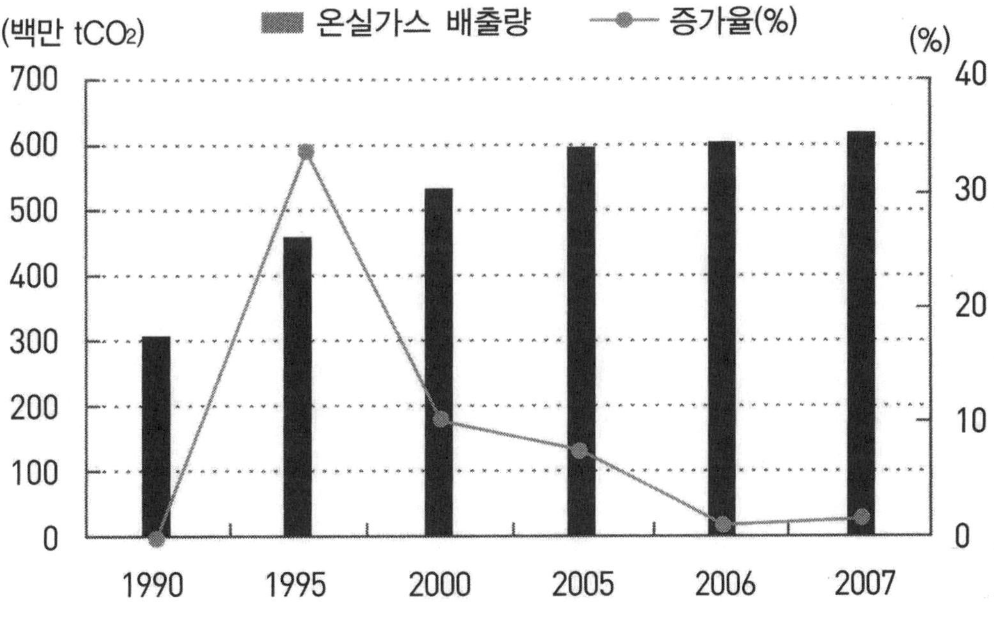

그림 4-18. 우리나라의 온실가스 배출량 증가: 1990~2007
(출처: 에너지관리공단, 「에너지 기후변화 편람」, 2010.)

그 이유는, 지구온난화는 온실가스 증가로 인해 나타나는 기온상승만을 가리키는데 우리나라에서 관측된 기온자료는 도시화가 현저한 서울, 부산, 대구, 인천 등의 대도시에서 얻어진 것이어서, 여기에는 지구온난화 효과와 도시열섬 효과가 혼재되어 있기 때문이다. 그럼에도 불구하고 통계적 기법을 이용하여 기온상승 성분에 포함된 도시화 효과를 배제해 보아도 지구평균보다는 높은 것으로 평가되고 있으며(기상연구소, 2009), 우리나라와 같은 기후대에 속하는 일본기상청이 발표한 일본의 지구온난화 속도(약 1.08℃/100년) 역시 지구평균에 비하여 높다는 점을 감안할 때 우리나라에 지구온난화 영향이 크게 미치고 있다는 사실은 신뢰성이 높은 것으로 판단된다.

한편 우리나라에서 배출되는 온실가스의 종류를 살펴보면 이산화탄소가 84.4%를 차지하고 있다. 그리고 지난 1990년부터 2007년까지 온실가스 총배출량은 연간 4.6%의 비율로 증가하였는데, 농업부문(아산화질소)과 공업 용매부문(수소불화탄

표 4.17 우리나라의 온실가스 종류별 배출량

(백만 tCO_2., %)

부문	'90	'00	'05	'06	'07	증가율	증가율 ('90–'07)
총배출량	305.5	534.5	596.7	602.6	620.1	2.9	4.3
CO_2 (이산화탄소)	257.7 (84.4)	466.1 (87.2)	526 (88.2)	533.6 (88.5)	554.6 (89.4)	3.9	4.6
CH_4 (메탄)	43.8 (14.3)	29.1 (5.4)	23.8 (4.0)	23.8 (4.0)	24.4 (4.0)	2.5	–3.4
N_2O (아산화질소)	3 (1.0)	16.9 (3.2)	20.8 (3.4)	18.7 (3.1)	11.7 (1.8)	△37.4	8.3
HFCS (수소불화탄소)	1.0 (0.3)	8.4 (1.6)	6.6 (1.1)	6 (1.0)	7.3 (1.2)	21.7	12.4
PFCS (과불화탄소)	n.a.	2.3 (0.4)	2.8 (0.5)	2.7 (0.4)	2.9 (0.5)	7.4	1.4
SF_6 (육불화황)	n.a.	11.7 (2.2)	16.7 (2.8)	17.8 (3.0)	19.2 (3.1)	7.9	3.0

주: 1) 증가율은 직전 5년에 대한 연평균 값임.
출처: 에너지관리공단, 「2010년 에너지 기후변화 편람」, 2010.

소, 과불화탄소, 육불화황)은 증가율이 10%를 넘었다. 이러한 이유로 오늘날 우리나라의 온실가스 배출량은 1990에 대비하여 약 2배나 증가하였는데, 이것은 전 세계에서 중국에 이어 2번째로 높은 수준이다(표 4.17).

장래에는 온실가스 증가율이 큰 폭으로 줄어들 것으로 예상되지만 2020년경에도 온실가스 총배출량의 증가율은 약 2.3%에 이르러 전 세계적으로는 여전히 높은 수준을 유지하게 될 것으로 예상된다. 배출원은 여전히 화석연료소비(에너지 부문)와 산업 공정 부문이 대부분을 차지할 것으로 예상되고 있다(표 4.18). 아울러 장래에 예상되는 온실가스 배출 증가량의 대부분도 이들 산업 영역에서 기인할 것으로 예상되고 있다.

지구온난화를 유발하는 온실가스 배출량 억제를 위한 국제적 노력에도 불구하고 장래에도 온실가스의 배출량은 지속적으로 증가할 것으로 예상되고 있다(IPCC, 2007).

장래 지구온난화의 속도는 인류가 어떤 사회를 지향하느냐에 따라서 큰 차이가

표 4.18 장래 예상되는 부문별 온실가스 배출량 변화

(백만 tCO_2,, %)

구분	실적치 2005		전망치					
			2010		2015		2020	
	배출량	증가율 (%)	배출량	증가율 (%)	배출량	증가율 (%)	배출량	증가율 (%)
총배출량	591.1	2.3%	679.2	2.8%	728.2	1.4%	814.1	2.3%
에너지	498.6	2.6%	574.4	2.9%	611.0	1.2%	684.2	2.3%
산업공정	64.8	2.1%	72.1	2.1%	80.9	2.3%	90.1	2.2%
농업	14.7	−0.8%	14.2	−0.6%	13.8	−0.5%	13.5	−0.5%
폐기물	13.0	−3.4%	18.5	7.2%	22.5	4.0%	26.3	3.2%
토지이용/임업	−32.9	−2.5%	−37.3	2.5%	−35.2	−1.2%	−33.9	−0.7%
순배출량	558.3	2.6%	641.9	2.8%	693.1	1.5%	780.2	2.4%

주: 1) 증가율은 직전 5년에 대한 연평균 값임.
출처: 산업자원부, 「기후변화협약에 의거한 제3차 대한민국 국가보고서」 초안, 2007

발생할 것으로 예측된다(IPCC, 2007). SRES의 시나리오에 따라서 21세기 말 지구평균온도는 온실가스 배출량에 따라서 1980년~1999년 동안의 평균온도에 비하여 온실가스 배출량을 최소화하는 사회가 구축되어질 경우에는 지구평균온도가 약 1.1℃정도 상승에 머물게 할 수도 있다. 반면에 온실가스 감축 노력을 등한시할 경우에는 최대 6.4℃까지 지구온도가 상승할 것으로 예상된다. 어느 경우에도 지구온난화는 고위도로 갈수록 높아지는 경향을 보이기 때문에 우리나라의 기온 상승은 이보다도 다소 높게 나타날 것으로 예상되고 있다(기상청, 2007).

기후변화 피해규모 증가추세

대기 중 온실가스 농도 증가로 인한 지구온난화는 단순히 지구의 기온을 상승시키는 것에 머물지 않고 홍수, 가뭄, 대설, 강풍 등의 이상 기후를 유발하여 대규모의 물질적, 인적 손실을 가져온다(기상청, 2007). 1980년대 이후 전 세계의 자연재해 발생건수(그림 4-19)와 그로 인한 재산 피해액(그림 4-20)을 나타내었다. 연도에 따라서 피해액이 증감을 되풀이하고 있지만 장기적인 추세는 증가를 보이는

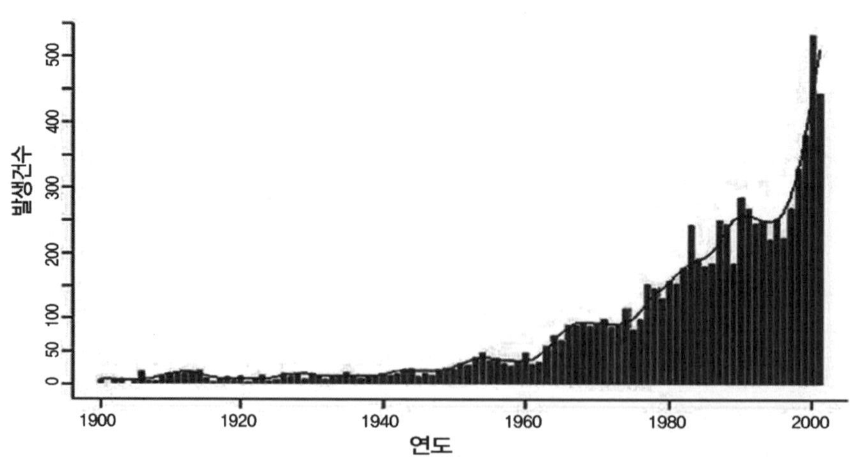

그림 4-19. 전 세계의 자연재해 피해 발생 건수
(출처: The OFDA/CRED International Disaster Database, 2003.
(http://www.cred.be))

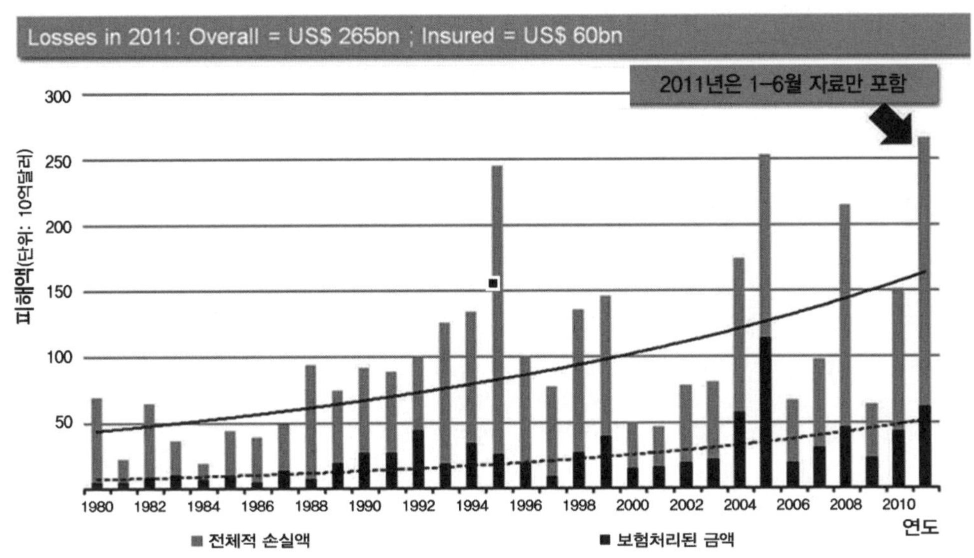

그림 4-20. 자연재해 피해액의 증가추세: 1980-2011
주: 1) 2011년은 6월까지의 자료임.
출처: Munich RE, 「2011 Half-Year Natural Catastrophe review, 2011」

것을 확인할 수 있다.

특히 1990년대 이후로 대규모 재산 피해가 자주 발생하고 있다. 우리나라의 자연재해는 주로 태풍과 호우로 인해 발생하고 있다(권원태, 2005). 그 결과 매년 자연 재해 피해액이 어떤 규모의 태풍이 상륙하였느냐에 따라서 큰 편차를 보인다. 그런데 최근에는 지구온난화로 인해 해수 표면온도가 상승하는 경향을 보여 한반도에도 풍속이 67m/s를 넘고, 하루 강우량이 1,200mm를 넘는 슈퍼 태풍이 올라올 가능성이 있다는 기후학자들의 경고가 이어지고 있다. 이러한 지적이 현실화 된다면 우리나라의 자연재해로 인한 피해액은 지금까지와는 비교할 수 없을 만큼 급증할 우려를 배제할 수 없을 것으로 판단된다.

또 오늘날을 살아가고 있는 사람들이 기후변화 영향을 체감할 수 있는 현상으로는 극한기후의 발생빈도 증가를 들 수 있다. 울릉도를 제외한 전국에서 열대야(일 최저기온 25℃ 이상) 일수가 지난 100년간에 걸쳐서 4~10일 증가하였고, 열파 지속 지수(일 최고기온이 6일 이상 연속으로 30년 평균보다 5℃ 높은 날이 지속된

일수)도 모든 지점에서 증가하는 경향을 보여 사람들의 여름나기가 더욱 힘겨워지고 있다(기상연구소, 2009). 또 중국 내륙지역에 겨울철 강수량이 감소하여 사막화의 진행이 빨라져 우리나라에 황사 발생일수와 먼지농도가 증가하고, 황사가 시작되는 날도 빨라지는 경향을 보이고 있다(환경대기과학, 2011).

국제사회의 기후변화 대처노력

20세기 중반 이래로 인류가 지구온난화에 수반된 기후변화를 포함한 지구환경 문제 해결을 위해 노력해온 활동이 총 정리된 것이라고 평가받을 만큼 중요한 사건으로, 1987년에 개최되었던 유엔환경특별회의를 우선 기억하여야 한다. 이 회의에서 오늘날 각종 계획과 개발에 고려되고 있는 원칙적 개념인 지속가능한 발전을 정리한 Brundtland 보고서가 제출되어 채택되었다. 이러한 노력의 바탕 위에서, 1988년에는 인류가 자연에 배출한 온실가스가 지구환경에 미치는 영향을 정량적으로 평가할 목적으로 UN이 IPCC를 출범시켰다.

이 조직에는 세계 각국 정부 대표와 과학자들이 참가하는데, 이들은 이미 발표된 연구결과(논문, 보고서 등)를 바탕으로 정기적으로 보고서를 작성하여 공표하는 일을 맡고 있다. IPCC는 1990년에 제1차 보고서를 발표하였다. 그 주요 내용은, 2100년에는 지구의 기온이 약 3℃ 상승할 것으로 예상된다는 것과 대기 중의 이산화탄소 농도를 1990년 수준으로 유지하기 위해서는 이산화탄소 배출량을 60% 이상 감축하여야 한다는 것이었다. 그해 11월에는 스위스의 제네바에서 제2회 세계기후회의가 개최되었다. 이 회의에서는 기후변화에 관한 실무자간의 교섭과 각료급 회의가 이루어져, 기후변화 해결을 위한 국제협약 상에서 반드시 반영되어져야 할 원칙이 포함된 각료 선언이 채택되었다. 그 원칙이란, 첫째로 지구온난화의 원인을 만든 선진국과 책임이 작은 개도국을 구별하여 지구온난화 억제를 위한 노력을 함께 하되 책임에는 차별을 둔다. 두 번째는, 온실기체 배출이 지구온난화를 유발하였다는 점에 과학적인 불확실성이 있다는 이유로 대책을 미루는 것은 허용되지 않는다는 것이다.

이 원칙에 입각하여 1990년 12월에 유엔총회는 기후변화협약 교섭회의를 설치하였다. 이 회의는 1992년에 브라질 리우에서 개최될 지구정상회의까지 전 세계가 조약에 합의하는 것을 목표로 국제교섭을 추진하였다. 드디어 1992년 6월 브라질의 리우에서 172개국의 정부대표와 국제기관, 102명의 정부수뇌, 약 2,400명의 NGO가 참가한 가운데 인류 역사상 가장 성공적인 국제회의였다고 하는 「환경과 개발에 관한 국제회의(UNCED)」가 개최되었다. 환경과 지속가능한 개발이 주요 의제였던 이 회의에서는 많은 성과를 낳았는데, 그 중의 하나가 기후변화협약의 체결이었다. 1992년 리우회의에서 체결된 기후변화협약은 1994년에 50개국 이상이 의회에서 비준을 받음으로써 정식으로 발효되었다.

기후변화협약이 발효된 후, 매년 당사국회의가 개최되어 기후변화 대응책을 논의해 오고 있다. 제1회 당사국회의(COP)는 1995년에 베를린에서 개최되어 베를린 명령(mandate)을 채택하였는데, 그 주요 내용은, ① 2000년 이후에 실행할 선진국의 온실기체 배출 감축목표를 수치로 정하고, 그것을 실행할 정책 및 구체적 조치를 담은 의정서를 제3차 당사국회의에서 채택할 것, ② 모든 국가가 공동으로 행동하되 책임의 정도에는 차이를 둔다는 원칙에 입각하여 개도국에 대해서는 새로운 약속을 부과하지 않지만, 조약상 기존의 약속을 재확인하고 그 약속을 촉진한다는 2가지였다. 제2차 당사국회의는 1996년에 스위스의 제네바에서 열렸는데, 이 회의에서 제3차 당사국회의에서 온실기체 감축에 관한 법적 구속력이 있는 수치목표를 정한다는 각료선언을 이끌어내어, 온실기체 의무감축의 시대가 다가오게 되었다.

교토의정서 체제는 2008년부터 효력이 시작되어 2012년에 마감된다. 그래서 국제사회는 포스트 교토의정서 체제에 대해서 끈질기게 논의해 오고 있다. 그 결실이 2007년 발리에서 열린 제13차 당사국회의였고, 여기서 포스트 교토체제를 위한 로드맵이 채택되었다. 이러한 성과를 바탕으로 2009년 12월에 덴마크의 코펜하겐에서 개최된 제15차 당사국회의에서 포스트 교토체제에서 실천해 갈 목표치를 결정하고자 노력하였으나 합의 도출에 실패하였다. 하지만 국제사회는 향후에 지

표 4.19 기후변화에 대처하기 위한 국제사회의 주요 활동 연표

연 도	주요 논의 사항
1974	유엔 산하에 세계기상기구(WMO) 설치 – 전 세계 기후변화에 관한 연구 추진담당기구
1979	세계기후회의 선언(제1회 세계기후회의–기후와 인류의 전문가 회의), 기후변화에 관한 국제적 대응을 담당할 세계기후계획(WCP) 설치 합의
1988	기후변화에 관한 정부 간 협의체(Inte–Government Panel on Climate Change: IPCC) 설립
1990	제2회 세계기후회의/IPCC 기후변화 제1차보고서/기후변화협약 교섭회의 출범
1992	기후변화협약 조약 채택/환경과 개발에 관한 국제회의(리우환경회의라고 불림)
1994	기후변화협약 발효
1995	제1차 기후변화 당사국회의(베를린회의라고 불림) 개최, 기후변화 억제를 위한 전 세계의 공동 책임과 차별적 의무를 확인(온실가스 감축에 있어서 선진국의 무거운 책임 확인)
1996	IPCC 기후변화에 관한 제2차보고서 발표(기후변화의 원인이 온실가스 증가에 있을 가능성이 거의 확실하다는 사실을 확인함)
1997	제3차 기후변화 당사국회의에서 교토의정서에 합의
2001	IPCC 기후변화에 관한 제3차 보고서 발표
2008	교토의정서에 따른 제1차 온실가스 의무감축 기간이 시작됨(2008–2012)
2009	제15차 기후변화 당사국회의(코펜하겐회의), post–Kyoto 합의안 도출에 실패
2010	IPCC 제4차 기후변화평가보고서 요약본 발표(적응대책 수립의 필요성 제기)

주: 1) 2005년 이후의 자료는 필자가 가필하였음.
출처: 환경시스템공학, 2005.

속적 협의를 통해 포스트 교토 체제를 이어가자는 것에는 의견을 같이하고 있다. 이러한 내용을 정리한 것이 <표 4.19>이다.

우리나라의 기후변화 대처를 위한 제도적 · 법적 노력의 추세

기후변화 대처를 위한 노력은 기후변화 원인물질인 온실가스 감축 분야와 기후변화 적응분야로 나눌 수 있으므로, 여기서도 이들 2개 분야로 구분하여 기술하기로 한다.

〈온실가스 감축 분야〉

우리나라는 1994년에 발효된 기후변화협약 가입국이기는 하지만, 정부가 기후변화에 본격적인 관심을 기울이기 시작한 것은 1997년에 일본 교토에서 개최되었

표 4.20 우리나라의 기후변화 대처를 위한 제도적 · 법적 정비 연표

1998.	4.	기후변화 대응대책팀 구성(국무총리를 위원장으로 하는 범정부대책기구)
.	12.	기후변화 제1차 종합대책(1999–2001년)
2002.	3.	기후변화 제2차 종합대책(2002–2004년)
2005.		기후변화 제3차 종합대책(2005–2007년)
.	12.17	기후변화대책위원회 개최, 기후변화 제4차 종합대책(2008 – 2012년) 심의 · 확정
	9.19	제5차 기후변화대책위원회, 기후변화 대응 종합 기본계획 심의·확정
2009.	1.15	「저탄소 녹색성장 기본법」 정부안 입법예고(09.2.25 국무회의서 정부안 확정)
	7.6	녹색성장 국가전략 및 녹색성장 5개년 계획 확정, 수립
	11.17	국가 중기(2020년) 감축목표 확정
2010.	1.13	「저탄소 녹색성장 기본법」 제정
	4.14	「저탄소 녹색성장 기본법」 및 「시행령」 시행
		온실가스·에너지 목표관리제 시행
2011.	2.28	「온실가스 배출권 거래제도에 관한 법률」(안) 재 입법예고
2011.	7.12	2020년까지 부문별 · 업종별 · 연도별 국가 온실가스 감축목표 확정

출처: 녹색성장위원회, 「국가기후변화 적응대책」, 2011.

던 제3차 기후변화 당사국회의에서 교토의정서가 채택된 이후라고 할 수 있다(표 4.20). 1998년에 국무총리실에 범정부 대책기구로 기후변화 대응대책팀을 구성하고, 이곳에서 2년 마다 한 번씩 기후변화 종합대책을 정리하여 발표해 왔다. 이러한 방식으로 제4차 보고서까지 발간되었는데, 이들 보고서에는 국무총리 훈령 제422호에서 알 수 있듯이, 기후변화협약대책, 즉 온실가스 감축 전략 개발이 중심이었다.

정부는 우리나라의 온실가스 감축 잠재량 분석결과와 우리나라에 대한 국제사회의 온실가스 감축 요구수준 등을 감안하여 제시된 온실가스 배출 전망과 3가지 감축 시나리오를 대상으로 각 분야의 의견을 수렴하는 절차를 거쳐 2009년 11월에 2020년 BAU(Business as Usual) 대비 30% 감축 시나리오를 온실가스 중기 감축목표로 확정하였다. 이것은 개도국 최대 감축 수준에 해당하는 것이다. 이를 달성하기 위한 주요 감축 수단으로는 전기 차 · 연료전지 차 보급, 최첨단 고효율제품 확대

표 4.21 우리나라의 에너지 · 온실가스 감축을 위한 주요 시책

시행연도	주요 시책	내 용
2008.02	탄소중립프로그램	일상생활에서 발생하는 온실가스 배출량을 산정하고 감축목표를 수립한 후 상쇄 방안의 실행을 통해 온실가스를 저감하는 프로그램
2009.07	탄소포인트제도	온실가스 감축 정책을 가정 및 상업시설까지 확대하여 국민 개개인이 기후변화의 주범인 온실 가스 감축 활동에 직접 참여하도록 유도하기 위해 인센티브를 제공하는 제도임
2009.05	탄소캐쉬백	저탄소 제품 구매 및 실천 매장 등을 이용하는 구매자에게 포인트를 제공함으로써 소비 형태의 변화를 유도하는 제도. 적립된 포인트는 제품 재 구매, 대중교통 결제 등에 사용
2010.04	온실가스 · 에너지 목표관리제	정부와 관리업체간 협의로 온실가스 배출량과 에너지 사용량 목표를 정하여, 절감 목표를 달성해 가는 제도
2011.02	탄소배출권 거래제	정부가 기업에 온실가스 배출 할당량을 부과해, 이를 넘기면 현금으로 배출권을 사도록 하는 제도

출처: 에너지관리공단, 「2010년 에너지 · 기후변화 편람」, 2010.

보급 및 집단에너지 공급시스템 도입강화를 제시하였다. 아울러 이를 실현하기 위한 법적, 제도적 시스템의 구축을 위하여 <표 4.21>에 제시되어 있는 온실가스 · 에너지 목표관리제, 국내 탄소 배출권 거래제도, 탄소포인트제도 등을 도입하게 되었다. 온실가스·에너지 목표관리제란 정부가 이산화탄소 배출량이 많은 기업을 선정해 감축 목표치를 정하고 이를 어기면 최대 1,000만 원의 과태료(애초 5천만 원에서 1천만원으로 조정되었음)를 부과하는 제도이다.

정부와 관리업체간의 협의로 온실가스 배출량과 에너지 사용량 목표를 정하며, 정부는 인센티브와 패널티를 통하여 목표달성을 유도하고, 관리업체는 목표달성을 위한 이행계획과 이를 뒷받침하는 관리체제 등을 설정하여 절감 목표를 달성하는 제도라고 말할 수 있다. 탄소배출권 거래제란 정부가 기업에 온실가스 배출 할당량을 부과해, 이를 넘기면 현금으로 배출권을 사도록 하는 제도다. 녹색성장위원회는 2010년 11월에 2020년까지 배출 전망치(BAU)에 대비해 온실가스를 30% 감축한다는 국가 목표를 달성하기 위해 이 제도를 2013

년 1월 1일부터 시행한다고 입법예고한 바 있다. 하지만 입법예고 후에 원가 부담이 커진다는 기업체의 거센 반발로 정부는 2013년~2015년을 준비기간 성격으로 운영하고, 본격적인 시행은 그 이후로 연기하는 것으로 후퇴하였다. 탄소 포인트 제도는 가정과 상업시설에서 전기, 수도, 도시 가스 및 지역난방 등의 사용량을 절감해 온실 가스 감축에 참여하면 그 실적에 따라 탄소 포인트를 발급받고, 이에 상응하는 인센티브를 자방자치체로부터 제공받는 것으로 민간의 자발적인 기후변화 대응에의 참여 활동을 장려하는 제도이다. 온실가스 감축 정책을 가정 및 상업시설까지 확대하여 국민 개개인이 기후변화의 주범인 온실 가스 감축 활동에 직접 참여하도록 유도하기 위해 2008년부터 환경부에서 시범적으로 운영하다가 2009년부터 전국 지방자치체로 확대하여 운영되고 있다.

〈기후변화 적응 분야〉

2010년에 저탄소 녹색성장기본법이 제정·시행(2010년 4월 14일)에 따라서 최초로 국가 기후변화 적응대책(2011년~2015년)이 수립되었다. 이 계획은 기후변화 영향의 불확실성을 감안하여 5년 단위 연동계획(Rolling Plan)으로 수립하도록 되었다.

이 계획에서 제시된 2015년까지 기후변화 적응 노력을 위한 부문별 소요예산 <표 4.22>을 제시하였다. <표 4.22>에서 2015년까지 예상된 기후변화 적응에 투입될 예산의 60.5%(약 31조 원)가 물 관리 분야에 책정되어 있는 것을 알 수 있다. 이 예산은 수질관리와 유량관리에 투입된다. 이 예산의 소요 분야를 살펴보면, 물 관리 예산의 약 60%(18조 3,581억 원)는 국토해양부가 주관하는 홍수 및 가뭄대책 중 <마. 항목>으로 분류된 하천의 기후변화 적응능력 극대화 사업에 투입되는 것으로 제시되어 있다. 2006년 11월에 발간된 N. Stern의 보고서에 의하면, 지구온난화의 지속으로 나타날 관련 문제를 각국이 해결하기 위해서는 2050년까지 매년 전 세계 국내 총생산(GDP)의 1%(약 6,500억 달러, 618조 원)를 지출해야할 할 것이

표 4.22 부문별 소요예산(안) : 총 51조 2,643억 원

(단위: 억원)

구 분	연차별 소요예산						
	합계	(비율)	2011년	2012년	2013년	2014년	2015년
합계	512,643	(100%)	128,044	116,084	94,741	89,161	84,613
건강	13,496	(2.6%)	1,960	2,415	2,845	3,140	3,136
재난/재해	86,136	(16.8%)	10,728	14,058	17,658	20,481	23,212
농업	49,621	(9.7%)	7,843	8,962	11,034	10,875	10,907
산림	29,062	(5.7%)	5,102	5,347	6,067	6,257	6,290
해양/수산	9,872	(1.9%)	906	1,678	2,242	2,517	2,529
물관리	310,181	(60.5%)	99,341	80,124	52,012	42,929	35,775
생태계	3,949	(0.8%)	704	1,240	652	685	669
기후변화 감시 · 예측	6,830	(1.3%)	463	1,195	1,582	1,853	1,738
적응산업/에너지	1,319	(0.3%)	656	455	61	66	81
교육 · 홍보 및 국제협력	2,175	(0.4%)	340	611	589	358	277

주: 1) 예산규모는 물 관리(61%), 재난/재해(17%), 농업(10%), 산림(6%), 건강(3%) 등 순임.
2) 예산의 연간 배정은 2011년 25%, 2012년 23%, 2013년 18%, 2014년 17%, 2015년 17%의 순임.
출처: 녹색성장위원회, 「국가기후변화 적응대책」, 2011.

라고 하였다. 우리나라가 예정대로 기후변화 적응에 향후 5년에 약 51조 원의 예산을 투입한다면, 이는 우리나라 GDP의 약 2%에 상당하여 N. Stern의 지적보다도 높은 수준에 해당한다.

2011년 한국환경정책평가연구원에서 발간한 「우리나라 기후변화의 경제학적 분석」에 의하면, 21세기 말까지 한반도의 누적 피해 비용은 2,800조 원으로 추정되지만, 많게는 2경 7,791억 원까지 늘어날 수 있다고 제시하였다. 하지만 2100년까지 300조 원을 기후변화에 적응하기 위한 대책에 투자하면 누적 피해 비용을 800조 원 이상 줄일 수 있다고 제안하였다.

IPCC 제1차 보고서(1990)에서 대기 중 온실가스 농도를 1990년 수준으로 유지하기 위해서는 전 세계의 온실가스 배출량을 1990년 대비 약 60% 감축이 필요하다

는 지적과 아직 교토의정서의 효력이 끝나는 2012년 이후에 전 세계가 온실가스 감축을 어떻게 이어갈 것인지를 합의하지 못하고 있다는 사실에 비추어 보더라도 온실가스 감축을 통해 지구온난화 문제를 본질적으로 해결해 내기는 현실적으로 어려울 것으로 예상되고 있다. 그래서 전 세계는 온실가스 감축 노력과 병행하여 기후변화를 현실로 받아들이고 그에 적응하여 살아갈 수 있는 대책 개발에도 본격적으로 나서고 있다. 따라서 우리나라에서도 장래에는 온실가스 감축을 위한 국제협력과 함께 한반도의 장기적 기후변화 예측 기술의 개발과 각 분야의 적응 노력에 재정적, 제도적 지원이 집중될 것으로 예상된다.

같은 수준의 기후변화에도 적응대책을 준비한 선진 국가와 그렇지 못한 개도국 사이에는 피해에 현저한 차이를 보이고 있다. 이러한 사실로부터 우리 사회도 정부의 지원 하에 기후변화에 대한 적응을 위한 연구와 실천 노력이 활성화 되어갈 것으로 예상된다.

산업혁명은 생산 활동에 필요한 에너지를 인간과 동물의 힘으로부터 석유와 석탄으로 대표되는 화석연료의 연소에서 나오는 에너지원으로 대체시키는 기술의 발달로 가능하게 되었다. 산업혁명을 통해 인류는 물질적 풍요를 달성할 수 있게 되었지만, 그 대가로 자원의 고갈과 환경오염의 문제를 발생시켰다. 지구온난화로 인한 기후변화의 원인은 대부분 화석연료의 연소과정에서 발생된 이산화탄소가 대기 중에 축적되어 대기 중 이산화탄소 농도가 높아진 것에 기인한다.

지구온난화로 인한 기후변화의 영향으로 지구의 기온은 단기적으로는 상승과 하강이 불규칙하게 반복되면서 장기적으로 상승하는 경향을 보인다. 아울러 전 지구적으로 아주 다양하고도 불규칙한 이상 기후를 유발한다. 이러한 불규칙한 기후변화는 생태계와 인간 활동의 안정적 삶을 크게 위협한다. 이에 대처하기 위하여 국제사회는 오래 전부터 기후변화의 원인물질인 이산화탄소의 배출량을 줄이려는 노력을 지속해 오고 있다. 하지만 이산화탄소 발생량을 감축하려면 화석연료의 사용을 줄여야 하기에 쉬운 일이 아니다. 뿐만 아니라, 이산화탄소는 화학적으로 매우 안정한 물질이어서 일단 대기 중으로 배출되면 1백년 이상 제거되지 않고 대기 중에 잔존한다. 그래서 대기 중 이산화탄소 농도를 줄여 기후변화의 문제를 빠른 시간 내에 해결하는 것은 거의 불가능한 일이다. 그래서 국제사회는 이산화탄소 발생감축을 위한 노력의 지속과 함께 장래 닥쳐올 심각한 기후변화의 환경에서도 적응하여 살아갈 수 있는 대비를 같이 하고 있다. 이를 기후변화 적응대책이라고 한다. 우리나라도 향후 5년 간(2011년~2015년)에 약 51조 원의 예산을 투입하여 기후변화에 적응하여 살아갈 대책을 개발하려는 정책수단을 수립하였다.

기후변화 문제에 대한 대응책은 온실가스 발생량 감축과 적응대책 수립으로 구분할 수 있는데, 양자 모두 대규모의 재정을 필요로 하기에 국민적 이해와 지원을 필요로 한다는 공통점을 안고 있는 문제이다. 따라서 정부는 기후변화에 대처해야하는 당위성을 국민들에게 알려 적극적인 호응과 지지를 구하는 노력을 기울여야 한다.

아울러 기후변화로 인한 피해에 무방비로 노출되어 있는 제3세계 국가들에 대한 지원을 강화할 필요성이 높다. 이 분야에 배정된 예산이 교육·홍보 및 국제협력 분야인데, 예산 배정(0.4%)이 매우 낮다는 점은 향후 재고할 여지가 있을 것으로 생각된다.

〈참고문헌〉

- 기상연구소, 2009, 「기후변화 이해하기 II」. "한반도 기후변화: 현재와 미래".
- 지식경제부, 2007, 기후변화협약에 의거한 제3차 대한민국 국가보고서 초안.
- 한국환경정책평가연구원, 2011, 「우리나라 기후변화의 경제학적 분석」.
- IPCC., 2007, 「Climate Change 2007」, "Impacts, Adaptation and Vulnerability".
- 권원태, 2005, 「기후변화의 과학적 현상과 전망」.
- 足立芳寛 외, 2005, 「環境 System 工學」, 東京大學出版會.
- 김경익 외, 2011, 환경대기과학, 동화기술.

▪ 집필자

- 김정배

계명대학교 화학과 졸업
계명대학교 대학원 이학박사(환경화학 전공)
현재 : 계명대학교 지구환경학과 교수

- 김해동

부산대학교 사범대학 지구과학교육과 졸업
일본 동경대학 이학박사(대기과학 전공)
현재 : 계명대학교 지구환경학과 교수

- 김학윤

경북대학교 농학과 졸업
일본 쓰쿠바대학 대학원 농학박사(응용생물학전공)
현재 : 계명대학교 지구환경학과 교수

- 배헌균

계명대학교 공중보건학과 졸업
미국 캘리포니아대학 대학원 공학박사
현재 : 계명대학교 지구환경학과 교수

에너지와 기후변화

2012년 8월 30일 | 초판1쇄 발행
2013년 8월 28일 | 초판2쇄 발행
2014년 3월 10일 | 초판3쇄 발행

지은이 | 김정배 · 김해동 · 김학윤 · 배헌균
펴낸이 | 신일희
펴낸곳 | 계명대학교출판부
704-701 대구 달서구 달구벌대로 1095
전화 053-580-6233 팩스 053-580-6235
http://www.kmupress.com

출판등록 | 제347-1998-1호(1970. 9. 1.)

ISBN 978-89-7585-595-5 93400

* 잘못된 책은 교환하여 드립니다.

정가 12,000원